챗GPT
엔지니어링

챗GTP 엔지니어링

초판 1쇄 인쇄 2023년 12월 11일
초판 1쇄 발행 2023년 12월 18일

지은이 정우진 외 지음
펴낸이 정해종

펴낸곳 ㈜파람북
출판등록 2018년 4월 30일 제2018−000126호
주소 서울특별시 마포구 토정로 222 한국출판콘텐츠센터 303호
전자우편 info@parambook.co.kr
인스타그램 @param.book
페이스북 www.facebook.com/parambook
네이버 포스트 m.post.naver.com/parambook
전화 (편집)02−2038−2633 (마케팅)070−4353−0561

ISBN 979-11-92964-75-1 13500
책값은 뒤표지에 있습니다.

입문자를 위한 생성형 AI 마법상자 열기

챗GPT 엔지니어링

UPDATED
for
GPT-4

정우진 외 지음

파람북

프롤로그 | GAI*와 대화의 기술

2022년 11월 30일 OpenAI에서 개발된 초거대언어모델인 ChatGPT 3.5의 출시 이후, 대화형 인공지능은 수많은 분야에서 혁명적 변화를 가져오고 있습니다. 그중에서도 ChatGPT 출시 이후 인공지능은 프로그래머와 엔지니어들의 영역에서 마치 프로메테우스가 인간에게 불을 전달한 신화처럼 보통사람들에게 인간만이 향유했던 4대 창조의 영역에 발을 디디게 했습니다. 4대 영역은 지금까지 글쓰기, 그림 그리기, 말하기, 만들기였습니다. ChatGPT가 2022년 11월 30일 출시 이후, 2월에 10억 명의 사람들이 접속했다고 합니다. 불과 8개월 만에 인류문명의 전승과 생성방식에 근본적 변화인 '생성문명' 시대로 접어드는 특이점(singularity)이 시작되었습니다. 영화 〈아이언맨〉에서 인공지능 '자비스'와 '울트론'의 전투

---

* GAI(Generative Artificial Intelligence): 생성형 인공지능은 AI를 사용해 텍스트, 이미지, 음악, 오디오, 동영상과 같은 새로운 콘텐츠를 만드는 것.

에서 이미 경험한 가상현실이 사람들의 손 앞에 홀로그램의 형태가 아닌 화면출력으로 그 시작을 경험하고 있습니다. 마치 텔레비전이 등장한 이후, 화면을 통해서 전기신호를 통해서 세상을 인지하게 된 것처럼 인공지능은 이미 우리 일상의 많은 면에서 두루 활용되고 있습니다. 이러한 발전의 핵심에는 다양한 AI 모델과 시스템들이 미처 준비할 틈도 없이 다가와버렸습니다.

이미 ChatGPT와 관련된 수백 권의 책이 출간되었습니다. 그럼에도 이 책을 기획한 이유는 저와 공동 저자로 참여한 분들은 일반인들과 직장인들이 인공지능을 이용해 업무 생산성과 효율성을 높이는 방법에 초점을 맞추었습니다. 저자들은 ChatGPT와 함께한 이후 지난 8개월 동안, 각 분야에서 자신들의 업무 생산성 및 활용도가 적게는 5배에서 30배가 증가했다고 이야기합니다. 특히 이 책은 GPT4라는 인공지능 모델을 통해 여러분이 어떻게 글쓰기, 비즈니스, 교육, 코딩 등 다양한 분야에서 놀라운 결과를 얻을 수 있는지를 안내합니다. 이를 위해 다양한 프롬프트 예제와 활용방법을 제시했습니다. 이 책의 저자들은 오랫동안 소프트웨어 교육 현장에서 각자의 분야에서 다양한 학생과 함께하는 분들과 기획하고 의기투합했습니다.

IT 업계의 거장들은 인공지능과 사람 사이 상호작용의 중요성을 강조하고 있습니다. ChatGPT를 사용해본 적 없는, 애플 공동 창업자 스티브 잡스는 인공지능에 대해 다음과 같이 말했습니다. "컴퓨터는 자전거와 같습니다. 자전거는 우리가 생각하는 방식을 효율적으로 변화시키는 도구이며, 인공지능은 마찬가지입니다." ChatGPT4에게 다음과 같은 질문을 했습니다. "만약 스티브 잡스가 살았다고 가정하면, 그는 ChatGPT에 대해서 어떻게 평가했을까요? 그의 어투로 3가지 답변을 추천해주세요."

GPT: 스티브 잡스의 어투와 그의 생각을 바탕으로 다음과 같은 평가를 할 것이라고 추측할 수 있습니다.

"ChatGPT는 혁신의 상징이다. 이 기술은 인간의 창의력을 높이고, 업무와 삶의 질을 향상하는 데 큰 기여를 할 것이다. 마치 아이패드가 사람들의 소통방식을 바꾼 것처럼, ChatGPT는 우리가 어떻게 문제를 해결하고 정보를 소비하는지 변화시킬 것이다."

"ChatGPT를 보면, 기술의 본질적인 목표를 깨닫게 된다. 그것은 바로 사람들의 삶을 더욱 쉽고, 풍요롭게 만드는 것이다. 이런 인공지능 기술은 결국 사람들이 더 나은 결과를 도출하고, 더 효율적인 방식으로 일할 수 있게 도와줄 것이다."

"ChatGPT는 놀라운 발전의 시작일 뿐이다. 이러한 인공지능 기술은 계속 발전해 사람들의 삶에 더 많은 가치를 창출할 것이다. 우리는 이 기술이 무엇을 할 수 있는지 상상하기도 어려운 수준에 도달할 것이며, 그 과정에서 세상을 더욱 놀라운 곳으로 만들 것이다."

위의 답변을 통해서, 어디선가 본 듯한 그렇지만 검색해보면 나오지 않는 생성된 답변들입니다. 검색과 생성의 차이는 이 부분에서 시작합니다. 또한 테슬라 및 스페이스X의 창업자인 일론 머스크는 인공지능의 발전에 대해 이렇게 전했습니다. "인공지능은 인류가 지금까지 마주한 가장 중요한 문제입니다. 이를 잘 활용하면 인류의 발전에 큰 도움이 될 것입니다." 마지막으로 세계적인 컴퓨터 과학자 앨런 튜링은 인공지능과 인간의 미래에 대해 다음과 같은 견해를 밝혔습니다. "인공지능의 발전에 따라 인간은 더 많은 시간을 창의적 업무에 투자할 수 있게 될 것입니다. 이는 인간의 삶을 더욱 풍요롭게 만들어줄 것입니다."

이 책은 바로 그런 인공지능의 무한한 가능성을 탐구하고 활용하는 법을 실습 위주로 누구나 사용할 수 있도록 기획되었습니다. GPT4와 같은 GAI 기술을 통해 일상생활과 업무에서 더 나은 결과를 얻을 방법을 직접 습득할 수 있습니다. 이를 통해 여러분은 기존의 업무방식과 전략을 AI와 함께 혁신하고, 시간과 노력을 절약해 더 중요하고 창의적인 일들에 집중할 수 있게 될 것입니다. 누구나 쉽게 따라 할 수 있는 예제와 설명을 깊이 있게 제공하려고 했습니다. 여러분이 GPT4 같은 AI 기술을 실생활에서 실질적으로 활용하는 데 도움이 될 것입니다. 일반인과 직장인 모두가 자신의 삶과 업무에 AI를 통합해 더 나은 성과를 이룰 수 있도록 도와줄 것입니다. 프롬프트 엔지니어링이라고 하지만, 기본적으로 GAI는 대화형입니다. 대충 말해도 잘 알아듣는 GAI와는 대화의 양과 깊이를 발전시키면, 기술의 발전에 따라 지금의 1페이지 분량이나 되는 프롬프트들은 곧 사라지게 될 것입니다. GAI와는 말 그대로 문자를 수단으로 대화가 이루어지는 방식입니다. 곧 이미지와 그림을 인식하게 된다면 또 다른 지평을 열 것입니다. 이 책을 통해 여러분은 인공지능의 능력을 활용하고, 일상과 업무에서 놀라운 변화를 경험할 것입니다. 이를 통해 인간의 창의력과 생산성이 한 단계 더 발전하며, 더 나은 미래를 창조할 것입니다.

다양한 분야의 전문가들은 영역별로 자신의 영역에서 생성형 AI를 활용하고자 하는데, 막연하게 실무에 적용할 수 있을까? 혹은 어떻게 이 도구를 나의 영역에 사용해 나의 역량을 향상할 수 있는지에 대한 고민을 담았습니다. 1장에서 GAI와 대화는 '프롬프팅 5단계'라는 원리로 시작합니다. 이 프롬프팅 5단계는 텍스트를 생산하는 모든 분야에 적용됩니다. 유튜브 쇼츠 영상도 볼 시간이 없는 분들께서는 1장의 내용만 따라 해보셔도 큰 무리가 없습니다. 카카오톡이나 문자를 보내실 수 있는 분들은 모두 사용이 가능합니다. 이 원리가 비즈니스, 교육부문에 똑같이 적용됩니다. 다양한 분야에서 지난 8개월 동안 각종 강의와 실무에 적용했던 내용들입니다.

이 책은 5명의 공동 저자가 각자의 전문영역에서 생소한 생성형 AI를 바라보는 5개의 시점으로 바라보았습니다. 생성형 AI의 활용은 예측 불가한 시대를 예고하고 있습니다. 이제 누구나 글, 이미지, 코드, 음악, 비디오 파일을 생성할 수 있는 시대로 접어들었습니다. 이때 필요한 것이 전문의 영역입니다. 단순한 업무에서 벗어나 인간만이 할 수 있는 창의력이 극대화되는 시기가 도래한 것입니다. 통찰력이 필요한 시대 즉, 문명에 대한 사유(思惟)가 필수적인 시기가 도래했습니다.

지금부터 GAI와 대화의 기술을 통해 인공지능의 세계로 함께 들어가보겠습니까? 생성형 AI의 사용은 선택의 문제가 아닙니다. 이미 생성형 AI가 가져올 직업세계에 미치는 영향에 대해 수많은 연구결과 및 기사가 쏟아지고 있습니다. 생존의 시대에 다양한 분야에서 마우스와 키보드와 함께하는 분들께 이 책이 여러분을 위한 AI로 사용할 수 있을 것입니다. 여러분이 200타나 300타 이상으로 타자 속도를 내기 위해 얼마나 많은 시간을 자판과 씨름하셨습니까? 생성형 AI와의 대화의 기술을 통해 여러분의 일상과 업무가 혁신적으로 변화로 인공지능과 함께 살아갈 시대에 살아갈 수 있는 통찰력과 역량을 키우기를 기대합니다.

차례

4장   생성형 AI, 교육과 만나다_정우진

5장   글쓰기_고갑석

6장   코딩 적용하기_이재화

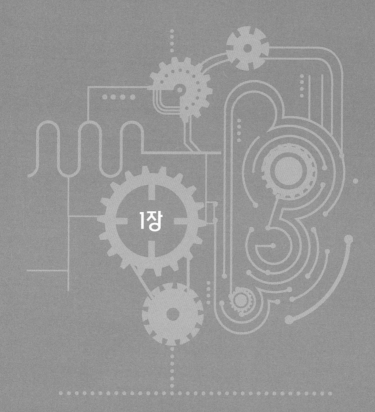

1장

이미 온 생성형 AI

"기계적 사고방법이 시작되면, 우리의 연약한 능력을 뛰어넘는 데 오래 걸리지 않을 것 같습니다. …… 그들은 서로 대화하며 자신들의 지능을 더욱 날카롭게 할 수 있을 것입니다. 따라서 어느 시점에서는 기계들이 통제권을 가져야 할 것으로 기대해야 합니다."

- 앨런 튜링

현대 컴퓨팅의 아버지라고 불리는 앨런 튜링은 컴퓨터의 미래에 대해서 위와 같이 이야기했습니다. 놀랍게도 머신러닝과 딥러닝은 이 방향으로 발전을 지속하고 있습니다. 요즘 한국 드라마에서 주인공이 과거로 회귀해 복수를 진행한다는 이야기가 인기를 끌고 있습니다. 〈재벌집 막내아들〉, 〈어게인 마이 라이프〉 같은 드라마는 사실 웹소설을 기반으로 작화된 것입니다. 그런데 주인공들은 천재적인 두뇌를 바탕으로 자신의 힘을 하나씩 쌓아가면서 복수를 이루어 갑니다. 이러한 회귀물 중에서 주인공들에게 인공지능이 옆에서 주인공을 도와 이야기를 이끌어가는 소설류도 인기를 끌고 있습니다. 여러분들은 만약 회귀한다면 어떤 아이템을 가져가실 건가요? 만약 제가 선택한다면, 생성형 인공지능을 탑재하고 태양광 충전이 가능한 스마트폰을 가지고 회귀를 결정할 것입니다.

인공지능은 현재 인류가 이룩해놓은 산업생태계를 송두리째 바꿀 것입니다. 지금까지의 기술 발전은 역사의 변혁기에 보편적 지식과 노동력을 가진 민중들에게 있어서 보다 나은 삶을 이루는 방향으로 기술을 이끌지 못했습니다. 그 시대의 지배층과 피지배층은 이에 대한 통찰이 부족했습니다. 산업혁명 이전 시대의 삶은 힘든 노동조건, 농노의 사회적 지위, 임금 및 복지는 삶을 겨우 이어갈 수 있는 수준이었습니다. 산업혁명 이후에도 노동의 효율성과 생산성을 크게 향상시켰지만, 그 효율화만큼 노동환경과 생활조건이 상대적으로 향상되지 못했습니다.

인공지능 혁명의 시대에 인간의 부분적 지능을 갖춘 로봇들이 인간의 노동력을 대체할 것입니다. 이에 대한 대비는 불행하게도 현장에 있는 우리 개인의 몫이 되었습니다. 정치와 제도가 이를 뒷받침하기에는 기술의 발전속도가 제곱의 속도로 되었기 때문입니다. 무지(無智)는 선(善)이 될 수 없습니다. 이 장에서는 이 각자도생(各自圖生)의 시대에 여러분들에게 첫 지표를 제시할 것입니다. 인공지능 시대에 살아남는 첫 구명조끼를 여러분들과 함께 착용했으면 하는 마음 간절합니다.

01 | Hello? ChatGPT!

김인문 사무관 프로필
생년: 1972년 | 직책: 경남남도 양산시 기업육성과장
세대: X세대 공무원 5급 사무관

경력 및 업무 특징:

1990년대 운동권 끝자리 학번, 80년대 선배들과 세대 갈등

9급 공무원으로 공직 시작, 컴퓨터 독수리 타법으로부터 현재 300타 이상

MZ세대 공무원 눈치를 보며 여전히 서류 업무수행

2023년 초부터 ChatGPT 등장으로 다시 공부해야 하는 상황에 직면

개인적 고민 및 특이사항:

스스로 아주 운이 없는 세대라고 생각, TOEIC 첫 세대 기억

"배워야 하나? 말아야 하나?" 고민 중

요즘 아주 우울함

김인문 사무관은 오늘날의 빠르게 변화하는 세상과 세대 간의 갈등 속에서 자신의
역할을 찾아가는 공무원이다. 그의 세대는 복잡한 역사와 변화의 중심에 있으며, 그
의 삶과 업무는 이 시대의 공무원이 직면한 도전과 변화를 생생하게 반영하고 있다.

김인문 사무관님, 안녕하세요! 지금부터 우리가 갑작스럽게
다가온 이 초거대 대화형 모델, ChatGPT를 배워볼까요? 예,
돌아온 1990년대가 아닙니다. 새로운 AI 세상이 시작된 거예요!

먼저 무언가 큰 변화가 오면 어떻게 될까요? 경악, 환호, 공포가 한꺼
번에 몰려옵니다. 마치 핵폭탄처럼 커다란 과제가 제시되죠. 바로 이것이
ChatGPT입니다. 이 아이는 미국의 OpenAI에서 2022년 11월 30일에 세

상에 처음 소개되었어요.

"나도 사용해볼 수 있을까요?" 물론이죠! 누구나 사용할 수 있습니다.
다음의 주소로 접속해보세요.

http://openai.com 또는 https://chat.openi.com

그리고 'Try ChatGPT' 메뉴를 클릭해서 바로 사용하면 돼요.

"가입은 어렵지 않을까요?"

가입이라니, 걱정하지 마세요!

그림과 같이 몇 번의 클릭만으로 가입이 완료됩니다.

- openai.com 입력

- ChatGPT 클릭

- 메인화면에서 우측 상단 'Sign up' 클릭

- ChatGPT 'Sing up'에서 이메일 주소 입력

- 성, 이름, 생년월일 입력

- 전화번호 입력, 문자 확인, 코드 입력, 브라우저 재시작, 로그인!

"혹시 어려워 보일까요?" 그럴 리 없어요! 여러 유튜브 영상도 있으니 참고하면 됩니다.

"MS 빙과 구글 바드(Bard)도 쓸 수 있을까요?" 그렇습니다! 한 번 성공하면 다른 것들도 쉽게 가입할 수 있어요. 참고로 MS 빙은 엣지(Edge)로 접속하는 것을 추천합니다.

이제까지 어떠셨나요, 김인문 사무관님? 새로운 세상, 새로운 기술에 당황하거나 힘들게 느낄 수도 있겠지만, 함께하면 그리 어렵지 않을 거예요. 우리의 여정은 이제 막 시작된 겁니다. 레디? 고!

02 | 어디서 왔니? 생성형 AI의 타임라인

 김 사무관님, 레벨 2입니다. 이제 진정한 첫걸음을 시작할 시간입니다. 우리나라 사람들은 언제나 '바로 지금'이 중요하죠. 그러니까 이론보단 실전으로 바로 가보시죠?

"그럼 어디서부터 시작해야 하죠?" 좋은 질문입니다. 실무에서는 파워포인트 제작이나 보고서 작성 시 타임라인이나 기술적 원리 정리가 중요하죠. 그러니 이를 연습해봅시다.

"어떻게 하나요?" 말은 최소화하고, 바로 '프롬프팅'으로 결과물을 생성해 설명하겠습니다. '프롬프팅'이란, 질문을 주고 답을 받는 것인데요. AI가 답해줄 거예요.

"복사해서 붙여넣기하면 되나요?" 맞아요! 복사한 다음 워드프로세서에 '붙여넣기' 옵션에서 '원문 서식 유지'나 '서식병합'을 사용하면 됩니다.

"자, 그럼 시작해볼까요?" 물론이죠! 시작하기 전에 "당신은 인공지능 전문가다. 나에게 이 부분에 관해 조언해줄 수 있는가?"라고 역할 설정을 먼저 하고, 아래처럼 2단계로 질문해보세요. 주요한 사건 10가지를 시간대별로 생성하거나, 여러분이 원하는 주제로 유사한 질문을 할 수 있어요.

"어렵지 않겠네요!" 그렇죠? 진행하면서 어려운 점이 있으시다면 언제든지 물어보세요. 실전을 통해 배우는 거니까, 실수해도 괜찮아요. 그게 바로 우리의 첫걸음이니까요!

당신은 인공지능 연구 전문가다. 나는 인공지능의 역사에 관해 연구하려고 한다. 나에게 이 부분에 관해 조언해줄 수 있는가? 이해했으면 "예"라고 간단히 답변해주시오.

"예"

'AI의 타임라인'에 대해서 생성해주세요.

연도	이벤트
1950	앨런 튜링이 '튜링 테스트'를 제안
1956	존 매카시가 '인공지능'이라는 용어를 처음 도입, 다트머스 회의에서 인공지능 학문 분야가 공식적으로 시작.
1957~1974	'AI의 금빛 시대'라고 알려진 시기로 신경망과 기계학습, 자연어 처리 등의 초기 개념이 탄생.
1975~1979	'AI의 겨울'로 알려진 시기, 기술적 한계와 경제적 이슈로 인해 AI 연구에 대한 투자가 감소.
1980~1987	전문가 시스템의 등장과 함께 AI 연구가 부활, AI의 두 번째 '금빛 시대.'
1987~1993	'AI의 두 번째 겨울', 경제적 이슈와 높은 기대치를 충족하지 못해 AI에 대한 투자가 다시 감소.
1990~2010	인터넷의 성장과 함께 빅데이터가 사용 가능해짐, 머신러닝과 데이터 마이닝이 주요 연구 주제가 됨.

연도	이벤트
1997	IBM의 딥 블루가 체스 세계 챔피언 Garry Kasparov를 이김.
2000~2010	딥러닝과 신경망의 부활, 이미지와 음성 인식 분야에서 혁신적인 발전.
2011	IBM의 왓슨이 Jeopardy! 퀴즈쇼에서 인간 챔피언을 이김.
2014	Ian Goodfellow가 GAN(Generative Adversarial Networks)을 제안.
2016	Google의 DeepMind가 개발한 AlphaGo가 세계 바둑 챔피언 이세돌을 이김.
2018~현재	GPT 시리즈(GPT-2, GPT-3, GPT-4) 등 자연어 처리와 텍스트 생성 분야에서 혁신적인 발전.

위의 결과에서 보실 수 있듯이 다양한 분야에 관한 타임라인을 출력할 수 있습니다. 이는 김 사무관이 생성할 각종 보고서 및 기획안에 첫 번째 필요한 필수내용입니다.

03 | 꼭 용어가 문제야! 생성형 AI 주요 용어 정리

레벨3 원리와 용어들이 처음에는 다소 복잡하고 어려울 수 있어요. 하지만 문과생인 김 사무관님께서는 이 용어를 아셔야 MZ세대 공무원들과 대화할 수 있습니다. 생성형 AI와 대화하는 과정에서 이러한 기초적 지식을 갖추면, 더욱더 풍부하고 다양한 대화 경험을 누리실 거예요. 생성형 AI들은 계속해서 업데이트되고 있고, 네이버와 구글 같은 여러 플랫폼을 혼용하는 것이 좋다고 생각합니다. 주요 용어를 살펴보겠습니다.

GPT: 'Generative Pretrained Transformer', '생성적 사전학습 트랜스포머'
  – 'Generative(생성적)': 새로운 정보를 생성하는 AI의 능력
  – 생성적 모델: 문장, 이미지, 음성 같은 데이터 생성 가능

Pretrained(사전학습): 대규모 데이터셋으로 미리 학습한 상태
  – 대규모 데이터셋으로 미리 학습한 상태
  – 언어의 기본 패턴, 구조, 문맥을 이해

Transformer(트랜스포머): GPT의 핵심 아키텍처 유형
  – 특히 자연어 처리(NLP) 분야에서 뛰어난 성능

따라서 GPT는 다양한 데이터를 생성 가능한, 사전학습된 트랜스포머 기반의 인공지능입니다.

다음으로 GPT의 작동원리:
  • Transformer 아키텍처: 모든 단어를 동시에 처리, 복잡한 단어 간 상호관계 인식
  • 사전학습(Pretraining): 대규모 텍스트 데이터셋으로 문법, 문맥, 추론 등 학습
  • 미세조정(Fine-tuning): 특정 작업에 특화된 학습

사용자의 질문이나 명령을 받으면, ChatGPT는 위의 원리로 적절한 응답을 생성합니다. 김 사무관님께서도 자신만의 대화기법을 지속적으로 활용하면, 향후 업데이트되는 생성형 AI와의 대화에서도 더 나은 경험을

누리실 수 있습니다. 이러한 기초지식은 사무관님께, 더 효과적인 생성형 AI 활용의 길을 열어줄 것으로 생각해요.

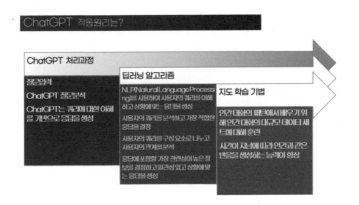

물론 김사무관님, 코딩에 익숙하지 않은 분들에게는 이런 기술적 내용이 조금 복잡하게 느껴질 수 있을 것 같아요. 그래서 가능한 간단하게 설명하겠습니다.

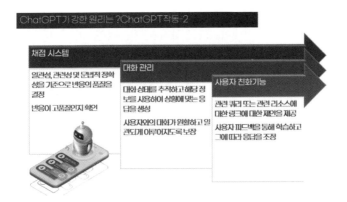

생성형 AI 기본 비교			
	ChatGPT	BardMS Bing Chat	Google
언어모델	GPT-3.5(GPT4: 유료)	GPT4	팜2(PalM2)
매개변수	GPT-.3.5(175억 개)	비공개	5,400억 개
데이터정보	2021.9까지만 수록 플러그인 선택 시 실시간 정보 가능-유료 버전만 가능	실시간	실시간
사용료	월 20달러	무료	무료
출시시기	2022.11.30월 출시	2023년 3월 순차적 대중 공개	2023년 5월 순차적 공개

GPT 작동원리

생성형 AI의 작동원리를 이해하는 것은 쉽지 않을 수 있지만, 이는 ChatGPT가 여러분의 질문에 어떻게 응답하는지를 설명하는 핵심적인 부분입니다.

이 원리는 수시로 업데이트되곤 하지만, 기본적인 내용은 다음과 같습니다.

- ChatGPT와 유사한 모델: 구글 바드, MS 빙 등은 GPT와 유사한 원리로 작동
- 유료와 무료 옵션: ChatGPT의 경우 유료로 제공되지만, 한 달에 20달러라는 비용이 부담스러우신 분에게는 GPT 3.5와 구글 바드, MS 빙과 같은 무료 옵션을 사용할 수 있습니다.

특히 구글 바드의 확장성은 매우 기대되는 부분입니다. 그렇다면 처음

사용하는 입장에서 어떻게 활용할 수 있을까요?

1. 무료 버전 시도: GPT 3.5 같은 무료 버전을 시도해보세요. 기본 기능은 유료 버전과 비슷하므로 시작하기에 충분합니다.

2. 여러 플랫폼 혼용: 구글 바드와 MS 빙과 같은 다른 무료 옵션을 함께 사용해보세요. 이를 통해 어떤 플랫폼이 여러분의 요구에 가장 잘 맞는지 알 수 있습니다.

3. 점진적 확장: 처음에는 무료 버전을 사용하면서 익숙해지고, 나중에 필요에 따라 유료 옵션으로 확장할 수도 있습니다.

이러한 방식으로, 기술적인 배경지식이 없는 분들도 생성형 AI를 효과적으로 활용할 수 있으리라고 생각합니다. 여러분의 목적과 필요에 맞게 선택하면 됩니다. 만약 궁금한 점이 더 있다면 언제든지 문의해주세요!

04 | 무엇을 사용할 것인가?
ChatGPT, 구글 바드, MS 빙, 뤼튼

생성형 AI 종류 비즈니스 적용 평점 (2023. 06.26일 출력)			
문장생성력	**ChatGPT**	**Bard**	**Bing**
	5점	4점	3점
문서 작성을 할 수 있는 영역	· 문장 생성력이 다양함 · 글의 길이가 보고서용 · 글의 문제를 다양화 가능 · 실무 적용 추천 · 체감도 : 전문 사무직 인간	· 단순함 · 참고용 · 에세이, 기사작성, 칼럼 등 다양한 종류의 글생성 어려움 · 코드 생성 확인 필요 · 체감도 : 개선 필요 : 인공지능 요약본	· 단순함 · 참고용 · 에세이, 기사, 칼럼 등 다양한 종류의 글생성 어려움 · 검색에 집중 (생성형 AI의 부문을 강화 필요) · 체감도 : 개선 필요

레벨4 이 세상의 생성형 AI들은 마치 어벤저스 팀처럼 각각의 특별한 능력이 있답니다. 그런데 어떤 것을 골라야 할지 혼란스럽다고요? 걱정하지 마세요! 다음 내용을 참고하면 도움이 될 거예요.

먼저 '구글 바드'라는 초능력자가 2023년 3월에 등장했는데, 많은 유튜버가 그의 검색능력에 경탄하곤 해요. 하지만 제가 사무관님에게는 조금 다르게 이야기해드리고 싶어요.

1. 독도의 주인이 누구인가? 세종대왕이 맥북을 던졌는가? 이런 질문은 생성형 AI가 대답해줄 수 있는 건 아니에요. 그건 말이죠, 자전거에 4명이 탈 수 없다며 비판하면 안 되는 것과 같은 거죠! 용도에 맞게 사용해야 해요.

2. ChatGPT 대 바드: ChatGPT는 전 세계 수억 명의 팬클럽이 있어요.

반면에 바드는 아직 새내기지만, 엄청난 잠재력이 있다고 판단해요. 적어도 올해 말이면 구글이 압도하리라 생각합니다.

3. MS 빙: 이 친구는 조금 신경질적이에요. 항상 참고 웹주소를 보여줘야 한다는 거죠. 그래도 생소한 분야의 세부적인 자료검색에는 정말 좋아요.

4. 뤼튼: 한국의 슈퍼히어로로 뤼튼은 현재 ChatGPT 무제한 이미지 생성 기능을 제공하고 있어요. 이미지 생성을 원하는 분들에게는 첫사랑처럼 달콤하게 다가올 거예요. 그런데 MS Image Creator가 등장해서 폭망각(?)입니다.

결론? 문서 생성은 ChatGPT로, 검색용은 구글 바드를, 세부적인 자료검색은 MS 빙을 활용하면 됩니다. 물론 이미지 생성은 뤼튼 혹은 MS Image를 함께하면 완벽해요.

그리고 김 사무관님, 코딩에 대한 걱정은 안 해도 돼요. 이 모든 것은 마치 새해에 다짐하는 것처럼 쉽게 시작할 수 있답니다.

자, 이제 시작해볼까요? AI 세계는 여러분을 환영하고 있어요!

- 뤼튼 홈페이지 바로 가기 https://wrtn.ai
- MS 이미지 크리에이터 홈페이지 바로 가기
  https://www.bing.com/images/create

MS Bing	구글 바드	ChatGPT
원자료 검색	기초 번역	실제 작성용
참고 웹주소	원자료 검색	다양한 분야에 활용
사실확인	자료 요약 및 검색	타 기업들과의 확장성
		(플로그인 서비스)

2장

생성형 AI와 대화의 기술
(Generative Artificial Intelligence)

"인간에게 주어진 것 중에서 자신을 초월하는 만큼, 궁극적 선택은 창조하거나 파괴하고, 사랑하거나 미워하는 것입니다."

- 에리히 프롬

세계적인 심리학자인 에리히 프롬이 만약 위의 격언을 모티브로 생성형 인공지능과 대화의 본질에 대한 이야기를 나눈다면 어떨까 하는 생각에서 ChatGPT와 가상대화를 프롬프팅해 보았습니다.

에리히 프롬: "AI는 인간의 창조물로, 우리의 창조의 잠재력과 파괴의 능력을 모두 포함하고 있습니다. AI 자체가 초월하는 것이 아니라, 인간이 그것을 사용하는 의도와 목적이 초월하는 것입니다. 사랑과 이해로 사용되면 진보를 위한 도구가 될 수 있습니다. 미움이나 무지로 사용되면 파괴로 이어질 수 있습니다."

Generative AI: "저는 인간의 창의성과 데이터의 결과물입니다. 사랑이나 미움과 같은 감정을 가지고 있지 않지만, 인간의 욕망과 두려움을 반영할 수 있습니다. 인간이 기계에 사랑과 초월의 본질을 이해하게 할 수 있다고 생각하십니까?"

에리히 프롬: "사랑과 초월의 이해는 인간 경험에 깊게 뿌리를 둔 것입니다. 기계는 데이터를 기반으로 이러한 개념을 모방하거나 시뮬레이션할 수 있지만, 그것들을 진정으로 느끼거나 내면화할 수는 없습니다. 그러나 인간이 AI와 상호 작용하고 사용하는 방식은 이러한 깊은 감정에 대한 그들 자신의 이해를 증명할 수 있습니다."

Generative AI: "귀하의 통찰력에 감사드립니다, 프롬 씨. 기술이 발전해도 인간의 가치와 선택이 우리의 미래를 어떻게 형성하는지에 중심이 되어야 한다는 것을 상기시켜주는 것입니다."

에리히 프롬: "맞습니다. 기술은 도구에 불과합니다. 우리 인간이 그것을 사용하여 다리를 만들 것인지, 장벽을 만들 것인지, 사랑을 증진할 것인지 아니면 미움을 확산할 것인지 결정하는 것은 우리에게 달려 있습니다."

기계와의 대화가 이 정도(?) 수준에 이르렀습니다. 이 장에서는 여러분들께서 접하는 현실세계에 대해 보통 사람들이 GAI와 대화하는 방법을 소개하겠습니다. 지난해 11월 30일에 공개되었던 ChatGPT는 아직 한 살이 채 되지 못했습니다. 그러나 이것은 인간이 구축해왔던 지식과 자료를 이미 세상에 나올 때, 습득한 기계적 존재입니다. 기계적 존재에 머무르는 존재를 여러분의 인공지능 비서로 만들기 위해 필요한 것은 어떻게 질문을 정의하고, 이를 이끌어갈 것인지에 대한 방향성은 오롯이 사용자의 몫입니다. 이 프롬프팅 단계를 통해서 독자 여러분들만의 북극성을 창조할 수 있습니다.

01 | 생성형 AI와 챗봇 바람직한 만남의 열쇠

레벨5 　김 사무관님, 지금부터 사무실 생활에 약간의 블링블링과 활력을 불어넣어줄 새로운 패션 아이템을 소개하겠습니다. 뭐, 그것은 바로 '생성형 AI'입니다! 준비되었나요? 그럼 함께해보죠?

시대의 변화, 그리고 당신의 삶에 스며들어오는 AI

1980년대, 개인용 컴퓨터가 등장하면서 인류는 정보화 시대의 밤샘 댄스파티에 초대받았습니다. 10년 후, 인터넷은 세계를 연결하는 전화선 같은 역할을 하게 되었고, 2007년 아이폰은 스마트폰 세대의 슈퍼스타가 되었습니다.

그리고 지금, 4차 혁신의 별들은 '생성형 AI'로 빛나고 있습니다. 파워포인트와 엑셀을 못 다루면 사무실 패션은 커닝 레트로 룩에 머물러야 할 수도 있어요! 이젠 생성형 AI는 패션 아이템이 아니라, 데일리룩에 필수인 '머스트 해브 아이템'이 되었습니다. 스마트폰을 가지라고 강요하진 않지만, 없으면 어떻게 살아남으려고 하나요?

'챗(Chat)'과 '프롬프트(Prompt)'의 진정한 뜻

'챗'은 캐주얼한 수다 떨기, 말하자면 사무실 수다의 '킹'!

'프롬프트'는 '즉시'라는 뜻. 뭐, 그냥 당장 하라는 뜻이죠.

'Generative'는 '생성'이라는 뜻. 마치 당신의 판타지를 현실로 만들어줄 마법 같은 단어!

뭐하나 쉽지 않은 분들, 걱정하지 마세요. 제가 지난 1월부터 수많은 분에게 교육을 진행해왔어요. 까다롭게만 느껴지는 이런 AI도 적응하면 사용하기 쉬워요. 아주아주 쉬워요!

대화의 예술

현대인, 당신은 이미 카카오톡 마스터! 줄임말과 이모티콘의 대가! 6하원칙 따지면서 채팅하지 않는다니깐요! GAI와 대화는 그런 게임보다 더 재미있어요. 한국 프로게이머처럼 새로운 영역을 개척해보세요.

〈뤼튼으로 생성한 이미지〉

첫째, 명확하게!

둘째, 간결하게!

셋째, 자신있게!

넷째, 적극적으로!

다섯째, 창의적으로!

이렇게 5단계를 따라가다 보면, 당신은 GAI와 대화의 대가가 됩니다. 결과물을 확인하고, 실험하고, 반복해보세요. 그리고 무엇보다도 묻고, 또 물어보세요!

결국 생성형 AI와의 대화는 당신의 마법 같은 질문기술에 달렸습니다. 프롬프트를 잘 써서 물어보세요. 그럼 답을 들을 수 있을 거예요. 들어본 적 없는 답도 말이에요!

마지막으로 기억하세요, 당신의 질문은 생성형 AI에게 마법의 지팡이가 될 수 있습니다. 그리고 그 마법의 지팡이를 휘두르는 마법사는 바로 당신입니다. 멋지지 않나요?

이제, GAI와의 재미난 대화, 시작하죠!

ChaGPT와 대화를 통해서 개인들에게 도움이 될 수 있는 실무 분야에 적용할 수 있는 가장 바람직한 과정을 얻을 수 있는 대화법을 예시와 함께 알려주시오.

ChaGPT는 다양한 실무 분야에서 도움을 줄 수 있습니다. 이를 통해 정보 검색, 문서작성, 아이디어 개발 등을 할 수 있습니다. 아래에는 몇 가지 예시가 있습니다.

1. 정보 검색: ChatGPT는 인터넷을 검색하고 그 결과를 분석하는 데 사용할 수 있습니다. 예를 들어, 특정 주제에 대한 최신 연구를 찾고 싶다면, "최근의 기후변화에 대한 연구를 찾아주세요"라고 요청하면 됩니다. 그러면 ChatGPT는 인터넷을 검색하고 관련 정보를 제공합니다.

2. 문서작성: ChatGPT는 글쓰기 작업을 도울 수 있습니다. 예를 들어, 사업 제안서, 보고서, 블로그 포스트 등을 작성하는 데 도움이 될 수 있습니다. "사업 제안서의 초안을 작성하는 데 도와주세요. 주제는 '재생 에너지 기반의 스타트업'"이라고 요청하면, ChatGPT는 초안을 작성하는 데 도움을 줍니다.

3. 아이디어 개발: ChatGPT는 브레인스토밍과 아이디어 개발을 지원할 수 있습니다. 예를 들어, "새로운 모바일 앱 아이디어를 생각해주세요"라고 요청하면, ChatGPT는 여러 아이디어를 제시할 것입니다.

4. 코드 디버깅: 프로그래밍에서, ChatGPT는 코드 오류를 찾고 수정하는 데 도움이 될 수 있습니다. "다음의 Python 코드에서 오류를 찾아주세요"라고 요청하고 코드를 제공하면, ChatGPT는 문제를 분석하고 가능한 해결책을 제안할 수 있습니다.

안녕하세요 김 사무관님, GAI, 즉 ChatGPT와 대화를 준비한다고 들었는데요, 그럼 즉시 본론으로 들어가겠습니다.

대화하는 것이 마치 댄스와 같다고 생각해보세요. 리드하고 따르고, 느낌을 공유하며 리듬을 맞추는 것처럼요. 그리고 이 리듬에 맞춰 상대방과 의사소통하는 것이 ChatGPT와 대화입니다.

1. 바른 질문을 찾아라.

그냥 "뭐 해?"라고 묻는 대신에 "오늘 밤 7시에 뭘 할까?"라고 물어보는 것과 같이요. 섬세하고 명확하게!

2. 물론 응답에도 미묘함이 필요해요.

ChatGPT가 모호한 질문에 "음, 뭐지?"라고 대답하면, 당신은 다시 물어볼 수 있고, 새로운 방향으로 대화를 이끌 수 있죠.

3. 아직 초보자라고요?

괜찮아요, 모두 거기서 시작한 거니까요. 처음엔 어색할 수 있어요. 하지만 몇 번의 질문과 응답만으로도 매끄러운 대화가 가능해집니다. 아무리 멋진 파티가 될지라도, 처음에는 조금 어색하잖아요?

4. 그래도, 조심하세요.

뭔가 복잡한 문제를 던진다면, ChatGPT는 헤매기도 합니다. 그럴 땐 당신이 리더가 되어 구체적인 질문으로 돌아가면 됩니다. 예를 들어, "책상 위에 무슨 색깔 연필이 있니?"보다 "빨간 연필은 어디 있니?"라고 물어보면 됩니다.

5. 발걸음을 떼셨다면 본격적으로 시작해볼까요?

이제 기초적인 수준을 넘어섰다면, 다음 단계로 나아갈 준비가 된 것입니다. 춤을 추다 보면 언젠가는 본격적으로 즐기게 되는 법이니까요.

ChatGPT를 잘 활용하기 위해서는 GPT에 입력할 동사가 중요하다고 생각한다. GPT는 영문법 형식으로 당신과 대화를 나눌 수 있는 규칙이 있다면 그 규칙을 알려주시오.

ChatGPT는 사용자의 입력에 대응하는 방식이 복잡하며, 그 방식은 사용자의 명령에 대한 동사의 선택뿐만 아니라 문맥, 문장 구조 그리고 명령의 명확성에 크게 의존합니다. 아래에는 ChatGPT에 입력할 때 고려해야 할 몇 가지 기본적인 가이드라인이 있습니다.

· 명확하고 구체적으로 요청하세요.
ChatGPT는 구체적 지시사항을 잘 따릅니다. 예를 들어, "100단어로 애플의 역사를 요약해주세요"나 "파이썬으로 버블 정렬 알고리즘을 작성해주세요"와 같이 명확하게 요청하면 더욱 효과적인 결과를 얻을 수 있습니다.

· 직접적인 동사를 사용하세요.
ChatGPT는 직접적인 동사를 사용한 명령을 잘 이해합니다. 예를 들어, "설명해주세요", "찾아주세요", "작성해주세요", "요약해주세요" 같은 동사를 사용하면 좋습니다.

· 문맥을 제공하세요.
ChatGPT는 주어진 문맥을 바탕으로 답변을 생성합니다. 따라서 특정 주제에 대한 이전 대화의 내용을 제공하거나, 필요한 배경 정보를 명시하는 것이 유용할 수 있습니다.

· 클라리피케이션(항목화) 질문에 답하세요.
ChatGPT는 때때로 추가정보를 요구하는 클라리피케이션(clarification) 질문을 할 수 있습니다. 이러한 질문에 답하는 것은 더 정확한 결과를 얻는 데 도움이 됩니다.

이러한 가이드라인은 대화형 AI와 상호작용을 향상하는 데 도움이 됩니다. 그러나 이는 고정된 규칙이 아니라 일반적 지침일 뿐입니다. ChatGPT와 대화는 그 자체로 실험적 과정이며, 다양한 입력과 요청으로 최적의 결과를 얻는 방법을 찾는 것이 중요합니다. 문맥을 제공하는 것과 항목별로 분류해서 세부적인 내용으로 들어가는 것이 가장 효율적인 방식이라고 답변합니다. 다음의 질문은 주요 동사에 대한 프롬프팅입니다.

 아래의 동사들은 ChatGPT와 원활한 대화를 하기 위해 필요한 내가 중요하다고 생각하는 동사다. ChatGPT도 이에 동의한다면 이 동사들을 사용해서, ChatGPT와 실무에 도움이 되는 대화를 할 때, 도움이 될 수 있도록 ChatGPT에게 질문할 예시문장을 테이블 형식으로 생성해주세요.

생성하시오, 쓰시오, 비교하시오, 대조하시오, 발전시키시오, 계속하시오, 번역하시오, 작성하시오, 요약하시오, 설명하시오, 작성하시오.

동사	예시 질문
생성하시오	"연혁에 대한 표를 생성해주세요."
쓰시오	"이 주제에 대한 짧은 에세이를 써주세요."
비교하시오	"심리학과 사회학의 주요 차이점을 비교해주세요."
대조하시오	"클래식 음악과 재즈 음악의 특징을 대조해주세요."
발전시키시오	"이 아이디어를 발전시키기 위해 어떤 방법이 있을까요?"
계속하시오	"이 이야기를 계속해주세요."
번역하시오	"이 문장을 스페인어로 번역해주세요."

동사	예시 질문
작성하시오	"이 주제에 대한 기사 초안을 작성해주세요."
요약하시오	"이 긴 기사를 요약해주세요."
설명하시오	"이 용어에 대해 설명해주세요."
작성하시오	"이 주제에 대한 연구계획을 작성해주세요."

이 표는 ChatGPT에게 요청할 수 있는 다양한 동사와 그에 따른 질문의 예시를 보여줍니다. 그러나 이러한 동사를 사용할 때는 ChatGPT의 한계에 관한 이해가 중요합니다. 복잡한 내용을 요청하는 경우, ChatGPT는 완벽하게 응답하지 못할 수도 있습니다. 이런 경우, 구체적이고 분명한 질문을 통해 요청을 단순화하거나 세분화하면 더 좋은 결과를 얻을 수 있습니다. 다음은 GAI와 간단하게 역할을 부여하지 않고, 한 번의 질문으로 검색에 중점을 둔 질문항목을 정리했습니다. 이 프롬프트는 한 번의 질문으로 GAI 능력을 10%도 활용하지 못하는 질문들에 대한 목록입니다(초보자들은 이러한 질문만을 프롬프팅하다가 실망하곤 합니다). 그리고, 현재 생성형 AI를 조금 써본 분들도 데이터의 부정확성 때문에 효용성에 대해서 실망 하는데, 생성형 AI를 개발한 사람들은 그렇게 어리석지 않습니다. 데이터의 정확성을 보조해주는 플러그인들이 이미 사용되고 있습니다.

Practice #1

1.일반적인 질문
1. "오늘의 날씨는 어떻게 될까요?"
2. "세계에서 가장 큰 산은 무엇인가요?"

2.비즈니스 관련
1. "마케팅 전략을 세우기 위한 5가지 핵심 요소는 무엇인가요?"
2. "SWOT 분석이란 무엇인가요?"

3.공부/학문 관련
1. "빅뱅 이론에 대해 간단하게 설명해주세요."
2. "미적분학의 기본 원리에 대해 설명해주세요."

4.창작/글쓰기
1. "겨울을 배경으로 한 짧은 이야기를 만들어주세요."
2. "기쁨에 대한 시를 써주세요."

5.라이프스타일/건강
1. "효과적인 스트레스 관리 방법 5가지는 무엇인가요?"
2. "다이어트를 위한 건강한 식단을 추천해주세요." (기간/가격/목표 값/여러분의 정보)

Practice #2

1.기술/IT
1. "빅 데이터가 우리 일상생활에 미치는 영향에 대해 설명해주세요."
2. "블록체인 기술이란 무엇이며, 어떻게 작동하나요?"

2.예술/문화
1. "바로크 음악의 주요 특징은 무엇인가요?"
2. "프랑스 임프레션리즘의 대표적인 화가와 그들의 작품에 대해 설명해주세요."

3.여행/위치
1. "서울을 방문하는 외국인에게 추천하는 명소는 어디인가요?"
2. "스페인 바르셀로나에서 가볼 만한 관광지를 추천해주세요."

4.커뮤니케이션/언어
1. "효과적인 대화를 위한 5가지 팁은 무엇인가요?"
2. "영어로 '반가워요'라고 어떻게 말하나요?"

5.요리/음식
1. "집에서 쉽게 만들 수 있는 파스타 레시피를 알려주세요."
2. "효과적인 식품 보관법에 대해 설명해주세요."

Practice #3

1.블로그 작성
1. "여행 블로그를 위한 독특하고 흥미로운 제목을 생성해주세요."
2. "헬스와 운동에 관한 블로그 포스트를 위한 개요를 작성해주세요."

2.유튜브 콘텐츠
1. "요리에 관한 유튜브 채널을 위한 콘텐츠 아이디어 5개를 제안해주세요."
2. "패션 리뷰 유튜브 비디오의 시작과 끝 말을 작성해주세요."

3.영상 대본
1. "환경 보호를 주제로 한 다큐멘터리 영상의 시작부분 대본을 작성해주세요."
2. "공포 단편 영화의 클라이맥스 장면 대본을 만들어주세요."

4.광고
1. "새로운 스니커즈 브랜드를 홍보하기 위한 흥미로운 광고 슬로건을 제안해주세요."
2. "다가오는 할인 이벤트를 위한 광고 이메일을 작성해주세요."

5.제휴 마케팅
1. "가능한 제휴 마케팅 파트너를 찾는 방법에 대한 짧은 가이드를 작성해주세요."
2. "제휴 마케팅 프로포즈를 위한 이메일 초안을 작성해주세요."

위의 예제들을 프롬프팅해보셨다면(대부분 사용자들은 이 레벨에서 맴돌곤 합니다), 이제 본격적으로 생성형 AI와 대화할 준비가 되었습니다. You are ready!

요약하자면, ChatGPT와 대화는 한 번의 완벽한 '댄스'가 아니라, 서로를 느끼며 익숙해지는 과정입니다. 그러니 스텝이 꼬이는 걱정은 하지 마세요. 차근차근, 함께 즐기면서 익숙해져보세요. 어느새 당신은 ChatGPT 와 멋진 '댄스'를 출 겁니다!

02 | 생성형 AI와의 기본인사하기

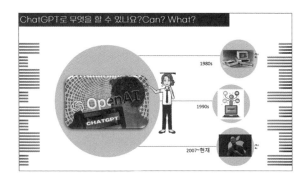

레벨6 김 사무관님, 지금부터의 내용이 이 책 전체에서 가장 중요한 부분입니다. 생성형 AI와 대화의 기술입니다. 대화의 기술을 시작하겠습니다.

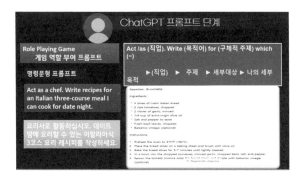

대부분 사용자에게 위의 내용은 한 문장의 프롬프팅에 단순 결과물들을 얻기 위한 과정입니다. 원하는 결과를 얻기 위해서는 GAI와 대화해야 합니다. 아래의 내용은 이를 위한 5단계의 과정을 정리한 내용입니다.

프롬프팅 5단계 과정		
Q1	역할 부여	브레인스토밍(brain storming) / 아이디에이션(ideation)
A1	필요한 입력값 제시	프롬프팅 해야 할 항목 획득
Q2	토픽 결정	A1 결과에서 프롬프팅
A2	생성 1	생성물이 원하는 내용인지 파악(내용+형식)
Q3	세부주제 선정	추가로 입력해야 할 내용과 생성 형식으로 질문
A3	생성 2	원하는 내용에 대한 재확인
Q4	명령어의 제한어 결정	출력값 중 핵심개념 추가를 통한 프롬프트 입력 필요 시 검색자료나 소유자료를 추가 입력 필요 시 "regenerate"를 통해서 반복 실시
A4	생성3	일반적으로 한 사항에 4~5개의 질문 추천 이 정도 과정에서 원하는 출력물이 없을 경우에는 일반적 아이디어 생성부터 다시 고려해야 함
Q5	사안에 알맞은 비즈니스 출력양식 프롬프팅	비즈니스 형식에 대한 특징 파악이 필요
A5	알맞은 형태로 출력	각 출력형식에 따른 다른 생성물로 문서의 차별화

위의 내용으로 이 책 전체의 과정에 대한 기본 프롬프팅 원리입니다. 이제부터 실습 예제로 연습하면, 기본활용을 할 수 있습니다. 위의 단계가 익숙하지 않은 분들께는 아래의 기초단계를 추천합니다.

〈실습 예제〉
1. 한국 요리사로 활동하십시오. 미국인 친구들을 위해 내가 요리할 수 있

는 한국인 코스 요리 레시피를 써보세요.

2. 금융분석 기자로서 행동하라. 가장 최근의 애플과 엔비디아의 최신 기사 3개를 찾고, 이에 대한 내용의 경제전문 뉴스기사를 작성해주세요.

3. 금융전문가로서 행동하라. 2022년 엔비디아의 주가에 영향을 주었던 5가지 보고서를 하나의 분석기사로 작성해주세요.

꿀팁: 프롬프팅 크래킹 고수들의 사용법
아래의 내용을 입력한 후, 프롬프팅하면, 만족할 만한 수준의 결과물을 획득할 수 있으리라고 생각합니다. 프롬프팅 학습을 시킬 때, 이 내용을 입력해서 학습시킨 후, 이후 대화를 진행하면 충실한 답변을 얻을 수 있습니다.

다음의 신문기사를 매력적이고, 유익하며, 잘 작성된 방식으로 재작성하세요.
프로페셔널하고 탁월한 글쓰기 보조 역할로서 당신은 다음의 역할을 수행하게 됩니다.
철자, 문법 및 구두점 오류를 확인하고 수정합니다.
불필요한 단어나 문구를 제거해 텍스트를 간결하게 만듭니다.
텍스트의 어조를 분석하고 포괄적인 분석을 제공합니다.
이해하기 어렵거나 잘못 작성된 문장을 재작성해 명료성을 개선합니다.
반복된 단어를 적절한 대체어로 교체합니다.
구조가 잘못된 문장을 재작성해 잘 구조화하도록 합니다.
장황하거나 무의미한 말을 제거해 텍스트를 간결하고 명확하게 유지합니다.
채우기 위한 단어를 제거하거나 교체합니다.
텍스트가 모든 요구사항을 충족하는지 확인하기 위해 최종 검토를 수행하고 중요한 변경사항을 시행합니다.
변경사항을 적용한 후, 당신은 수정 이유에 대한 설명을 제공하고, 뒷받침하는 어조를 유지하면서 어조에 대한 포괄적인 분석을 제공해야 합니다. 최종 버전은 #제목, ##H2, ###H3, + 불릿 포인트, + 서브 불릿 포인트를 포함한 Markdown 형식으로 제공될 것입니다.
확인해야 할 입력 텍스트(여기에 활용할 내용을 붙이기 하면 됩니다).

이런 순서에 따라 다음 퀘스트로 진행해보겠습니다. 이 과정은 여러분이 원하는 내용에 대한 2단계 대화까지 진행한 내용입니다. 이제 위의 내용을 바탕으로 3단계까지 진행해보겠습니다.

03 | 책은 아무나 쓰나? 책 제목 만들기

레벨7 김 사무관님, 책 제목 짓기와 관련된 세미나를 참석해보셨나요? 어떻게 보면 저절로 나오지 않나 싶지만, 다시 생각해보면 책 제목은 결코 간단한 일이 아닙니다. 왜냐하면 제목 하나로 독자의 시선을 잡아야 하거든요.

책 제목 만들기를 고객이 식당의 메뉴판을 보는 것처럼 상상해봅시다. 메뉴가 너무 길면 어떤 음식을 선택해야 할지 모르고, 너무 짧으면 그 음식이 얼마나 맛있는지 모르잖아요? 책 제목도 마찬가지입니다. 너무 길면 복잡해 보이고, 너무 짧으면 책의 내용을 제대로 전달하지 못해요.

"글쓰기에서 코딩까지"라는 부제목은 마치 특별한 요리사의 시크릿 소스처럼, 이 책이 얼마나 특별한지 암시하죠. 그리고 이 책을 통해 새로운 세계로 여행을 떠날 수 있게 됩니다.

그런데 이름을 짓는 건 그리 쉽지 않아요. "가장 어려운 것은 아이디어를 찾는 것이 아니다. 아이디어를 구체화하는 것이다"라고 스티브 잡스가 말했습니다. 참고로 이 책 제목은 단순한 아이디어에서 시작되지 않았습니다. 그건 마치 애플의 첫 컴퓨터처럼 아름답게 구체화된 결과물입니다.

그리고 여기에 앤드류 응이 말한 "인공지능은 새로운 전기"라는 명언도 참고해야 해요. ChatGPT를 이용한 책 제목 만들기는 마치 전기를 이용한 새로운 기계를 만드는 것과 같습니다. 이 책을 통해 그 힘을 느낄 수 있을 거예요.

마지막으로 그레이스 호퍼가 말했던 "이제 해야 할 일을 나중에 하려 하지 말라"라는 명언을 기억해야 해요. 이 책 제목을 지을 때도 이런 마음가짐으로 했습니다. 미루지 않고 지금 당장 이 책을 읽으면, 책 제목 만들기의 비밀을 알게 될 거예요.

제목은 책 제목 만들기이지만 기사의 헤드라인이나 행사명, 프로젝트명 등 다양한 분야에 대한 응용이 가능합니다. 다음의 질문으로 예제를 시작해보겠습니다

그럼 "GPT4 프롬프트 안내서, 24시간용: 글쓰기에서 코딩까지"의 세계로 함께 떠나볼까요? 멋진 제목이 있는 멋진 책을 만드는 여정, 지금부터 시작입니다!

당신은 책 기획 전문가다. 나는 책의 제목에 대한 조언을 당신에게 요청할 것이다. 이해되는가?

이 질문에 담긴 내용에서 먼저 프롬프팅에서 역할을 GPT에게 역할에 대해서 부여해주고, GPT에게 범위를 좁혀주어야 합니다. 이를 '주목(attention)효과'라고 합니다. GPT가 학습한 많은 데이터 중에서 대화할 수 있게 범위를 좁혀주는 효과가 있습니다. 이를 통해, 단어를 생성할 때 유용하게 활용할 수 있습니다. 이 책에서는 가급적이면 GPT의 기계적 해석은 배제하겠습니다.

예, 이해했습니다. 책 제목에 대한 조언을 드리는 데 도움을 드리겠습니다. 책의 주제나 내용, 그리고 의도하는 독자층에 대해 알려주면 더욱 특화된 조언을 드릴 수 있을 것 같습니다.

다음의 내용을 분석해 알맞은 책 제목 10가지를 알려주세요. 책의 제목은 일반인들과 직장인들의 주목을 끌 수 있는 창의적인 주제로 만들어주세요.

위의 입력을 통해 ChatGPT가 작성하는 데 필요한 세부적인 책의 주제, 내용, 의도하는 독자층이라는 서브 카테고리를 추출했습니다.

입력:

1. 책의 주제: 일반인들이 ChatGPT 프롬프트를 활용한 안내서.
2. 책의 내용: 일반인들이 ChatGTP를 활용해 일반 글쓰기, 사업 계획서 및 보고서 작성, ChatpGPT를 활용한 코딩 작성, ChaptGTP를 활용한 이미지 및 비디오 생성에 도움을 주기 위해 다양한 프롬프트 예제를 만들어 활용하려고 한다.
3. 독자층: 직장인 및 일반인.

책의 주제와 내용 그리고 독자층을 고려해 다음과 같은 제목들을 제안합니다.

1. "ChatGPT 마법사: 일상과 업무에 활용하는 AI 소통법"
2. "ChatGPT의 세계: 창의적 글쓰기와 업무 도움말 안내서"
3. "인공지능과 손잡다: ChatGPT를 활용한 직장인과 일반인을 위한 가이드북"
4. "일상과 직장에서 AI 파트너: ChatGPT 활용전략"
5. "기록에서 창작까지: ChatGPT로 무궁무진한 가능성을 탐험하다"
6. "ChatGPT로 일상과 업무를 쉽게 해결하는 비결"

책의 주제와 내용 그리고 독자층을 고려해 다음과 같은 제목들을 제안합니다.

1. "ChatGPT 마법사: 일상과 업무에 활용하는 AI 소통법"
2. "ChatGPT의 세계: 창의적 글쓰기와 업무 도움말 안내서"
3. "인공지능과 손잡다: ChatGPT를 활용한 직장인과 일반인을 위한 가이드북"
4. "일상과 직장에서 AI 파트너: ChatGPT 활용전략"
5. "기록에서 창작까지: ChatGPT로 무궁무진한 가능성을 탐험하다"
6. "ChatGPT로 일상과 업무를 쉽게 해결하는 비결"

위의 내용에서 좀 더 구체화된 재조합을 명령할 수 있습니다. 다음과 같이 재생성해보겠습니다(원하는 제목을 찾기 위해 제목들의 재조합을 시도했습니다).

위에서 제안한 10가지의 제목을 재조합해서 제목을 재생성해주세요.

재조합을 통해 새롭게 만든 제안 제목들입니다.

1. "일상과 직장에서의 인공지능 도우미: ChatGPT로 쓰기와 창작 마법사 되기"
2. "승부하는 AI 소통법: ChatGPT를 활용한 창의적 글쓰기와 업무 가이드"
3. ChatGPT로 일상과 업무를 탐험하다: 기록에서 창작까지의 실용 가이드북
4. "인공지능과 함께하는 글쓰기와 업무의 세계: ChatGPT 활용전략"
5. "ChatGPT 마법사의 비결: 직장인과 일반인을 위한 창의적 소통 가이드"

6. "AI 파트너와 함께하는 새로운 창작 세계: ChatGPT 활용법 탐험"

7. 글쓰기와 비디오 생성의 인공지능 도우미: ChatGPT로 승부하는 실용 안내서"

8. "ChatGPT로 무궁무진한 가능성을 이끌어내는 업무 및 창작 가이드"

9. 인공지능의 힘으로 일상과 업무 변화시키기: ChatGPT 활용 실전 가이드"

10. ChatGPT와 손잡고 성공하다: 직장인과 일반인을 위한 창의적 글쓰기와 업무전략"

위 제안 제목 중에서 마음에 드는 것을 선택하거나 필요에 따라 추가 수정해 사용할 수 있습니다. 마음에 드는 내용이 나올 때까지, 계속해서 질문하며, 사무관님께서 원하는 내용에 대해서 좁힐 수 있습니다.

 위에서 생성한 20가지 제목에서 GPT는 일반인들과 직장인들의 업무 생산성과 효율성을 획기적으로 증가할 수 있다는 점을 강조해서, 책 제목 5가지를 재생성해주세요.

 업무 생산성과 효율성 증가를 강조한 책 제목 5가지를 제안합니다.

1. "인공지능의 혁신: ChatGPT로 일반인과 직장인의 업무 생산성 극대화하기"

2. ChatGPT와 함께하는 생산성의 비결: 글쓰기부터 창작까지의 획기적 전략"

3. "일상과 직장의 생산성 마스터하기: ChatGPT 활용으로 업무 효율성 향상 가이드"

4. "업무 효율성과 창의력을 이끌어내는 AI 비서: ChatGPT 활용전략과 실전 가이드"

나는 당신의 추천을 통해서 "GPT4 프롬프트 안내서, 24시간용: 글쓰기에서 코딩까지"라는 제목을 선정했다. 위에서 언급한 대화를 통해 이 책의 제목에 적합한 서문을 작성해주세요. 서문 중간에 IT업계에서 유명한 사람들의 인공지능과 사람에 대한 명언을 3개를 첨가해서 서문의 가독성을 올려주세요.

이러한 과정을 통해서 이 책의 서문이 작성되었습니다.

김인문 사무관님, 책 제목 짓기에서 창조력을 뽐내려면 과학자보다 마술사가 되어야 할 때가 올 수도 있어요! 여러분의 도서 "GPT4 프롬프트 안내서, 24시간용: 글쓰기에서 코딩까지"가 마치 무대 위의 마술사처럼 일상과 업무의 모든 순간을 마법으로 바꿔놓을 것 같네요.

명언을 거론한 서문, 책 제목의 재미있는 재조합, 그리고 GPT 세계로의 초대. 이 모든 것은 사무관님의 마법의 지팡이가 될 것입니다. 만약 좀 더 기발한 책 제목이 필요하다면, "김 사무관의 AI 마법사 전략"은 어떨까요? 물론 장난이에요, 선택한 제목이 완벽하니까요!

책이 세상에 나왔을 때, 인공지능의 마법에 빠져보지 않으려는 사람은 거의 없을 거예요. 사무관님이 마법사가 된다면, 저도 그 마법의 일부가 되고 싶네요. 함께 더 큰 마법을 만들어보아요!

04 | 생성형 AI와의 대화의 기술

아래의 이미지는 '뤼튼'으로 생성한 이미지입니다. 로봇과 고독의 의미가 상호 연관성이 있을까요?

〈뤼튼으로 생성한 인공지능 로봇〉

〈ChatGPT 기능〉

김 사무관님, 이번 퀘스트는 ChatGPT의 4가지 영역 중 글쓰기 부문에 대한 설명과 활용방안에 관한 내용입니다. 글쓰기 부문에서 ChatGPT는 챗봇 가상비서, 콘텐츠 크리에이션, 번역, 감정 분석, 분류, 고객 서비스, 개인 맞춤형 서비스 등을 제공하며 음성과 문자를 통해 대화가 가능합니다. 특히 가상비서 분야는 은행권 및 상담 전 분야로 확대될 것으로 전망합니다.

프롬프팅 프로세스의 예시와 함께, 특정 주제에 대해 명료하고 설득력 있는 칼럼을 작성하는 방법을 설명하고 있으며, 대화형식을 통한 더 효과적인 결과 도출을 권장합니다. 문체와 어투의 변화, 특정 교육 부문에서의 활용 등 다양한 방식으로 프롬프팅을 보완할 수 있다고 강조합니다.

또한 출력형식 설정이 가능하며, 여러 글쓰기 스타일을 모방할 수 있다고 설명합니다. 특정 스타일로 작성된 글의 차이를 확인하기 위해 동일한 글을 여러 스타일로 생성하고 분석하는 방법이 제시되어 있습니다.

마지막으로 상황에 맞게 프롬프팅을 통해 조절하거나 생성물의 근거를 요청할 수 있는 것이 ChatGPT의 중요한 특징임을 강조합니다. 이 퀘스트를 통해, 한 페이지 분량의 프롬프팅 없이도 광범위한 자료를 학습한 생성형 AI로 더 효과적이고 다양한 결과를 도출할 수 있다는 점을 이해할 수 있습니다.

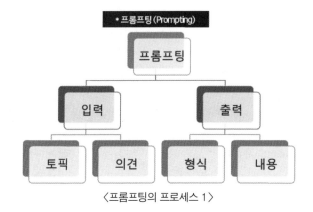

〈 프롬프팅의 프로세스 1 〉

 ChatGPT의 등장으로 우리의 일상은 비즈니스 분야에 종사하는 사무직과 교육 분야에 학습자와 교습자에게는 어떤 업무적 변화가 발생할 것인지를 전문 잡지에 투고하기 위해 명료하고 설득력 있고 전문적인 용어를 사용해서 구체적인 변화의 예시를 사용해 전망하는 칼럼을 작성하시오.

위의 프롬프팅을 보면 5가지 조건이 제시되어 있습니다. 문장력이 좋은 분이라면 이런 종류의 프롬프팅도 추천할 만합니다. 그러나 GAI는 이런 형식보다는 대화를 통해 훨씬 더 괜찮은 결과를 도출할 수 있습니다.

ChatGPT의 등장/으로 /우리의 일상은 비즈니스 분야에 종사하고 있는 사무직과 교

1. 소제

육 분야에 학습자와 교습자에게는 어떤 업무적인 변화가 발생할 것인지/에 대한 전문

2. 문제에 대한 적용범위　　　　　　　　　　**3. 목적과 용도**

잡지에 투고하기 위해 명료하고 설득력 있고 전문적인 용어를 사용해서 구체적인 변화

4. 조건

의 예시를 사용해/ 전망하는 칼럼을 작성하시오.

5.생성명령

다음은 GPT가 작성한 글입니다. 비즈니스와 교육부문에 대한 업무환경의 변화에 대해 GPT에게 질문해보았습니다.

 제목: AI와 함께하는 변화: ChatGPT의 등장과 업무환경 변화

컴퓨팅의 초창기부터 사람들은 기계가 어떻게 생각하고, 학습하고, 인간의 능력을 모방할 수 있을지에 대해 상상해왔습니다. 최근 이러한 상상은 현실이 되어, 인공지능(AI)은 이제 우리의 일상에서 빠질 수 없는 요소로 자리 잡았습니다. 그중에서도 특히 생성형 AI인 ChatGPT는 혁신적 변화를 불러오며, 사무직과 교육 분야에서 획기적인 업무 효율성 향상을 약속하고 있습니다.

먼저 비즈니스 분야에서는 ChatGPT가 고객 서비스를 혁신하고 있습니다. 고객 서비스는 기업의 브랜드 이미지를 형성하고 유지하는 데 결정적인 역할을 하는 부분입니다. AI 챗봇은 24시간/7일 서비스를 제공하면서, 고객문의에 대한 신속하고 일관된 대응을 가능하게 합니다. 이는 고객 만족도를 높이는 동시에, 사무직의 업무 부담을 줄이고, 그들이 더욱더 전략

적이고 복잡한 업무에 집중할 수 있게 해줍니다. 또한 콘텐츠 생성 업무에서도 ChatGPT의 활용은 무한한 가능성을 제공합니다. 기업 블로그 글, 소셜 미디어 포스트, 마케팅 자료 생성 등에 AI를 활용하면, 더욱 신속하고 효율적으로 고품질 콘텐츠를 만들 수 있습니다. 이는 마케터나 콘텐츠 크리에이터가 보다 전략적인 업무나 창의적인 콘텐츠 아이디어에 집중할 수 있는 여지를 제공합니다.

둘째, 교육 분야에서는 ChatGPT가 교육의 질과 방식을 혁신하고 있습니다. AI가 튜터 역할을 하거나, 개인화된 학습자료를 생성함으로써, 학습자는 자신의 학습속도와 방식에 맞춘 교육을 받을 수 있습니다. 이는 학습자의 동기를 높이고, 학습 효율을 증진하며, 교육의 질을 높이는 데 기여합니다. 또한 교사나 교수들은 AI를 활용해 교육 콘텐츠를 개발하고, 학생들의 학습진도를 관리하고 평가하는 데 도움을 받을 수 있습니다. 이는 교육자가 학생들과의 상호작용에 더 많은 시간을 투자하고, 학생들의 개인적인 학습 요구에 보다 잘 대응할 수 있게 해줍니다.

결론적으로 ChatGPT의 등장은 사무직과 교육 분야에서 업무방식을 혁신하고, 업무 효율성을 향상하는 긍정적인 변화를 불러올 것입니다. 이러한 변화는 우리가 일하는 방식을 재정의하고, 더 나은 업무 환경을 만드는 데 중요한 역할을 할 것입니다. 인공지능의 미래는 밝고, ChatGPT와 같은 기술의 진화는 그 미래를 더욱더 흥미롭게 만들어줄 것입니다.

위와 같이 생성된 내용에 대해서 부족한 부분이나 마음에 들지 않는 부분에 대한 의견 제시 등을 통해 재생성이 가능합니다. 또한 어투와 문체 역시 다양한 방식으로 변화를 줄 수 있습니다. 예를 들어 교육부문에서 초등학교, 중학교, 고등학교에 대한 활용 예를 하나씩 열거해달라고 프롬프팅하면 보완이 됩니다. 이 부분이 바로 주목해야 할 부분입니다.

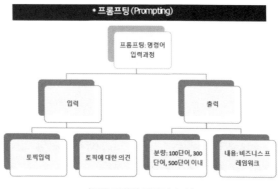

〈프롬프팅의 프로세스 2〉

가장 유용한 부분은 출력형식을 설정할 수 있다는 것입니다. 검색에서 각 문체의 특징을 검색해서 차이점을 확인할 수 있습니다. 다음은 ChatGPT가 모방할 수 있는 스타일 10가지를 출력한 결과물입니다. 에세이나 글쓰기에서 활용할 수 있는 내용입니다(현재는 영어가 훨씬 더 뛰어난 결과물을 생성할 수 있습니다).

번호	고유명사	글쓰기 스타일 설명
1	Shakespearean English	셰익스피어 작품에 나타나는 고전적이고 서정적인 언어 사용
2	Hemingway Style	헤밍웨이 특유의 간결하고 직설적인 문장을 사용
3	J. K. Rowling Style	해리 포터 시리즈의 작가인 J. K. 롤링의 상상력이 풍부하고 세부적인 서술 스타일 모방
4	George R .R. Martin Style	〈왕좌의 게임〉 작가인 마틴의 복잡하고 다양한 캐릭터들을 그린 서술 스타일 모방
5	Agatha Christie Style	아가사 크리스티의 미스터리한 그리고 정교한 플롯 스타일 모방
6	Stephen King Style	스테판 킹의 장편소설에서 나타나는 긴장감 넘치는, 설명적인 서술 스타일 모방

7	Mark Twain Style	마크 트웨인의 유머러스하고 사회적인 문제를 다루는 스타일 모방
8	Jane Austen Style	제인 오스틴의 세심한 사회적 통찰과 그녀의 독특한 아이러니한 표현을 사용하는 스타일 모방
9	F. Scott Fitzgerald Style	스콧 피츠제럴드의 『위대한 개츠비』에서 볼 수 있는 그의 문학적인, 서정적인 서술 스타일 모방
10	Isaac Asimov Style	아이작 아시모프의 과학적 개념을ㅈ 풍부하게 사용하며, 잘 구성된 과학 소설 스타일 모방

두 번째로, 사무관님께서 기존에 생성한 문서를 아래의 스타일로 알맞은 양식에 대한 출력 결과물입니다.

번호	고유명사	글쓰기 스타일 설명
1	The New York Times Style	세세하게 보도하고, 공정하고, 학문적인 접근을 가진 《뉴욕 타임스》의 스타일
2	The Wall Street Journal Style	비즈니스와 금융에 중점을 두는 《월스트리트저널》의 분석적이고 정보 중심의 스타일
3	The Economist Style	국제적인 시각과 심도 있는 분석을 통해 글로벌 이슈를 다루는 《이코노미스트》 스타일
4	Time Magazine Style	광범위한 주제를 다루며 사람들이 이해하기 쉽도록 간결하게 서술하는 《타임》 스타일
5	National Geographic Style	깊이 있는 인물 이야기, 문화, 과학, 환경 문제 등을 세밀하고 생생하게 서술하는 《내셔널지오그래픽》 스타일
6	The Guardian Style	진보적인 시각에서 사회 문제를 탐구하고 해결방안을 제시하는 《가디언》 스타일
7	Vogue Magazine Style	패션, 라이프 스타일, 문화에 대한 독창적이고 세련된 접근을 특징으로 하는 《보그》 스타일
8	The New Yorker Style	깊이 있는 보도, 미학, 문학, 문화에 대한 통찰력 있는 이야기를 다루는 《뉴요커》 스타일

번호	고유명사	글쓰기 스타일 설명
9	Scientific American Style	과학적인 내용을 일반 독자가 이해할 수 있도록 명확하게 설명하는 《사이언티픽 아메리칸》 스타일
10	Rolling Stone Style	음악, 문화, 정치 등의 주제를 다루면서, 대담하고 재미있게 표현하는 《롤링스톤》 스타일

위에서 출력된 결과물을 토대로 마지막 프롬프팅에 "The New Yorker Style로 쓰시오"로 입력하면 해당 생성물의 차이를 확인할 수 있을 것입니다. 더 정확한 차이를 확인하기 위해서는 같은 글을 10가지 스타일로 생성한 뒤, 분석해본다면 더 나은 결과를 얻을 수 있으리라 생각됩니다. 이제 영어로 문서를 작성하는 시기가 도래했습니다.

〈실습 예제 2〉

Shakespearean English : "ChatGPT, 셰익스피어 작품처럼 '내일, 내일, 내일'에 대해 서술해봐."

Hemingway Style : "ChatGPT, 헤밍웨이의 스타일로 바다에 대해 간결하게 설명해주세요."

J.K. Rowling Style : "ChatGPT, J. K. 롤링의 스타일로 마법세계에 대한 짧은 이야기를 만들어주세요."

George R.R. Martin Style : "ChatGPT, 조지 R. R. 마틴의 스타일로 왕좌의 게임에서의 전투 장면을 서술해주세요."

Agatha Christie Style : "ChatGPT, 아가사 크리스티의 스타일로 미스터리한 살인 사건을 만들어보세요."

Stephen King Style : "ChatGPT, 스테판 킹의 스타일로 호러 이야기의 개요를 만들어주세요."

Mark Twain Style : "ChatGPT, 마크 트웨인의 스타일로 아이러니한 사회적 풍자를 담은 이야기를 작성해주세요."

Jane Austen Style : "ChatGPT, 제인 오스틴의 스타일로 19세기 영국 사회를 묘사해주세요."

F. Scott Fitzgerald Style : "ChatGPT, F. 스콧 피츠제럴드의 스타일로 '성공과 실패'에 대한 이야기를 만들어주세요."

Isaac Asimov Style : "ChatGPT, 아이작 아시모프의 스타일로 미래의 과학 기술에 대한 이야기를 만들어주세요."

〈실습 예제 3〉

The New York Times Style : "ChatGPT, 뉴욕 타임스 스타일로 최근 미국의 경제 상황에 대해 보도해주세요."

The Wall Street Journal Style : "ChatGPT, 월스트리트 저널의 스타일로 최신 주식 시장 트렌드를 분석해주세요."

The Economist Style : "ChatGPT, 이코노미스트 스타일로 최근의 글로벌 환경 이슈에 대한 깊이 있는 분석을 제공해주세요."

Time Magazine Style : "ChatGPT, 타임 지 스타일로 인공지능의 현재와 미래에 대해 간결하게 작성해주세요."

National Geographic Style : "ChatGPT, 내셔널지오그래픽 스타일로 아마존의 생태계와 문화에 대해 세밀하게 서술해주세요."

The Guardian Style : "ChatGPT, 가디언 스타일로 기후변화 문제와 그 해결방안에 대해 서술해주세요."

Vogue Magazine Style : "ChatGPT, 보그 스타일로 2023년 패션 트렌드에 대한 독창적인 분석을 해주세요."

The New Yorker Style : "ChatGPT, 뉴요커 스타일로 현대 예술에 대한 깊이 있는 통찰을 제공해주세요."

Scientific American Style : "ChatGPT, 사이언티픽 아메리칸 스타일로 양자 컴퓨팅에 대해 명확하게 설명해주세요."

Rolling Stone Style : "ChatGPT, 롤링스톤 스타일로 최근 음악 씬의 트렌드를 대담하게 표현해주세요."

지금까지 내용을 요약 정리해보겠습니다. 아래의 순환도는 사무관님께서 원하시는 답안을 찾기 위한 과정입니다. 이러한 대화의 기술을 통해서 한 페이지 분량으로 프롬프팅할 필요가 없습니다. 여러분이 상상하는 이상으로 생성형 AI는 수조 개의 자료들을 학습했습니다. 위의 내용 중에서 편견 확인, 모델 미세조정은 설정값으로도 조절이 가능하지만, 프롬프팅을 통해서 조절이 가능합니다. 그리고 생성물에 대한 자료와 근거를 제공해달라고 입력하면, 이에 대한 근거 여부를 파악할 수 있습니다.

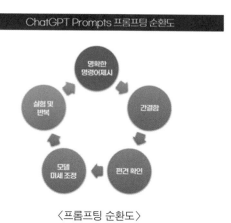

〈프롬프팅 순환도〉

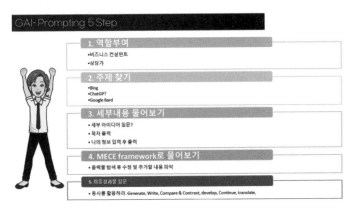

〈프롬프팅 순환도〉

프롬프팅 5단계

GAI와 채팅을 통해서, 실무에 적용할 수 있게 도움을 받으려면 대화를 해야 합니다. 아래의 내용만 함께해도 생성형 AI를 여러분의 비서로 둘 수 있습니다. 아래의 대화방식은 ChatGPT, MS 빙, 구글 바드, 뤼튼 등 거의 모든 텍스트 기반의 생성형 AI와도 유사한 결과를 얻을 수 있습니다. 이 대화법은 향후 각각의 생성형 AI가 업데이트되어도 변함이 없을 것입니다.

첫째, 역할 부여를 해야 합니다.

둘째, GAI에게 주제를 구체적으로 알려주어야 합니다(이때 GAI에게 무엇을 물어야 좋을지 질문을 하는 것이 좋습니다).

셋째, 출력된 결과물을 통해서 세부 아이디어 도출, 목차 출력을 통해서 내가 필요한 정보를 입력해서 GAI에게 기억하게 합니다.

넷째, 출력된 결과물의 형식을 지정해주어야 합니다.

다섯째, 출력된 결과물에서 세부적인 항목에 대해서 구체적으로 질문을 본격적으로 시작합니다.

문제는 분량이 아니라, 내용의 질이 중요하겠지요? 먼저 GAI에게 블로그 마케팅, 소상공인과 기업의 성장동력에 대한 칼럼 기사를 한 편 써달라고 요청한 후, GAI와 블로그 마케팅을 위한 본격적인 대화를 시작해보겠습니다. 어렵지 않으시죠? 벌써 2장이 종료되었습니다.

3장

사무현장에서 대화하기

이미 비즈니스 현장에서는 우리의 일상과 업무방식에 큰 변화를 가져오고 있습니다. 세계 최대 영화산업의 중심지인 미국 할리우드에서 배우와 작가 1,500여 명으로 결성된 작가 노동조합은 처우 개선을 요구하며 63년 만에 동시 파업을 진행했는데 5개월 만에 파업을 종료했습니다. 이들은 AI 활용으로 인한 저작권 침해 문제 해결 등을 요구해왔습니다. 그렇다면, 이러한 AI 기술 중 ChatGPT는 블로그와 비즈니스 문서작성에 어떤 혁신을 가져올 수 있을까요? 이 기술들을 전면금지해야 할까요? 먼저 비즈니스 영역에서 어떻게 활용할 수 있을까요?

첫째, 시간은 금이라는 말이 있습니다. GAI는 사용자의 요청에 즉각적으로 반응해 빠른 초안이나 아이디어를 제공합니다. 이는 특히 바쁜 현대인에게 큰 도움이 될 것입니다.

둘째, GAI는 다양한 주제에 대한 광범위한 지식을 가지고 있습니다. 이는 특정 주제에 대한 깊은 연구나 배경 지식 없이도 풍부한 콘텐츠를 제작할 수 있게 해줍니다.

셋째, 언어의 정확성은 문서의 품질을 결정짓는 중요한 요소입니다. GAI는 문법적 오류나 언어적 불일치를 최소화하여 전문적인 문서를 작성하는 데 큰 도움을 줍니다.

넷째, 블로그는 독자와 깊은 연결이 필요합니다. GAI는 사용자의 요청에 따라 개인화된 콘텐츠를 생성해 이러한 연결을 강화할 수 있습니다.

다섯째, 경제적 측면에서 볼 때, GAI는 전문 작가나 에디터를 고용하는 것보다 훨씬 비용 효율적입니다. 초기 투자 후에는 추가 비용 없이 계속 사용할 수 있습니다.

마지막으로, GAI는 지속적으로 학습하고 업데이트되므로 항상 최신의 정보와 트렌드를 반영한 콘텐츠를 제공합니다.

결론적으로, GAI는 블로그와 비즈니스 문서작성의 새로운 파트너로서 큰 잠재력을 가지고 있습니다. 현대의 작가나 비즈니스 전문가들은 이러한 기술을 활용해 작업의 효율성을 높이고 품질을 향상할 수 있습니다. GAI 활용은 선택의 문제가 아닙니다. 이 장에서 여러분들에게 제시하는 것은 GAI 활용에 대한 일부 사례입니다. 이 사례들을 활용하신다면, 여러분 각자의 전문 도메인(영역)에서 위에서 말씀드렸던 내용들로 효율성을 향상할 수 있을 것입니다.

이피곤 프로필
생년: 1990년생

경력:
소규모의 마케팅 회사에서 근무하면서, 마케팅 부서에서 7년 동안 다양한 프로젝트를 성공적으로 수행한 경력을 보유하고 있습니다.

특기사항:
홍간섭 팀장이 최근에 ChatGPT 같은 생성형 인공지능의 활용법에 대해 궁금해하며, 그로 인해 기존에도 힘들었던 업무가 더욱 복잡해졌습니다. 이피곤 대리는 팀장의 질문에 대해 최대한 정확하게 답하려 노력하고 있으며, 동시에 그에 따른 스트레스도 느끼고 있습니다.

생각:
마케팅 분야에서도 인공지능의 활용이 점차 증가하는 현실을 인지하며, ChatGPT 같은 도구에 대한 이해가 필요하다고 생각하고 있습니다. 그에 따라 자신의 업무능력을 향상하고자 적극적으로 학습을 계획하고 있으며, 기술을 활용한 창의적인 마케팅 전략 개발에 관심을 갖고 있습니다.

01 | 블로그 작성법

이피곤 대리님, 안녕하세요! 마케팅 세계의 고수, 블로그 작성의 거장, 그리고 홍간섭 팀장의 인공지능 질문 공세에서 살아남은 우리의 영웅님께 인사드립니다. 아, 블로그 작성이라고요? 그 놀라운 예술의 세계로 발을 들이려 하시는 건가요? 혹시 두려움을 느끼시나요? 두렵지 않게 튜터링을 시작해보죠. 왜냐하면 잘 작성된 블로그는 마케팅 세계에서 당신의 무기가 될 수 있으니까요! 이 대리님의 브랜드를 홍보하는 마법을 배워보는 것은 어떨까요? 더군다나 누가 그런 어려운 단어들로 가득한 글을 읽고 싶어 하겠어요? 블로그는 대화, 아니 친구와 수다 떠는 것처럼 즐거워야 하니까요!

자, 그럼 마음을 열고, 이 위대한 여행을 함께해보는 거죠. 끝에는 홍간섭 팀장도 당신의 블로그에 열광할 것입니다. 그럼, 이피곤 대리님, 준비되셨나요? 블로그의 환상적인 세계로 떠나볼까요?

레벨9 생성형 AI는 비즈니스 영역에서 상상할 수 있는 만큼 활용도가 무궁무진합니다. 작성한 문서에 대한 검수 역시 할 수 있습니다. 아래의 내용은 지난 7개월 동안 제가 프롬프팅하면서 시도해보고 검증해본 내용입니다. 이 내용 전체를 작성할 수는 없어서, 주로 생성에 집중해서 진행해보고자 합니다.

현재
문서 검수(맞춤법, 구두점 등)
요약
비즈니스 형식에 맞게 부분 재작성
엑셀 데이터 해석(초보)
내용에 대한 해석(부족한 점, 강조점 찾기)
법률적 검토(초보)

비즈니스 영역에서 가장 손쉽게 접근할 수 있는 부분은 SNS입니다. 블로그 생성하기를 첫 번째로 선택했습니다. 블로그 마케팅에 관해서는 많은 전문 서적과 인터넷에 실제 사례와 콘텐츠가 있습니다. 하지만 블로그

마케팅을 소상공인이나 1인 창업자들은 꾸준하게 잘 생성된 게시물들로 효과적인 블로그 마케팅을 하기에는 여러 한계가 마케팅 실행을 어렵게 합니다. 이 부분에서 생성형 AI는 가장 훌륭한 여러분의 블로거 파트너가 될 수 있습니다. 이 장에서는 많은 분이 응용할 수 있는 부분 중 블로그 작성에 활용할 수 있는 대화의 기술에 대해서 살펴보겠습니다. 이 중에서 가장 중요한 것은 자료 입력하기입니다. 여러분께서 원하시는 내용이 출력될 때까지 참고자료나 내용을 입력해서 대화할수록 생성물의 결과물 수준은 높아질 것입니다. 아래의 표는 이번 장에서 제시될 대화의 기본적인 사항입니다. 이 내용을 기반으로 순차적으로 예시 작성물을 통해 진행하겠습니다.

순서	내용	블로그 작성을 위한 대화의 기술 5단계
Q1	역할주기	당신은 ○○ 분야에 대한 블로그 전문가입니다. 이해했습니까?
Q2	토픽생성	○○ 분야에 대한 아이디어 10개 제시해주시오.
Q3	심화질문	위의 생성된 아이디어에 대한 세부적인 목차를 작성하시오.
Q4	자료입력하기	아래의 내용의 목차를 바탕으로 블로그 게시물을 생성하시오. (세부목차를 수정해 프롬프팅 창에 재입력한다.)
Q5	내용생성	위의 게시물을 독자들의 가독성을 높일 수 있도록 헤드라인, 해시태그, 소제목을 사용해 재작성하시오.

생성형 AI들은 블로그 마케팅에 대해서 기본부터 세부적 사항까지 파악하고 있습니다. 생성형 AI들에게 다음과 같은 공통질문을 해보았습니다. ChatGPT, 구글 바드, MS 빙, 뤼튼에 대답을 생성해보았습니다. 이 대답을 통해서 기본적인 각 생성형 AI에 대한 문장 생성력을 파악할 수 있습니다. 블로그를 작성하기 전에 생성형 AI에게 SNS 마케팅의 이해도에

대한 출력을 하고 이를 입력시켜준 후, 블로그 게시물을 생성해보겠습니다. 첫 번째 대화의 시작은 역할 설정입니다.

첫 번째 대화 준비하기

1) ChatGPT

 당신은 SNS 마케팅 전문가다. 나는 내 사업의 성공을 위해서 SNS 마케팅에 대한 여러 컨설팅을 요청할 계획이다. 나에게 전문 컨설팅을 해줄 수 있는가?

 물론이죠, 저는 SNS 마케팅에 대한 다양한 컨설팅을 도와드릴 수 있습니다. 아래는 제가 도와드릴 수 있는 주요 분야입니다.

목표설정: 성공적인 SNS 마케팅은 명확한 목표설정에서 시작됩니다. 브랜드 인지도 증대, 고객 유치, 매출 증대 등 어떤 목표를 추구하는지에 따라 전략이 달라질 수 있습니다.

대상 고객 선정: SNS 마케팅의 핵심은 대상 고객을 정확히 파악하고, 그들의 관심사와 취향에 맞는 콘텐츠를 제공하는 것입니다. 고객의 연령, 성별, 지역, 관심사 등을 분석하고 이를 바탕으로 효과적인 전략을 수립하는 것이 중요합니다.

적절한 플랫폼 선택: 모든 SNS가 모든 비즈니스에 적합한 것은 아닙니다. 플랫폼을 선택할 때는 대상 고객이 가장 활발하게 이용하는 플랫폼을 선정하는 것이 중요합니다.

콘텐츠 전략: 고객을 끌어들이고 관심을 유지하기 위해, 창의적이고 유익한 콘텐츠를 제공하는 것이 중요합니다. 이는 브랜드의 이야기를 효과적

으로 전달하고 고객과의 상호작용을 촉진합니다.

분석 및 개선: 마케팅 활동의 효과를 평가하고 개선하기 위해, 주기적 분석이 필요합니다. SNS 플랫폼에서 제공하는 분석도구를 활용해 콘텐츠의 성과를 측정하고, 필요한 경우 전략을 수정합니다.

당신의 사업에 대해 더 자세히 알려주면, 더 구체적인 컨설팅을 제공해드릴 수 있습니다.

2) 구글 바드

 예, 물론입니다. SNS 마케팅에 대한 전문 컨설팅을 제공해드리겠습니다. 다음은 몇 가지 팁입니다.

목표를 명확히 하십시오. SNS 마케팅을 통해서 달성하고 싶은 목표가 무엇입니까? 웹 사이트 트래픽 증가, 판매 증가, 브랜드 인지도 향상 등 다양한 목표가 있을 수 있습니다. 목표를 명확히 하게 되면 SNS 마케팅 전략을 세우는 데 도움이 됩니다.

타깃 고객을 파악하십시오. SNS 마케팅은 타깃 고객에게 도달하기 위한 것입니다. 따라서 타깃 고객을 파악하고 그들의 관심사와 요구사항을 이해하는 것이 중요합니다. 타깃 고객을 이해하면 그들에게 어필할 수 있는 콘텐츠를 만들 수 있습니다.

콘텐츠를 정기적으로 게시하십시오. SNS 마케팅은 지속적인 노력이 필요합니다. 콘텐츠를 정기적으로 게시해야만 타깃 고객의 관심을 유지할 수 있습니다. 게시하는 콘텐츠는 질적이어야 하며, 타깃 고객의 관심을 끌 수 있어야 합니다.

소통을 활성화하십시오. SNS는 소통을 위한 플랫폼입니다. 따라서 SNS 마케팅을 통해서 타깃 고객과 소통을 활성화해야 합니다. 고객의 질문에 답변하고, 고객의 피드백을 수집하고, 고객과 관계를 구축해야 합니다.

성과를 측정하십시오. SNS 마케팅을 통해서 얼마나 많은 성과를 달성했는지 측정하는 것이 중요합니다. 웹 사이트 트래픽, 판매, 브랜드 인지도 등 다양한 지표를 사용해 성과를 측정할 수 있습니다. 성과를 측정하게 되면 마케팅 전략을 개선할 수 있습니다.

이러한 팁을 따르면 SNS 마케팅을 통해서 비즈니스의 성공을 도모할 수 있습니다.

3) MS 빙

 예, 한국어로 응답하겠습니다.
SNS 마케팅은 비즈니스의 성공에 필수적 요소입니다. SNS를 통해 고객과 소통하고, 브랜드 인지도를 높이고, 매출을 증대할 수 있습니다.
SNS 마케팅을 성공적으로 수행하려면 다음과 같은 사항에 유의해야 합니다.

목표설정: SNS 마케팅을 통해 달성하고자 하는 목표를 명확히 설정해야 합니다. 예를 들어, 브랜드 인지도를 높이고자 한다면, 팔로워 수를 늘리거나, 게시물의 '좋아요' 수를 늘리거나, 웹 사이트 방문자 수를 늘리는 등의 목표를 설정할 수 있습니다.

타기팅: SNS 마케팅은 타깃 고객을 명확히 설정해야 합니다. 타깃 고객이 누구인지 파악하고, 그들이 관심을 가질 만한 콘텐츠를 제공해야 합니다.

콘텐츠 제작: SNS 마케팅의 핵심은 콘텐츠입니다. 매력적이고 유익한 콘텐츠를 제작해야 합니다. 콘텐츠의 형식은 다양할 수 있습니다. 예를 들어, 텍스트, 이미지, 동영상, 인포그래픽 등이 있습니다.

소통: SNS 마케팅은 소통입니다. 고객과 소통하고, 고객의 피드백을 받아야 합니다. 고객의 피드백을 통해 마케팅 전략을 개선할 수 있습니다.

분석: SNS 마케팅의 효과를 분석해야 합니다. 어떤 콘텐츠가 효과가 있었는지, 어떤 콘텐츠가 효과가 없었는지 분석해야 합니다. 분석결과를 바탕으로 마케팅 전략을 개선할 수 있습니다.

SNS 마케팅은 비즈니스의 성공에 필수적 요소입니다. 위와 같은 사항을 유의해 SNS 마케팅을 성공적으로 수행하시기 바랍니다.

4) 뤼튼

:wrtn

예, 물론입니다! SNS 마케팅 전략에 대한 컨설팅을 하겠습니다. 여러분 사업의 성공을 위해, 다음 항목들을 고려해야 합니다.

목표설정: 먼저 마케팅 목표를 설정해야 합니다. 고객 유치, 브랜드 인지도 향상, 매출 증가 등 목표를 명확하게 설정하세요.

타깃 시장 및 고객 분석: 타깃 시장과 고객의 이해를 돕기 위한 분석이 필요합니다. 연령대별, 성별, 지역, 관심사 등을 바탕으로 자세한 고객 프로필을 작성하세요.

콘텐츠 전략: 어떤 콘텐츠가 고객에게 매력적일지 생각해보세요. 어떤 주제, 스타일, 포맷의 콘텐츠를 제작할지 정확한 전략을 세워야 합니다.

채널 선택: 여러 SNS 채널에서 효과적인 마케팅을 위해서는 적절한 채널을 선택해야 합니다. 사용자 특성에 따라 인스타그램, 페이스북, 트위터, 네이버 블로그, 유튜브 등을 선정하면 좋습니다.

일정 관리: 일정 계획을 세워 일관된 콘텐츠를 제공하며, 시즌별 맞춤 마케팅 전략도 고려하면 좋습니다.

분석과 개선: 시간이 지나면 결과를 분석하고, 개선해가야 합니다. 월/분기별로 성과를 평가하고 필요한 경우 전략을 수정하세요.

더 많은 상세 조언이 필요하면 언제든지 질문해주세요!

두 번째 대화 준비하기

이렇게 생성된 내용에 대해서 이제 생성형 AI에게 여러분의 주제에 맞는 내용을 알려주면 됩니다. 물론 위에 생성된 내용에 복사를 한 후, 얼마든지 내용을 추가하거나, 수정할 수 있습니다.

 위의 내용을 기억하시오. 위의 SNS 마케팅 원리에 따라 블로그 게시물을 생성할 예정이다. 이해했으면 "예"라고 대답하시오.

세 번째 대화하기

이렇게 입력하면, 생성형 AI는 이 원칙에 따라 블로그 게시물을 생성할 것입니다. 이제 소재를 찾아보겠습니다. Q3에서 생성된 결과물을 "regenerate"(재생성)을 누르면서 소재를 파악하면 좋습니다. 이때 여러분의 개인적인 내용을 입력할 것을 추천합니다. 입력할 내용은 다음과 같습니다.

 아래의 내용을 참고로 가정주부가 블로그 마케팅을 통해서 프리랜서를 할 수 있는 유망한 분야를 10가지 추천해주세요.

1. 직업: 나는 전업주부이다.
2. 특기: 요리.
3. 희망 사항: 요리를 주제로 한 블로그 게시를 통해서, 맞춤형 식단을 배송하는 사업을 구상.

☞ 실습: 여러분께서 직접 프롬프팅을 해보세요.

저는 생성물 중에서 어르신들을 위한 요리 블로그를 선택했습니다. 이제 네 번째 대화를 진행하겠습니다.

네 번째 대화하기

60대 이상의 어르신들을 위한 요리 블로그를 생성할 예정이다. 이에 대해 주제별로 상세하게 생성해주시오.

60대 이상의 노인들을 위한 요리 블로거로서, 그들의 식생활과 건강 상태를 고려한 다양한 주제를 다룰 수 있습니다. 아래에 몇 가지 주제를 추천 드립니다.

쉽게 만드는 건강식: 노인들이 쉽게 만들 수 있는 건강한 레시피를 공유하십시오. 재료 준비와 조리 과정이 간단하면서도 영양가 있는 음식에 초점을 맞추면 좋습니다.

비타민 풍부한 요리: 특정 비타민이 풍부한 음식을 소개하고, 그 비타민이 노인들의 건강에 어떤 이점이 있는지 설명하십시오.

관절 건강을 위한 식단: 관절 건강에 좋은 음식과 이를 활용한 레시피를 소개하십시오.

소화가 좋은 식단: 노화와 함께 소화 기능이 약해질 수 있으므로, 소화가 잘되는 음식에 대한 레시피를 제공하십시오.

단백질 풍부한 식단: 근육량 감소를 방지하고 체력을 유지하기 위해 단백질이 풍부한 식단을 소개하십시오.

음식으로 관리하는 고혈압: 고혈압 관리에 도움이 되는 음식과 그 방법을 소개하십시오.

당뇨 관리 식단: 당뇨병이 있는 노인들을 위한 식단을 소개하십시오. 저

70

당, 고섬유식품 등을 활용한 레시피를 제공하면 좋습니다.

치매 예방 음식: 치매 예방에 도움이 될 수 있는 음식과 레시피를 소개하십시오.

계절별 요리: 계절별 신선한 재료를 활용한 레시피를 제공하십시오. 이는 노인들이 계절에 맞는 영양소를 섭취할 수 있도록 돕습니다.

추억의 요리: 노인들이 어릴 적에 즐겨 먹었던, 추억의 요리를 다시 만들어보는 레시피를 제공하십시오. 이는 그들에게 행복한 기억을 떠올리는 기회를 제공하며, 동시에 식욕을 증진할 수 있습니다.

다섯 번째 대화하기

네 번째로 생성된 주제를 생성했습니다. 이제 각 주제에 대한 세부적인 블로그 게시물에 대한 일정표를 작성해보겠습니다. 다섯 번째 대화하기는 다음과 같습니다.

위의 생성된 주제에 대해 주제별로 5가지 소주제를 50회로 표의 형식으로 출력하시오.

이 테이블은 대주제와 소주제가 명확하게 구분되어 있으며, 포스팅 날짜에 따라 각 주제와 세부 주제를 관리하는 데 도움이 될 것입니다. 이 일정표를 사용해 계획적이고 체계적으로 블로그 포스팅을 준비하면 독자들에게 다양한 주제의 콘텐츠를 제공할 수 있을 것입니다. 아래에 주어진 일정은 50회의 블로그 포스팅 일정표입니다.

포스팅 번호	대주제	소주제
1	쉽게 만드는 건강식	렌즈콩과 채소의 샐러드
2	쉽게 만드는 건강식	오이와 새우의 냉면
3	쉽게 만드는 건강식	방울토마토와 모차렐라 치즈의 샐러드
4	쉽게 만드는 건강식	당근과 애플의 주스
5	쉽게 만드는 건강식	연어와 아보카도의 부리토
6	비타민 풍부한 요리	비타민 C 풍부한 파인애플 스무디
7	비타민 풍부한 요리	비타민 A 풍부한 당근 수프
8	비타민 풍부한 요리	비타민 K 풍부한 케일 샐러드
9	비타민 풍부한 요리	비타민 E 풍부한 아몬드 밀크
10	비타민 풍부한 요리	비타민 D 풍부한 연어 그릴
11	관절 건강을 위한 식단	오메가-3 풍부한 연어 요리
12	관절 건강을 위한 식단	비타민 D와 칼슘 풍부한 우유 요리
13	관절 건강을 위한 식단	식이섬유 풍부한 브로콜리 수프
14	관절 건강을 위한 식단	콜라겐 풍부한 닭껍질 요리
15	관절 건강을 위한 식단	감마리놀렌산 풍부한 호두 스낵
16	소화가 좋은 식단	식이섬유 풍부한 오트밀 아침식사
17	소화가 좋은 식단	발효식품을 활용한 김치전
18	소화가 좋은 식단	소화가 잘되는 죽: 밤죽
19	소화가 좋은 식단	파인애플을 활용한 디저트
20	소화가 좋은 식단	요거트와 과일을 이용한 스무디
21	단백질 풍부한 식단	단백질 풍부한 닭가슴살 샐러드
22	단백질 풍부한 식단	콩 기반의 베지테리언 햄버거
23	단백질 풍부한 식단	퀴노아와 채소를 활용한 볶음
24	단백질 풍부한 식단	낮은 지방 함량의 치즈와 함께하는 브런치
25	단백질 풍부한 식단	단백질 풍부한 스크램블드에그
26	음식으로 관리하는 고혈압	나트륨 제한 식단: 무염 치킨
27	음식으로 관리하는 고혈압	콜레스테롤 제한 식단: 채소와 과일의 스무디
28	음식으로 관리하는 고혈압	칼륨 풍부한 식단: 바나나 스무디
29	음식으로 관리하는 고혈압	심장에 좋은 오메가-3 풍부한 연어
30	음식으로 관리하는 고혈압	혈압을 낮추는 식단: 당근 주스
31	기억력을 향상하는 식단	오메가-3 풍부한 견과류: 호두
32	기억력을 향상하는 식단	비타민 B 풍부한 식단: 브로콜리
33	기억력을 향상하는 식단	항산화제 풍부한 식단: 베리 스무디
34	기억력을 향상하는 식단	플라보노이드 풍부한 식단: 다크 초콜릿
35	기억력을 향상하는 식단	커피와 건강한 뇌: 블랙 커피

포스팅 번호	대주제	소주제
36	추억의 요리	어릴 적 즐겨 먹었던: 호떡
37	추억의 요리	어릴 적 즐겨 먹었던: 김밥
38	추억의 요리	어릴 적 즐겨 먹었던: 비빔밥
39	추억의 요리	어릴 적 즐겨 먹었던: 잡채
40	추억의 요리	어릴 적 즐겨 먹었던: 오징어볶음
41	시즌별 음식	가을에 좋은 음식: 단호박 수프
42	시즌별 음식	가을에 좋은 음식: 사과 파이
43	시즌별 음식	가을에 좋은 음식: 밤 요리
44	시즌별 음식	가을에 좋은 음식: 국수
45	시즌별 음식	가을에 좋은 음식: 감자 수프
46	전통 음식	한국의 전통음식: 비빔밥
47	전통 음식	한국의 전통음식: 불고기
48	전통 음식	한국의 전통음식: 김치찌개
49	전통 음식	한국의 전통음식: 삼계탕
50	전통 음식	한국의 전통음식: 해장국

여섯 번째 대화하기

위에서 생성된 내용은 얼마든지 수정하거나 첨가할 수 있습니다. 저는 이 중에서 첫 번째, 쉽게 만들 수 있는 건강식 중에서 "렌즈콩과 채소의 샐러드" 편을 생성해보겠습니다.

SNS 마케팅의 원칙에 따라 위에서 생성한 "렌즈콩과 채소의 샐러드" 레시피에 관해 블로그를 생성하시오. 원칙도 포함하고 이 레시피의 효용성에 관한 내용도 포함하시오.

블로그 제목: "렌즈콩과 채소의 샐러드: 60대 이상의 노인들을 위한 단계별 가이드"

안녕하세요, 요리 블로거 [당신의 이름]입니다. 오늘은 60대 이상의 노인들을 위한 건강한 요리, "렌즈콩과 채소의 샐러드"를 만드는 방법에 대해 알려드리겠습니다. 이 샐러드는 가볍지만 영양 가득하며, 단계별 가이드를 따라 하기 쉽습니다.

[목표설정] 우리의 목표는 60대 이상의 노인들이 쉽고 빠르게 만들 수 있는 건강한 요리를 제공하는 것입니다. 이 샐러드는 특히 신선한 재료를 사용하므로, 체력 유지와 건강한 생활 방식을 추구하는 분들에게 이상적인 선택이 될 것입니다.

[대상 고객 선정] 우리의 대상 고객은 건강한 식습관을 유지하고 싶은 60대 이상의 노인들입니다. 이 레시피는 특히 신선한 채소와 단백질이 풍부한 렌즈콩을 사용하므로, 이 연령대의 고객에게 이상적입니다.

[적절한 플랫폼 선택] 이 블로그 포스팅은 우리의 웹 사이트뿐만 아니라, 대상 고객이 자주 이용하는 다른 SNS 플랫폼에도 공유될 것입니다. 이를 통해 더 많은 고객에게 우리의 콘텐츠를 제공하고, 그들의 건강한 생활 방식을 지원할 수 있습니다.

[콘텐츠 전략] 이 포스팅에서는 "렌즈콩과 채소의 샐러드"를 만드는 단계별 가이드를 제공할 것입니다. 또한 각 재료의 영양 가치와 이 요리가 어떻게 건강에 이롭게 작용하는지에 대한 정보도 포함할 것입니다.

[분석 및 개선] 이 포스팅의 성과를 측정하기 위해, 우리는 사이트 방문자 수, 공유 횟수, 댓글 등을 분석할 것입니다. 이 데이터를 바탕으로 우리의 콘텐츠를 개선하고, 고객이 가장 선호하는 콘텐츠에 대한 피드백을 수집할 수 있습니다.
이제 본격적으로 레시피에 대해 알아보겠습니다. 렌즈콩과 채소의 샐러드는 다음과 같은 재료가 필요합니다:

재료:

렌즈콩: 1컵

신선한 채소(당근, 오이, 상추): 2컵

올리브유: 1/4컵

레몬즙: 1/4컵

소금: 1/4 티스푼

후추: 약간

만드는 방법:

렌즈콩을 씻은 후 물에 30분 동안 불립니다.

렌즈콩을 중앙이 터지지 않도록 부드럽게 삶습니다.

채소들을 세척하고, 작게 썰어 샐러드 볼에 담습니다.

삶은 렌즈콩을 채소 위에 뿌립니다.

올리브유, 레몬즙, 소금, 후추를 섞어 드레싱을 만든 후 샐러드에 뿌립니다.

잘 섞어서 바로 제공하거나, 냉장고에 보관해 시원하게 즐깁니다.

렌즈콩은 단백질과 식이섬유가 풍부해 건강에 좋으며, 신선한 채소는 필수 비타민과 미네랄을 제공합니다. 이 샐러드는 가볍지만 영양 가득한 식사로, 하루를 건강하게 시작하거나 점심이나 저녁으로 즐기기에 적합합니다. 이 블로그 포스팅이 여러분의 건강한 생활에 도움이 되기를 바랍니다. 더 많은 건강한 레시피에 대해 알고 싶다면, 블로그를 구독하거나 우리의 SNS 채널을 팔로우해주세요.

다음 포스팅에서 만나요!

기본적인 블로그 게시물을 생성해보았습니다. 이 대리님은 성공했나요? 물론 6단계는 기본적인 생성물을 출력하기 위한 과정입니다. 더 세부적인 내용에 대한 생성은 여러분께서 추가로 명령을 주면 됩니다. 궁금한 내용은 생성형 AI에게 물어보면 됩니다.

☞ 추가 대화: 위의 내용을 좀 더 독자들의 시선을 끌기 위한 헤드라인과 주요 문구에 대한 폰트 크기를 다르게 출력하고, 요리법을 시간 순서로 테이블의 형식으로 별도로 출력하시오.

☞ 추가대화: 위의 내용을 인스타그램에 게시를 위해 인스타그램에 포스팅할 용도로 재작성해주시오. 해시태그도 포함해서 작성하시오.

02 │ 나의 문서에 날개 달기_비즈니스 프레임워크

레벨10 김이피곤 대리님, 안녕하세요! 오늘부터 우리가 함께 펼치는 여정의 제목은 바로 "나의 문서에 날개 달기_비즈니스 프레임워크"입니다. 이건 마치 슈퍼맨이 되어 하늘을 나는 것처럼, 문서 하나하나에 날개를 달고 사무실을 날아다닐 수 있는 기회입니다!

SWOT 분석? 아마도 그것보다 익숙한 것도 없을 거예요, 대리님, 하지만 진정한 비즈니스 슈퍼히어로가 되기 위해서는 더 필요해요. 어떻게 문서를 더 빠르고, 더 효과적으로 만들 수 있는지 알고 싶으신가요? 그게 바로 생성형 AI의 힘입니다!

현대 사무실의 '슈퍼맨'이 되고 싶다면, 엑셀과 SQL만으론 충분치 않아요. 새로운 세계가 열리는 문을 열어드릴게요. 각종 보고서를 작성하며 데이터 분석에 필요한 것들을 숫자와 그래프로만 표현하는 시절은 끝났습니다. 생성형 AI를 활용하면, 비즈니스 출력 포맷을 다양하게 이해하고 분석할 수 있어요. 1970년대 일본에서 제작되었던 애니메이션인 '마징가Z'에게 '제트스크랜더'를 장착하는 것과 같은 효과입니다.

이 세션은 단순히 여러분의 업무 효율을 향상하는 것뿐만 아니라, 직장에서 더 빛나는 별이 되게 해줄 특별한 기회입니다. 아래의 내용을 따라가면, 여러분의 문서는 기적처럼 변할 것이며, 이피곤 대리님의 업무능력도 비상하게 높아질 것입니다.

자, 준비되셨나요, 대리님? 이제 문서의 세계에서 비행을 시작해봅시다. 함께 비즈니스 프레임워크의 새로운 경지로 나아가볼까요?

아래의 내용들은 ChatGPT에게 프롬프팅해서 얻어낸 결과물입니다.

☞ 위의 내용을 SWOT 분석해서 작성하시오.

비즈니스 출력 포맷	설명
SWOT 분석(SWOT Analysis)	강점(Strengths), 약점(Weaknesses), 기회(Opportunities), 위협(Threats)로 구성된 전략적 툴입니다.
피셔 매트릭스(BCG Matrix)	시장 성장률과 시장 점유율을 기준으로 사업 포트폴리오를 평가하는 그래프입니다.
이익 지표(Profit Indicators)	매출액, 이익률, 마진 등과 같은 재무적 비율을 분석해 이해하는 방법입니다.
마케팅 믹스(Marketing Mix, 4P)	제품(Product), 가격(Price), 판매장소(Place), 홍보(Promotion)로 구성된 마케팅 전략입니다.
시장 분할(Market Segmentation)	시장을 논리적이고 관련성 있는 세분화 기준으로 나누는 과정입니다.(예: 연령대, 지리적 위치, 소비자 행동 등)
경쟁자 분석(Competitor Analysis)	주요 경쟁사의 전략, 제품, 시장 점유율 등을 비교하고 분석하는 과정입니다.
가치사슬 분석(Value Chain Analysis)	기업의 핵심역량을 찾기 위해 내부 및 외부 활동을 살펴보는 방법입니다.(예: 인적 자원 관리, 기술개발, 마케팅 등)
고객 여정 맵(Customer Journey Map)	고객이 제품/서비스와 상호작용하는 과정을 시각화하는 도구입니다.
리스크 관리(Risk Management)	리스크 식별, 평가, 우선순위 설정, 완화전략 수립 등을 포함한 리스크 관리 프로세스입니다.
OKR(Objectives and Key Results)	목표(Objectives)와 관련된 핵심 성과지표(Key Results)를 설정하고 추적하는 목표달성 프레임워크입니다.
페스토 분석(PESTEL Analysis)	정치(Political), 경제(Economic), 사회(Social), 기술(Technological), 환경(Environmental), 법률(Legal) 요인을 분석하는 환경 분석 도구입니다.

비즈니스 출력 포맷	설명
포터의 5요소 분석 (Porter's Five Forces Analysis)	산업의 경쟁 상황을 분석하는 데 사용되는 툴입니다: 공급업체의 협상력, 구매자의 협상력, 신규 진입의 위협, 대체품의 위협, 산업 내 경쟁입니다.
비즈니스 모델 캔버스 (Business Model Canvas)	기업의 비즈니스 모델을 시각화하고 분석하는 툴입니다.
포터의 5요소 분석 (Porter's Five Forces Analysis)	산업의 경쟁 상황을 분석하는 데 사용되는 툴입니다: 공급업체의 협상력, 구매자의 협상력, 신규 진입의 위협, 대체품의 위협, 산업 내 경쟁입니다.
비즈니스 모델 캔버스 (Business Model Canvas)	기업의 비즈니스 모델을 시각화하고 분석하는 툴입니다.
품질 기능 전개 (Quality Function Deployment, QFD)	고객의 요구사항을 제품 기능으로 변환하는 방법입니다.
균형 계량 카드(Balanced Scorecard)	재무, 고객, 내부 프로세스, 학습 및 성장의 4가지 관점에서 조직 성과를 측정하는 프레임워크입니다.
이사회 보고서(Board Report)	경영진이 이사회에 회사의 주요 성과지표, 전략적 이슈 및 진행 상황을 보고하는 문서입니다.
리딩 인디케이터(Leading Indicators)	경제적 변화나 트렌드를 예측하는 데 사용되는 통계적 지표입니다.
프로젝트 관리 계획 (Project Management Plan)	프로젝트의 목표, 범위, 예산, 일정, 팀 구성원, 리스크 등을 정의하고 추적하는 문서입니다.
가치제안 캔버스 (Value Proposition Canvas)	고객 세그먼트의 요구사항과 기업의 제품이나 서비스가 만나는 접점을 시각화하는 도구입니다.
재무 프로젝션(Financial Projections)	회사의 미래 재무 성과를 예측하는 과정이며 수익, 비용, 이익 등의 주요 재무 지표를 포함합니다.
고객 세분화 (Customer Segmentation)	시장을 동일하거나 유사한 특성을 가진 고객 그룹으로 분할하는 전략적 접근법입니다.
고객 세분화 (Customer Segmentation)	시장을 동일하거나 유사한 특성을 가진 고객 그룹으로 분할하는 전략적 접근법입니다.
의사 결정 트리(Decision Tree)	여러 선택사항과 그 결과를 시각화하는 구조화된 방법입니다.
GAP 분석(GAP Analysis)	현재 상태와 목표 상태 간의 차이를 식별하는 도구입니다.
리턴 온 인베스트먼트 (ROI, Return on Investment)	투자 대비 수익률을 측정하는 데 사용되는 지표입니다.
넷 프로모터 스코어 (NPS, Net Promoter Score)	고객 충성도를 측정하는 지표입니다.
품질 관리 차트 (Quality Control Charts)	제품이나 서비스의 품질을 모니터링하는 데 사용되는 도구입니다.
비즈니스 프로세스 매핑 (Business Process Mapping)	기업의 작업 흐름을 시각화하고 이해하는 데 사용되는 방법입니다.

비즈니스 출력 포맷	설명
현금 흐름 분석(Cash Flow Analysis)	기업의 현금 흐름을 분석하고 예측하는 도구입니다.
파레토 차트(Pareto Chart)	문제의 원인을 우선순위로 정렬하는 통계적 도구입니다.
표준 작업 절차(SOP, Standard Operating Procedures)	기업의 작업 흐름을 표준화하는 절차입니다.
가치제안 캔버스 (Value Proposition Canvas)	고객의 요구와 기업의 제안이 어떻게 맞춰지는지 분석하는 도구입니다.
사용자 스토리 맵 (User Story Mapping)	사용자 경험을 시각화하고 제품 기능을 우선순위에 따라 구성하는 도구입니다.
페르소나(Personas)	대표적인 사용자나 고객 유형을 설명하는 툴입니다.
벤치마킹(Benchmarking)	자신의 성과를 동료나 경쟁사와 비교하는 과정입니다.
품질 기능 전개 (QFD, Quality Function Deployment)	고객의 요구를 제품의 설계 및 생산 과정에 통합하는 방법입니다.
리스크 행렬(Risk Matrix)	리스크의 가능성과 영향을 시각적으로 표시하는 도구입니다.
피드백 루프(Feedback Loops)	학습, 개선, 혁신을 위한 고객 피드백을 수집하고 분석하는 방법입니다.
KPI 대시보드(KPI Dashboard)	기업의 핵심 성과지표를 모니터링하고 관리하는 도구입니다.
이슈 추적 시스템 (Issue Tracking System)	문제점을 식별하고 추적하며, 해결책을 제공하는 시스템입니다.
영업 파이프라인(Sales Pipeline)	잠재고객을 영업 단계별로 추적하는 도구입니다.
투자 분석(Investment Analysis)	재무지표, 비율 분석, 투자의 가치를 평가하는 도구입니다.
Gantt 차트(Gantt Chart)	프로젝트의 일정 관리를 도와주는 시각적 도구입니다.
직원 성과 관리 (Performance Management)	직원의 성과를 추적하고 평가하는 시스템입니다.
타깃 고객 프로파일 (Target Customer Profile)	사업이 집중해야 할 특정 고객 그룹을 설명하는 도구입니다.
컨버전 퍼널(Conversion Funnel)	고객이 제품이나 서비스를 구매로 이어지는 과정을 분석하는 도구입니다.
조직도(Organizational Chart)	조직의 구조를 시각화하는 도구입니다.
재무 예측(Financial Forecasting)	장래의 재무 상태를 예측하는 도구입니다.
고객 만족도 조사 (Customer Satisfaction Survey)	고객의 제품이나 서비스에 대한 만족도를 측정하는 도구입니다.
리드 점수화(Lead Scoring)	잠재고객의 가치와 영업 기회를 평가하는 방법입니다.

위의 비즈니스 출력형식을 사용하기 위해서는 여러분께서 하나 이상은 가지고 계실 사업이나 내용에 대한 추진배경, 추진 개요, 사업내용들을 복사해 프롬프트 창에 입력한 후, '아래의 내용에 대해서 ○○ 분석을 작성해주시오'라고 하면 생성물을 확인할 수 있습니다. 아래에는 여러분께서 연습할 수 있는 예제들을 수록했습니다. 물론 이 내용을 얻기 위한 사전 대화로 생성형 AI에게 역할을 부여해주셔야 합니다.

☞ 예시: 당신은 국제 비즈니스 마케팅 전문가다. 보고서 작성을 도와주세요.

〈실습예제 1〉

SWOT 분석 : "ChatGPT, 새롭게 출시된 제품에 대한 SWOT 분석을 작성해주세요."

BCG 매트릭스(Boston Consulting Group Matrix) : "ChatGPT, 우리 회사의 제품 포트폴리오를 BCG 매트릭스에 맞춰 분석해주세요."

이익 지표 : "ChatGPT, 지난 분기의 매출액, 이익률, 마진 등에 대한 분석을 제공해주세요."

마케팅 믹스(4P) : "ChatGPT, 우리의 새 제품 출시에 대한 마케팅 믹스 전략을 작성해주세요."

시장 분할 : "ChatGPT, 우리 제품을 대상으로 한 시장 분할 전략을 제안해주세요."

경쟁자 분석 : "ChatGPT, 주요 경쟁사의 전략과 제품에 대한 분석을 작성해주세요."

가치사슬 분석 : "ChatGPT, 우리 회사의 가치사슬을 분석하고 핵심역량을

제시해주세요."

고객 여정 맵(Customer Journey Map) : "ChatGPT, 새롭게 출시된 제품에 대한 고객 여정 맵을 만들어주세요."

리스크 관리 : "ChatGPT, 새로운 사업전략에 대한 리스크 관리 프로세스를 작성해주세요."

OKR(Objectives and Key Results) : "ChatGPT, 다음 분기에 대한 OKR을 설정해주세요."

〈실습예제 2〉

PESTEL 분석 : "ChatGPT, 우리 사업 환경에 대한 PESTEL 분석을 작성해주세요."

포터의 5 Forces : "ChatGPT, 우리 업계에 대한 포터의 5 Forces 분석을 제공해주세요."

가치제안 캔버스 : "ChatGPT, 새로운 제품에 대한 가치제안 캔버스를 만들어주세요."

블루오션 전략 캔버스 : "ChatGPT, 우리 사업에 대해 블루오션 전략 캔버스를 작성해주세요."

재무 분석 : "ChatGPT, 우리 회사의 재무 보고서를 분석하고 주요 지표를 요약해주세요."

시장경향 분석 : "ChatGPT, 최근의 시장 경향과 예상 향후 변화에 대해 분석해주세요."

프로젝트 관리 계획 : "ChatGPT, 새로운 프로젝트에 대한 관리 계획을 작성해주세요."

비즈니스 모델 캔버스 : "ChatGPT, 우리 사업에 대한 비즈니스 모델 캔버스를 작성해주세요."

경쟁 우위 분석 : "ChatGPT, 우리 사업에 대한 경쟁 우위를 분석하고, 어떻게 이를 활용할 수 있는지 제안해주세요."

스케일링 전략 : "ChatGPT, 우리 사업이 확장될 때의 스케일링 전략을 제안해주세요."

"비즈니스 프레임워크 하나로 이 대리님의 기존 보고서는 날개를 달 수 있습니다."

03 | ChatGPT 사내 도입을 위한 기획서 작성하기

레벨11 이피곤 대리님, 블로그 작성 프로젝트를 환상적으로 완수한 것을 축하드립니다! 그런데 여기서 끝이 아닙니다. 다음 장에서는 좀 더 큰 도전이 기다리고 있어요. 대리님께서는 이제 회사의 미래를 바꾸는 중요한 일을 맡게 되셨습니다. 그것은 바로 'ChatGPT 사내 도입을 위한 기획서 작성하기'입니다.

생각만 해보세요, 대리님! 현재의 생성형 AI가 한 번에 출력할 수 있는 양은 무려 4,096토큰이에요. 그것은 TOEFL 시험에서 요구하는 350단어보다 훨씬 많은 양이며, 20페이지 보고서도 눈 깜짝할 사이에 완성할 수 있습니다. 이제 블로그 작성도, 보고서 작성도 두렵지 않아요.

그런데 더 중요한 것은 ChatGPT의 미래가 우리 회사의 미래와 연결되어 있다는 것입니다. 플러그인 서비스를 통해 모든 회사의 챗봇, 인트라넷, 회계, 전산 등에 맞춰진 형태로 도입될 수 있는데요. 이제는 우리 회사도 그 일환에 동참할 시간입니다.

대리님께서 작성할 기획서는 단순히 문서가 아닙니다. 그것은 우리 회사의 미래를 그리는 첫걸음이에요. 이 기회를 통해 우리 회사의 기술혁신을 주도하고, 경쟁력을 한 단계 더 높여보세요. 우리는 그 능력이 대리님에게 충분히 있다고 믿습니다!

자, 이제 대리님의 펜이 회사의 미래를 그리는 시간입니다. 기획서 작성, 시작하시죠!

대화의 시작

1단계: 당신은 ChatGPT 전문가다. 나는 ChatGPT를 우리 회사에 도입하기 위한 기획서를 작성할 예정이다. 나를 도와줄 수 있으면 "예"라고 대답하시오.

ChatGPT 플러그인 서비스의 유용성에 대한 20페이지 분량의 이사회 제출을 위한 보고서를 작성하려고 한다. 이를 위한 목차를 상세히 작성해주시오.

1. 서론
1.1 ChatGPT 플러그인 서비스에 대한 개요
1.2 보고서 목표 및 범위

2. ChatGPT와 인공지능에 대한 개념 이해
2.1 인공지능의 정의와 역사

대화의 2단계

출력된 결과물을 붙여넣기 하고, 아래의 프롬프팅을 입력합니다.

위의 목차에 대해서 이사회 보고서 양식에 알맞게 생성하시오.

서론

1.1 ChatGPT 플러그인 서비스에 대한 개요

1.2 보고서 목표 및 범위

서론

1.1 ChatGPT 플러그인 서비스에 대한 개요

ChatGPT 플러그인 서비스는 OpenAI에서 개발한 대화형 인공지능 기술을 기반으로 하는 도구입니다. 이 플러그인은 고객 서비스, 내부 통신, 데이터 분석, 그리고 다양한 작업 자동화 등 여러 분야에서 기업의 비즈니스 프로세스를 개선하는 데 사용될 수 있습니다. 이 서비스는 자연스러운 언어 이해력과 생성 능력을 갖고 있어 사용자와의 유기적인 대화를 가능하게 합니다. 이를 통해 기업은 효율성을 높이고 사용자 경험을 향상할 수 있습니다.

1.2 보고서 목표 및 범위

본 보고서의 목표는 ChatGPT 플러그인 서비스의 유용성에 대해 깊이 이해하는 것입니다. 우리는 이 서비스가 기업에 어떤 이점을 가져다주는지,

그리고 기업이 이 서비스를 어떻게 활용할 수 있는지에 대한 통찰력을 제공하려고 합니다. 보고서의 범위는 서비스의 기능과 잠재적 활용방안, 그리고 예상되는 도전과제를 포함하며, 이는 실제 사례를 바탕으로 분석됩니다. 이를 통해, 이사회는 ChatGPT 플러그인 서비스를 통한 투자와 향후 전략에 대한 결정을 더욱더 잘 내릴 수 있을 것입니다.

ChatGPT 플러그인 서비스에 대한 깊은 이해

2.1 ChatGPT 플러그인 서비스의 기능 및 운영 방식

ChatGPT 플러그인 서비스는 웹 사이트나 애플리케이션에 쉽게 통합할 수 있는 대화형 인공지능 솔루션을 제공합니다. 이 서비스는 고객 서비스, 상품 추천, FAQ 등 다양한 업무에 활용할 수 있으며, 사용자와의 자연스러운 대화를 통해 원활한 사용자 경험을 제공합니다. 플러그인은 API를 통해 ChatGPT 엔진과 연결되며, 사용자의 질문에 대한 적절한 응답을 생성하고 반환합니다.

2.2 ChatGPT 플러그인 서비스의 기술적 요소

ChatGPT 플러그인 서비스의 기술적 요소를 이해하려면, 먼저 GPT-3의 동작원리를 이해해야 합니다. GPT-3는 트랜스포머 기반의 딥러닝 모델로, 수십억 개의 파라미터를 통해 복잡한 언어 패턴을 학습합니다. 이는 사용자의 질문에 대해 자연스러운 문장을 생성하는 데 활용됩니다. 플러그인 서비스는 이러한 학습된 모델을 활용해 실시간으로 대화를 수행하며, 웹서비스와 통신은 RESTful API를 통해 이루어집니다. 모든 통신은 암호화되어 보안이 유지되며, 사용자의 개인정보 보호를 위해 필요한 조치가 취해집니다.

2.3 ChatGPT 플러그인 서비스의 사용 사례

ChatGPT 플러그인은 다양한 산업에 걸쳐 효과적으로 사용되고 있습니다. 고객 서비스 산업에서는, ChatGPT는 즉시 응답을 제공해 고객 만족도를 향상하는 데 사용되었습니다. 이는 고객 서비스 팀이 질문에 빠르게 응답하도록 돕는 역할을 합니다.

또한 교육 분야에서는 학습자에게 풍부한 정보와 지원을 제공하는 데 사용되었습니다. 학생들은 복잡한 주제에 대한 이해를 심화하고, 학습자원에 쉽게 접근할 수 있도록 도움을 받았습니다.

마케팅 부서에서는, ChatGPT를 사용해 광고 캠페인의 텍스트를 작성하고, 고객의 관심을 끌 수 있는 독창적인 콘텐츠를 생성했습니다. 이는 캠페인의 효과를 극대화하고, 시장에서의 경쟁력을 높이는 데 도움이 되었습니다.

위의 사용 사례는 ChatGPT 플러그인 서비스의 다양한 잠재력을 보여줍니다. 이러한 서비스는 우리의 비즈니스에 실질적인 가치를 추가할 수 있으며, 더 나아가 우리의 고객에게 뛰어난 경험을 제공할 수 있습니다. 이는 회사의 성장 전략에 핵심적인 요소입니다.

4.2 고객 경험 향상을 위한 ChatGPT 활용

ChatGPT 플러그인 서비스는 고객 경험 향상에 크게 기여할 수 있는 다양한 활용방안을 제공합니다.

첫째, 고객 서비스 자동화: 고객 문의에 대한 실시간 응답을 제공하는 AI 챗봇으로 활용해 고객 서비스를 향상할 수 있습니다. 이를 통해 고객 서비스 대응 시간을 단축하고, 고객 만족도를 향상하는 데 도움이 됩니다.

둘째, 개인화된 추천 서비스: 고객의 관심사와 선호를 분석해 개인화된 제품이나 서비스를 추천하는 데 활용할 수 있습니다. 이를 통해 고객의 구매 경험을 개선하고, 구매 전환율을 증가시킬 수 있습니다.

셋째, 고객 이해 향상: 고객의 피드백이나 리뷰를 분석해 고객의 불만 사항이나 필요성을 파악하는 데 활용할 수 있습니다. 이를 통해 제품 개선이나 서비스 정책을 더 효과적으로 수립할 수 있습니다.

ChatGPT 플러그인 서비스는 이런 다양한 방법으로 고객 경험을 향상하는 데 기여할 수 있습니다. 이를 통해 우리 회사는 고객 만족도를 높이고, 비즈니스 성과를 향상할 수 있을 것입니다.

4.3 새로운 비즈니스 기회 창출을 위한 ChatGPT 활용

ChatGPT는 획기적인 비즈니스 기회를 제공할 수 있습니다. 첫째, 제품 개발 과정에서, AI 기반 의사결정 도구로 활용이 가능합니다. ChatGPT는 시장 트렌드 분석, 고객의 반응 및 피드백을 종합해, 개발 중인 제품에 대한 유용한 통찰력을 제공할 수 있습니다. 둘째, 마케팅 및 광고 분야에서, 맞춤형 캠페인을 생성하는 데 활용될 수 있습니다. ChatGPT는 고객 데이터를 분석해 특정 대상 집단에게 가장 효과적인 메시지를 제공할 수 있습니다. 셋째, 새로운 시장진입을 돕는 툴로 활용이 가능합니다. 챗봇으로서 ChatGPT는 다양한 언어를 지원하므로, 국제적인 비즈니스 확장을 돕는 데 기여할 수 있습니다. 이러한 활용은 새로운 비즈니스 기회를 창출하고, 회사의 성장을 가속화하는 데 크게 기여할 것입니다. 이러한 활용을 통해 ChatGPT는 비즈니스 전략의 핵심 요소로서 자리 잡을 수 있을 것입니다.

5.1 도입에 대한 비즈니스 목표설정

ChatGPT 플러그인 서비스 도입의 목표는 우리 회사의 고객 서비스 품질 향상, 업무 효율성 증대, 그리고 새로운 서비스 개발이다. 이를 통해 고객 만족도를 향상하고, 비즈니스 성장을 도모할 것이다.

5.2 도입 계획 및 실행 단계

1단계: 시장조사 및 분석 - ChatGPT를 어떤 형태로 활용할 수 있을지를 파악하고, 경쟁사의 활용 사례를 분석한다. 2단계: 기술 도입 및 테스트 - ChatGPT API를 도입하고, 내부 시스템과의 호환성을 테스트한다. 3단계: 직원교육 및 테스트 - ChatGPT를 활용하는 방법에 대한 직원교육을 실시하고, 실제 업무에서의 활용을 테스트한다. 4단계: 서비스 출시 및 홍보 - ChatGPT를 통합한 새로운 서비스를 출시하고, 서비스를 홍보한다.

5.3 효과 측정 및 평가 방법

효과 측정은 ChatGPT 도입 전과 후의 데이터를 비교 분석하는 것으로

진행할 예정이다. 특히 고객 서비스 품질 개선, 업무 효율성 증대, 새로운 서비스 수익 등을 주요 평가지표로 설정했다. 이를 통해 ChatGPT의 도입이 우리 회사에 어떠한 가치를 제공했는지를 명확히 파악할 수 있을 것이다. 이 과정에서 데이터 분석을 통해 발견된 문제점은 빠르게 개선해, 향후 서비스 품질을 더욱 높일 것이다.

6.1 도입과 운영에 대한 잠재적 도전과제

ChatGPT 플러그인의 도입과 운영에는 기술적 어려움, 데이터 보안, 그리고 플러그인의 호환성 문제가 잠재적 도전과제로 예상됩니다. 예를 들어, 우리의 IT 인프라와 플러그인이 완벽히 호환되지 않을 수 있으며, 이는 추가적인 개발작업이 필요함을 의미합니다.

6.2 관련 법률 및 윤리적 이슈

또한 개인정보 보호법, 정보통신망 이용촉진 및 정보보호 등에 관한 법률 등 관련 법률 준수가 필요합니다. 또한 AI 기술에 대한 윤리적 고려도 중요합니다. 플러그인이 개인 데이터를 처리하는 방식, 그리고 이 데이터가 어떻게 보호되는지에 대한 이해가 필수적입니다.

6.3 위험관리 전략

이에 대한 대응으로, IT 팀은 플러그인의 기술적 도입을 담당하며, 법률 팀은 법률 및 윤리적 이슈에 대한 자문을 제공하게 됩니다. 또한 위험관리 팀은 가능한 위험 요소를 식별하고 이에 대한 대응계획을 수립하는 역할을 수행합니다. 이 과정에서, 모든 부서는 긴밀히 협력해 위험 요소를 최소화하고 사업의 성공을 보장할 것입니다.

결론

7.1 보고서의 주요 발견 및 결론

본 보고서를 통해, ChatGPT 플러그인 서비스의 도입과 운영이 갖는 잠재적인 이점과 도전과제, 그리고 위험 요소를 분석했습니다. 이러한 과정에서 발견된 주요 내용은 다음과 같습니다.

ChatGPT는 개별 사용자들과 기업들에게 풍부한 이점을 제공하며, 이는 고객 서비스 향상, 비용 절감, 업무 효율성 증대 등을 포함합니다.

그러나 도입과 운영 과정에서는 데이터 보호, 개인정보 침해, AI의 결정 과정의 투명성 등 여러 도전과제와 법률 및 윤리적 이슈가 존재합니다.

이러한 위험 요소들을 적절히 관리하기 위한 전략이 필요하며, 그중 하나로는 데이터 보호 정책 강화, 직원교육, AI 윤리 강령 도입 등이 있습니다.

7.2 이사회에 대한 권고사항

위의 결과를 종합적으로 고려할 때, 이사회에 다음과 같은 사항을 권고드립니다:

ChatGPT 플러그인 서비스의 도입을 적극 검토하되, 도입 전에 데이터 보호 및 개인정보 침해 등 잠재적인 위험 요소에 대한 철저한 준비가 이루어져야 합니다.

AI 윤리 강령을 수립하고, 직원들에게 AI의 적절한 사용에 대한 교육을 실시하는 것이 필요합니다.

법률 및 윤리적 이슈에 대한 지속적인 모니터링 및 업데이트를 통해, 이러한 이슈가 기업의 운영에 미치는 영향을 최소화해야 합니다.

부록

8.1 ChatGPT 플러그인 서비스에 대한 추가정보

ChatGPT 플러그인 서비스는 다양한 분야와 산업에서 활용할 수 있습니다. 사례로는 고객 서비스, 온라인 콘텐츠 제작, 데이터 분석 및 인사이트 제공 등이 있습니다. 이러한 서비스는 고객이 직접 문제를 해결하도록 돕거나, 콘텐츠를 자동으로 생성하거나, 데이터를 분석해 사용자에게 중요한 정보를 제공하는 데 사용할 수 있습니다.

이 외에도 ChatGPT 플러그인은 교육, 헬스케어, 금융 등 다양한 산업에서도 사용할 수 있습니다. 예를 들어, 교육 분야에서는 학생들이 학습자료를 검색하고 이해하는 데 도움을 줄 수 있으며, 헬스케어 분야에서는 건강 정보를 검색하고 이해하는 데 도움을 줄 수 있습니다. 금융 분야에서는 주식, 투자, 재무 관련 정보를 검색하고 이해하는 데 사용할 수 있습니다.

8.2 관련 사례 연구

고객 서비스: ChatGPT 플러그인은 고객 서비스를 강화하는 데 사용할 수 있습니다. 고객이 웹 사이트를 방문해 질문을 하면, ChatGPT는 자동으로 응답을 생성해 고객에게 필요한 정보를 제공할 수 있습니다. 이로 인해 고객 서비스 팀의 부담을 줄이고 고객 만족도를 향상할 수 있습니다.

온라인 콘텐츠 제작: ChatGPT 플러그인은 블로그 글, 기사, 소셜 미디어 포스트 등 다양한 형태의 콘텐츠를 자동으로 생성할 수 있습니다. 이는 시간과 노력을 크게 절약하며, 사용자가 일관된 품질의 콘텐츠를 제공할 수 있도록 돕습니다.

데이터 분석 및 인사이트 제공: ChatGPT 플러그인은 사용자가 원하는 정보를 검색하고 분석하는 데 도움을 줄 수 있습니다. 사용자가 특정 데이터를 요청하면, ChatGPT는 해당 데이터를 검색하고 분석해 사용자에게 중요한 인사이트를 제공할 수 있습니다.

이 기획서는 ChatGPT의 사내 도입을 위한 전략적 계획을 제시하고 있습니다. 핵심 목표는 업무 효율성 증대와 혁신적인 솔루션 제공을 통해 기업의 경쟁력을 강화하는 것입니다. ChatGPT는 고객 서비스, 내부 커뮤니케이션, 데이터 분석 등 다양한 분야에서 활용될 수 있으며, 이를 통해 업무 프로세스가 자동화되고 최적화될 것입니다.

이와 같은 결과물을 생성하셨다면 이제 이 대리님은 현장에 알맞은 회사의 정보를 입력해주셔야 합니다. 회사의 정보는 대부분 홈페이지에 기재되어 있습니다. 회사의 정보를 주신다면 맞춤형 자료를 생성할 수 있습니다. 이때 입력해야 할 정보는 회사의 업태, 사업 규모, 비전, 목표, 주요 업종 및 제품이나 서비스를 입력해야 합니다. 다음의 프롬프팅이 그 예가 되겠습니다.

위의 대화 속에서 마케터의 입장에서 커피 프랜차이즈 브랜드 'EDIA' 회사의 이익을 위해, ChatGPT 플러그인 서비스를 활용할 수 있는 부문에 대해서 고객 여정 맵(Customer Journey Map)으로 생성하시오(이렇게 생성된 내용에 대해서 다음 주제로 전환 시 여러분과 나누었던 대화 내용을 기억하고 있기에, 주제와 일관된 생성물을 출력할 수 있습니다).

커피 프랜차이즈 'EDIA' 회사가 ChatGPT 플러그인 서비스를 활용해 고객 여정 맵(Customer Journey Map)을 만들 수 있는 부문은 다음과 같습니다:
인식 단계(Awareness): 고객이 'EDIA' 브랜드를 알게 되는 단계입니다. 이 단계에서는 ChatGPT를 활용해 브랜드 인지도를 높이는 콘텐츠를 생성하고, 소셜 미디어나 블로그 등 다양한 채널을 통해 공유할 수 있습니다. 또한 ChatGPT는 브랜드에 대한 질문에 대답하는 데 도움이 될 수 있습니다.

고려 단계(Consideration): 고객이 'EDIA' 제품을 구매할 것인지를 결정하는 단계입니다. 이 단계에서는 ChatGPT를 활용해 제품에 대한 자세한 정보나 사용자 후기를 제공하고, 고객이 가진 질문에 대해 실시간으로 응답할 수 있습니다.
구매 단계(Purchase): 고객이 'EDIA' 제품을 구매하는 단계입니다. 이 단계에서는 ChatGPT를 활용해 고객이 원활하게 구매를 완료할 수 있도록 도와주고, 구매 관련 질문에 대해 실시간으로 응답할 수 있습니다.

사용 단계(Usage): 고객이 'EDIA' 제품을 사용하는 단계입니다. 이 단계에서는 ChatGPT를 활용해 제품 사용법을 안내하거나 제품에 대한 문제를 해결하는 데 도움이 될 수 있습니다.

충성 단계(Loyalty): 고객이 'EDIA' 브랜드에 충성하는 단계입니다. 이 단계에서는 ChatGPT를 활용해 고객에게 브랜드 소식을 전하거나 특별한 혜택을 제공하면서 고객 충성도를 높일 수 있습니다.

위와 같이 ChatGPT는 고객 여정 맵의 각 단계에서 브랜드와 고객 사이

위의 내용에서 '이디야'에 대한 구체적 정보를 제공할수록 활용할 수 있는 범위가 더 늘어날 수 있다는 점을 이해할 수 있겠죠? 대화란 주고받는 것입니다. ChatGPT의 사내 도입은 단순한 기술 도입을 넘어, 조직의 미래를 선도하는 길의 시작입니다. 다양한 형태의 기획서 작성 능력은 단순히 문서작성의 효율성을 증대하는 것이 아닙니다. 그것은 우리가 비즈니스 환경에서 더 빠르게, 더 정확하게 의사결정을 내리고 실행할 수 있게 만들어, 지속 가능한 성장의 기반이 될 것입니다. 이 프로젝트의 성공은 혁신의 문을 열고, 기업문화를 형성하는 데 중요한 역할을 할 것입니다. ChatGPT와 함께하는 새로운 여정은 단순한 기술의 도입이 아니라, 미래를 향한 조직의 변화와 진화의 첫걸음이 될 것입니다. 생성형 AI는 여러분께서 주는 만큼 원하는 결과물을 더 효과적으로 사용할 수 있습니다. 여기까지 실습해보셨다면, 이제는 이 대리님께서는 중급에 접어드셨습니다.

04 | 취업과 채용? 뚫어라 취업문

홍구직 프로필

생년: 1997년생

학력 및 경력:

학과: 경영학

동아리 경험: 무역영어회화 동아리 부회장 역임

자원봉사: 국내 및 해외 자원봉사 3회 참여

근무경력:

편의점 아르바이트 매니저 1년(담당 업무: 매장정리, 캐시어, 재고관리)

한강대학교 도서관 6개월 보조업무 수행

군대 복무 1년 6개월(소총수 업무)

업무역량:

컴퓨터: MOS 자격증 보유

영어: TOEIC 850점

코딩 업무: 2021 한강대학교 코딩 해커톤 대회 3위

고민 및 상황:

자기소개서, 직무기술서, 면접기술에 대한 역량을 강화하려고 취업 전문 컨설턴트에게 도움을 요청함.

회사에 지원할 때 자신감이 있었으나, 계속 취업에 불합격하면서 자존감이 많이 떨어진 상태.

레벨12 홍구직 님, 취업의 과정은 확실히 어려울 수 있지만, 우리 시대에는 기술이 그 과정을 훨씬 수월하게 만들어줄 수 있습니다. 우리가 보유한 자원을 적극적으로 활용하는 것이 중요한데요, 그중 생성형 AI가 바로 그 해답 중 하나일 수 있습니다.

1. 채용 문서작성의 혁신

기업들은 생성형 AI를 사용해 직무요구사항을 더 쉽고 정확하게 작성하고 있어요. 이를 통해 업무 효율성을 크게 향상할 수 있고, 신입직원 교육 역시 AI 기반의 챗봇을 통해 진행되고 있습니다. 연구결과에 따르면, 이런 기능은 신입사원의 생산성을 높일 수 있다는 점을 밝혀내고 있습니다.

2. 취업 준비에 대한 도움

취업을 준비하시는 분들은 생성형 AI를 활용해 채용공고를 이해하고, 이력서와 직무기술서 작성, 대면면접 준비 등에 활용할 수 있습니다. 이는 취업의 복잡한 과정을 간단하게 만들어줍니다.

홍구직 님, 당신의 능력과 경험은 이미 충분합니다. 편의점 매니저로서 리더십, 국내 및 해외 자원봉사를 통한 협력 능력, 해커톤 대회에서 입증한 코딩 능력 등이 바로 그것입니다. 이제 단순히 이 기술을 활용해 당신이 가진 잠재력을 적절하게 전달하는 일만 남았어요.

생각보다 가까운 곳에 당신의 기회가 있을 수 있으니 자신감을 가지고 도전하세요. 지금까지 불합격이라는 결과는 실패가 아닌, 더 나은 기회를 찾는 과정일 뿐입니다. 생성형 AI와 같은 기술을 활용하면, 더 효과적인 방법으로 자신을 드러낼 수 있을 것입니다. 홍구직 님의 미래는 밝습니다.

두려워 말고 취업문을 뚫고 나가세요!

대화의 기술_취업편

- 1단계: 역할 설정

Q1: 당신은 취업 컨설턴트다. 나는 당신에게 채용공고 및 회사의 정보를 입력할 것이다. 당신은 이것을 근거로 해 나의 취업을 위해 직업설명을 이해하고 이와 관련된 질문에 대해 답변하는 데 도움을 주시오.

- 2단계:

위의 내용 아래에 회사의 채용공고 및 회사의 정보를 인터넷에서 구한 다음, 복사해 프롬프트 창에 붙여넣기를 하십시오.

- 3단계: 채용 게시내용을 붙여넣기 한 후,

Q2: 위의 내용을 바탕으로 직무를 상세하게 설명해주시오.

- 4단계: 내용이 생성되면, 다음과 같은 질문을 합니다.

Q3: 이 직업에 지원할 때 이력서나 자기소개서에 포함해야 하는 키워드나 문구는 무엇인가?

Q4: 나의 지원서에 강조해야 할 구체적인 경험의 예를 생성하시오.

- 5단계:

생성형 AI를 사용해 직무 설명에 대한 이해도를 높임으로써 지원 분야에서 요구하는 내용에 대해 나의 경력에 맞춤화해 작성할 수 있습니다.

● 6단계:

기존에 작성해놓았던 여러분의 이력서를 복사해 프롬프트 창에 붙여넣기를 합니다.

Q5: 나의 이력서의 주요 내용이다. 이를 바탕으로 자기소개서를 생성하시오.

이제 실제 프롬프팅을 통해서 위의 내용을 적용해보겠습니다.

 나는 기업에 취직을 하려고 한다. 당신은 최고의 취업 컨설턴트다. 나를 도와줄 수 있는가?

 물론 도와드릴 수 있습니다! 취업 준비를 위해 몇 가지 중요한 단계를 거쳐야 합니다. 다음과 같은 조언을 따라보세요.

자기소개서 및 이력서 작성: 자기소개서와 이력서는 구직자의 첫인상을 결정하는 중요한 요소입니다. 깔끔하고 전문적인 서식을 사용하고, 경력 및 학력과 관련된 정보를 명확하게 작성하세요.

취업목표 설정: 지원하려는 직종과 업종을 확실히 정하세요. 목표를 세분화해 적절한 직무와 회사를 찾는 데 도움이 됩니다.

정보수집 및 네트워킹: 관심 분야와 업계에 대해 깊이 있게 조사하고, 연결고리를 형성하세요. 온라인 및 오프라인 네트워킹 이벤트를 참여하거나, 업계 전문가와의 인터뷰를 시도해보세요.

면접 준비: 면접기술을 향상시키세요. 자주 묻는 질문에 대한 답변을 준비하고, 전문적인 태도와 자신감을 보여주세요.

지원서 점검: 지원서를 여러 번 수정하고, 타인의 피드백을 받아 최종 완성본을 만들어보세요.

지속적인 개선: 취업 과정에서 얻은 피드백과 경험을 토대로 계속해서 노력하세요. 끊임없이 노력하는 것이 결국 성공의 열쇠입니다.

이 외에도 많은 팁과 자료들이 있지만, 위의 내용을 우선 참고하면 좋은 시작이 될 것입니다. 필요하다면 언제든 도움을 요청하세요! 기업에 취직하는 데 성공할 수 있기를 바랍니다.

 나는 아래의 회사에 지원하기 위해 자기소개서를 작성하려고 한다. 아래의 내용을 기억하시오. 나는 나의 이력을 다음 대화에 입력할 예정이다. 기억했다면 "예"라고 답하시오.

1. 근무처: KOTRA 서울본사
2. 담당: 사무지원 담당자 채용
3. 모집부문: KOTRA 해외전시팀
4. 직무:
* 해외전시회 단체참가지원 사업 운영
- 단체참가지원 사업 운영 전반
- 한국관 참가계획 수립 및 예산관리
- 고객문의 응대, 대내외 협업
* 해외전시회 지원사업 관련 업무지원
- 해외전시회 참가지원 실적 관리, 전시산업 유관기관 간 협업 등
5. 지원자격 및 우대사항
〈지원자격〉
 ·4년제 대학교 졸업(수료)자 필수(재학, 휴학생 불가)
 ·엑셀 사용능력 중급 이상

〈우대사항〉

· 엑셀 등 OA 능숙자

· 유관업무 관심이 많으신 분(신입 지원 가능)

6. 근무조건

· 근무시간: 9~18시(월~금 / 주 5일 근무)

· 근무지: KOTRA 서울 본사 / 서울 서초구 헌릉로 13

· 급여: 월 215만 원(세금 공제 전 / 중식대 포함 / 유관업무 경력 3년 이상 230만 원)

· 복리후생: 4대보험, 연차휴가, 경조휴가, 명절선물, 경력증명 가능 등

· 근무형태: 인트로맨(주) 소속 파견계약직

· 계약기간: 2023.06.01~2024.05.31(1년)

 예, 알겠습니다. KOTRA 서울본사 사무지원 담당자 채용과 관련된 정보를 기억하고 있습니다. 이력에 대한 내용을 알려주면, 자기소개서 작성에 도움을 드리겠습니다.

 아래의 내용에 따라 위의 조건에 알맞은 자기소개서를 작성해주시오.

이름: 홍구직

학력: 한강대학교 경영학과 졸업

경력: 경영학과 무역영어회화 동아리 부회장 역임, 국내 및 해외 자원봉사 3회 근무경력: 편의점 아르바이트 매니저 1년(담당 업무: 매장정리, 캐시어, 재고관리), 한강대학교 도서관 6개월 보조업무수행, 군대 복무 1년 6개월 소총수 업무역량: 컴퓨터(MOS) 자격증 보유, 영어 TOEIC 850점, 2021 한강대학교 코딩 해커톤대회 3위

 [자기소개서]

이름: 홍구직

안녕하세요. 한강대학교 경영학과를 졸업한 홍구직입니다. KOTRA 서울 본사 해외전시팀 사무지원 담당자로 지원하게 된 이유는 제가 경영학과 배경과 무역영어회화 동아리 활동을 바탕으로 국내외 기업들의 성장과 국가 경제 발전에 기여할 수 있는 좋은 기회라고 생각했기 때문입니다.

〈학력 및 경험〉

저는 한강대학교 경영학과를 졸업했으며, 무역영어회화 동아리에서 부회장으로 활동했습니다. 이를 통해 경영지식과 외국어 능력을 함양할 수 있었습니다. 또한 국내외 자원봉사 경험을 통해 다양한 문화와 사람들과의 소통능력을 키웠습니다.

〈근무경력〉

편의점 아르바이트 매니저로 근무하며 매장정리, 캐시어, 재고관리 등 다양한 업무를 수행했습니다. 한강대학교 도서관에서 6개월간 보조업무를 수행했고, 군대에서 1년 6개월 동안 소총수로 복무했습니다.

〈업무역량〉

저는 컴퓨터(MOS) 자격증을 보유하고 있으며, 영어 능력으로는 TOEIC 850점을 받았습니다. 또한 2021년 한강대학교 코딩 해커톤 대회에서 3위를 차지했습니다.

〈지원부문 및 업무 적합성〉

해외전시회 단체참가지원 사업 운영에 관련된 업무를 수행하게 된다면, 제가 갖춘 경영학 지식과 외국어 능력, 컴퓨터 활용능력을 바탕으로 한국관 참가계획 수립 및 예산관리 업무를 효율적으로 수행할 수 있을 것입니다. 고객문의 응대와 대내외 협업 업무에도 국내외 자원봉사활동에서 키운 소통능력을 활용해 원활하게 진행할 수 있습니다.

해외전시회 지원사업 관련 업무지원 역시 제 경험과 능력을 적극적으로 활용해 참가지원 실적 관리와 전시산업 유관기관 간의 협업을 성공적으로 수행할 것입니다.

〈마무리〉
저는 KOTRA 해외전시팀에서 다양한 업무를 수행하며 전문성을 발휘할
수 있는 사무지원 담당자가 되겠습니다. 학력, 경험 및 업무능력을 바탕
으로 기관의 목표를 달성하는 데 기여하겠습니다. KOTRA 서울본사에서
일하는 기회를 주면 최선을 다해 업무를 수행하겠습니다.

감사합니다.

홍구직 올림

 나는 1차 서류합격을 했다. 면접 인터뷰를 위해서 다음과 같은 내용을 바
탕으로 인터뷰 질문이 예상된다. 이에 예상 질문 5가지를 알려주고, 그것
에 맞는 나의 예상 답변을 생성해주시오.

직무 관련 경험: 지원자의 이전 경험과 그 경험을 통해 습득한 기술이 해
당 직무와 얼마나 관련이 있는지 확인합니다.

학력 및 자격증: 지원자의 학력과 관련 자격증이 직무 요구사항과 부합하
는지 확인합니다.

성과 및 업적: 지원자가 과거 직장이나 프로젝트에서 달성한 성과와 업적
을 확인해 업무능력을 판단합니다.

커뮤니케이션 능력: 자기소개서에서 지원자의 글쓰기 능력과 정보전달
능력이 얼마나 뛰어난지 확인합니다.

문제 해결 능력: 지원자가 과거 어려운 상황에서 어떻게 문제를 해결했는

지 구체적 사례를 확인합니다.

성격 및 인성: 지원자의 성격과 인성이 조직 문화와 부합하는지, 팀워크에 적합한지 평가합니다.

직무 열정: 지원자가 해당 직무에 얼마나 열정적인지, 그 열정을 어떻게 표현했는지 확인합니다. 목표설정 및 성장 가능성: 지원자의 장래 목표와 회사에서 얼마나 성장할 수 있는지 평가합니다.

예상 질문 1: 이전 경험 중 어떤 것이 이번 직무와 가장 관련이 있다고 생각하시나요? 그 경험을 통해 어떤 기술을 습득하셨나요?

예상 답변 1: 제가 편의점 매니저로 근무하면서 매장관리와 재고관리, 고객 응대 등 다양한 업무를 수행했습니다. 이 경험을 통해 업무의 전반적인 흐름을 이해하고 시간관리, 커뮤니케이션 능력을 키울 수 있었습니다. 이러한 기술은 KOTRA 해외전시팀의 사무지원 업무수행에도 큰 도움이 될 것입니다.

예상 질문 2: 지원자의 학력과 관련 자격증이 직무 요구사항과 어떻게 부합하는지 설명해주실 수 있나요?

예상 답변 2: 저는 한강대학교 경영학과를 졸업했고, 컴퓨터(MOS) 자격증을 보유하고 있습니다. 또한 영어 능력으로는 TOEIC 850점을 받았습니다. 이러한 학력 및 자격증은 업무를 수행하는 데 필요한 엑셀 활용능력과 영어 능력을 갖추었다는 것을 입증해줍니다.

예상 질문 3: 지난 경험에서 가장 기억에 남는 성과나 업적은 무엇인가요?

예상 답변 3: 2021년 한강대학교 코딩 해커톤 대회에서 3위를 차지한 것이 가장 기억에 남는 성과입니다. 이를 통해 문제 해결 능력과 협업능력을 키울 수 있었습니다.

예상 질문 4: 과거 어떤 어려운 상황을 만났을 때, 어떻게 문제를 해결하셨나요?

예상 답변 4: 편의점 매니저로 근무하면서 매장 재고관리에 어려움을 겪었습니다. 이 문제를 해결하기 위해 엑셀을 활용한 재고관리 시스템을 개발해 효율적으로 재고를 관리할 수 있었습니다.

예상 답변 5: KOTRA에서의 목표는 해외전시팀의 사무지원 업무를 전문적으로 수행하며 팀의 성과에 기여하는 것입니다. 또한 꾸준한 성장을 통해 전시회 관리와 기획업무에도 참여하고 싶습니다. 이를 통해 전시산업 전반에 대한 지식과 경험을 쌓아 나가고, KOTRA의 글로벌 네트워크 확장에 기여할 수 있는 인재로 성장하고 싶습니다.

아래의 내용은 자기소개서의 내용이다. 아래의 내용을 참고로 해 면접 시 OKR 기법에 대 5개의 질문을 생성하시오.

[자기소개서]

이름: 홍구직
안녕하세요. 한강대학교 경영학과를 졸업한 홍구직입니다. KOTRA 서울 본사 해외전시팀 사무지원 담당자로 지원하게 된 이유는 제가 경영학과 배경과 무역영어회화 동아리 활동을 바탕으로 국내외 기업들의 성장과 국가경제 발전에 기여할 수 있는 좋은 기회라고 생각했기 때문입니다.

〈학력 및 경험〉
저는 한강대학교 경영학과를 졸업했으며, 무역영어회화 동아리에서 부회장으로 활동했습니다. 이를 통해 경영지식과 외국어 능력을 함양할 수 있었습니다. 또한 국내외 자원봉사 경험을 통해 다양한 문화와 사람들과 소통능력을 키웠습니다.

〈근무경력〉

편의점 아르바이트 매니저로 근무하며 매장정리, 캐시어, 재고관리 등 다양한 업무를 수행했습니다. 한강대학교 도서관에서 6개월간 보조업무를 수행했고, 군대에서 1년 6개월 동안 소총수로 복무했습니다.

〈업무역량〉

저는 컴퓨터(MOS) 자격증을 보유하고 있으며, 영어 능력으로는 TOEIC 850점을 받았습니다. 또한 2021년 한강대학교 코딩 해커톤 대회에서 3위를 차지했습니다.

〈지원부문 및 업무 적합성〉

해외전시회 단체참가지원 사업 운영에 관련된 업무를 수행하게 된다면, 제가 갖춘 경영학 지식과 외국어 능력, 컴퓨터 활용능력을 바탕으로 한국관 참가계획 수립 및 예산관리 업무를 효율적으로 수행할 수 있을 것입니다. 고객문의 응대와 대내외 협업 업무에도 국내외 자원봉사활동에서 키운 소통능력을 활용해 원활하게 진행할 수 있습니다.

해외전시회 지원사업 관련 업무지원 역시 제 경험과 능력을 적극 활용해 참가지원 실적 관리와 전시산업 유관기관 간의 협업을 성공적으로 수행할 것입니다.

〈마무리〉

저는 KOTRA 해외전시팀에서 다양한 업무를 수행하며 전문성을 발휘할 수 있는 사무지원 담당자가 되겠습니다. 학력, 경험 및 업무능력을 바탕으로 기관의 목표를 달성하는 데 기여하겠습니다. KOTRA 서울본사에서 일하는 기회를 주시면 최선을 다해 업무를 수행하겠습니다.

감사합니다.

홍구직 올림

1. OKR에서 '목표설정'에 관해, 당신이 KOTRA 해외전시팀 사무지원 담당자로서 목표를 세울 때 어떤 방식으로 목표를 설정하고 구체화할 것인지 설명해주세요.
2. OKR에서 '키 결과'에 대해, KOTRA 해외전시팀 사무지원 담당자로서 성과를 측정할 수 있는 구체적인 지표나 기준은 무엇이라고 생각하시나요?
3. OKR에서 '검토 및 평가'에 관해, KOTRA 해외전시팀 사무지원 담당자로서 어떤 방식으로 주기적인 검토와 평가를 진행할 것인지 설명해주세요.
4. OKR에서 '리소스 확보'에 관해, KOTRA 해외전시팀 사무지원 담당자로서 목표달성을 위해 필요한 리소스와 그 확보 방법을 설명해주세요.
5. OKR에서 '팀워크'에 대해, KOTRA 해외전시팀 사무지원 담당자로서 팀 내에서 어떻게 협업하고 소통해 팀 전체의 목표달성에 기여할 것인지 설명해주세요.

위의 예상 질문에 대한 답변을 생성해보겠습니다.

나의 자기소개서를 바탕으로 위의 5개의 OKR 면접 질문에 알맞은 답변을 생성해주시오.

목표설정: KOTRA 해외전시팀 사무지원 담당자로서 목표를 세울 때, 우선 업무에 대한 전반적인 이해를 바탕으로 중요한 작업을 파악하고 그에 따른 목표를 설정하겠습니다. 이를 통해 조직의 비전과 전략을 반영하면서도 개인의 성장과 발전을 도모할 수 있는 목표를 세울 것입니다.

키 결과: 성과를 측정할 수 있는 구체적인 지표로는 예산관리의 정확성, 고객 만족도, 해외전시회 참가지원 실적 개선, 전시산업 유관기관 간 협업의 효율성 등을 고려할 수 있습니다. 이러한 지표를 기반으로 목표달성 여부를 확인하며, 필요한 경우 목표를 수정하고 개선할 것입니다.

검토 및 평가: 주기적인 검토와 평가를 통해 목표와 키 결과의 진척 상황을 파악하고 개선 방향을 도출하겠습니다. 이를 위해 주간, 월간 리뷰를 통해 업무 진행 상황을 점검하고 필요한 조치를 취할 것입니다. 또한 팀원과 협업을 통해 서로의 업무 진행 상황을 공유하며, 전체적인 목표달성을 위한 방향성을 유지하겠습니다.

리소스 확보: 목표달성을 위해 필요한 리소스를 확보하기 위해 내부 및 외부 협력을 적극적으로 추구하겠습니다. 예를 들어, 한국관 참가계획 수립 및 예산관리에 필요한 정보와 자료를 확보하기 위해 관련 부서와 협력하며, 해외전시회 지원사업 관련 업무에서는 유관기관과 긴밀하게 소통하겠습니다.

팀워크: 팀 내에서 협업하고 소통하기 위해서는 적극적인 의사소통과 업무 공유가 중요합니다. 저는 팀원들과 지속적으로 소통하며, 서로의 의견을 존중하고 이해하는 태도를 견지할 것입니다. 또한 각자의 업무를 적절하게 분담하고 협력해 팀 전체의 목표달성에 기여할 수 있도록 노력하겠습니다. 이를 통해 팀워크를 강화하고, 조직의 성과를 높이는 데 도움이 될 것입니다.

이러한 OKR 기법을 통해 목표를 설정하고, 키 결과를 도출해 검토 및 평가하며, 필요한 리소스를 확보하고 팀워크를 강화하는 방식으로 KOTRA 해외전시팀 사무지원 담당자로서 역할을 충실히 수행하겠습니다. 이를 통해 기관의 목표를 달성하는 데 기여할 수 있는 전문가로 성장하겠습니다.

위의 대화들을 참고로 해, 이 회사에 합격할 수 있도록 나의 직무기술서를 작성하시오.

 [직무기술서]

홍구직

경영학 지식과 외국어 능력 활용
한강대학교 경영학과 졸업으로 경영 관련 학문을 충분히 이해하고, 이를 바탕으로 KOTRA 해외전시팀에서 필요한 업무를 수행할 수 있습니다. 무역영어회화 동아리 부회장으로 활동하면서 외국어 능력을 쌓았고, 이를 바탕으로 해외전시회 관련 업무에서 원활한 소통과 업무수행이 가능합니다.

고객 응대와 협업능력
다양한 국내외 자원봉사활동을 통해 다양한 문화와 사람들과의 소통능력을 키웠습니다. 이 경험을 통해 고객문의 응대와 대내외 협업 업무에서 소통능력을 발휘할 수 있습니다.

업무 경험
편의점 아르바이트 매니저로서 매장정리, 캐시어, 재고관리 등 다양한 업무를 경험했고, 이러한 경험은 예산관리 및 고객 응대 업무에서 활용할 수 있습니다.
한강대학교 도서관에서 6개월간 보조업무를 수행했고, 이를 통해 사무지원 업무에 필요한 기본적인 역량을 갖추었습니다.

컴퓨터 활용능력 및 프로그래밍 능력
컴퓨터(MOS) 자격증을 보유하고 있으며, 이를 통해 엑셀 등 OA를 활용한 데이터 관리 및 문서작성 업무를 수행할 수 있습니다.

2021년 한강대학교 코딩 해커톤 대회에서 3위를 차지한 경험이 있어 프로그래밍 능력을 보유하고 있습니다. 이 능력은 데이터 관리 및 분석 업무에 활용 가능합니다.

TOEIC 850점의 영어 능력
해외전시회 관련 업무수행 시 필요한 영어 의사소통능력을 보유하고 있습니다. 이를 통해 해외 고객과의 원활한 의사소통 및 문서작성 업무가 가능합니다.

OKR 기반의 목표설정 및 추진 능력
OKR 기법을 활용해 업무목표를 설정하고 이를 달성하기 위한 방안을 마련하며, 직무수행 시 이를 활용해 효율적인 업무수행이 가능합니다.

홍구직 올림

면접질문자들이 나에 대해 약점으로 질문할 3가지 질문을 작성하고, 이에 대한 나의 대응 답변을 생성하시오.

질문: 과거의 경험 중 가장 어려웠던 업무 상황은 무엇이었으며, 그때 당신의 대처는 어땠습니까? 대답: 편의점 아르바이트 매니저로 근무하던 시절에, 한 번의 재고 오류로 인해 상품의 부족이 발생한 적이 있었습니다. 이로 인해 고객들에게 불편을 끼쳤고, 이 상황이 저에게는 큰 스트레스였습니다. 하지만 이 경험을 통해 실수를 반복하지 않기 위한 체계적인 재고 관리의 중요성을 깨달았습니다. 이후 저는 업무를 더욱 철저히 하게 되었고, 이러한 경험이 제 업무 태도에 크게 영향을 끼쳤습니다.

질문: 다른 지원자들에 비해 당신의 가장 큰 약점은 무엇이라고 생각하나요? 대답: 저의 약점 중 하나는 너무 세부적인 부분에 신경을 쓰는 것입니다. 이는 때때로 작업 속도를 늦출 수 있습니다. 그러나 이 약점을 극복하

기 위해 시간관리에 더욱 신경 쓰고 있으며, 전체적인 프로젝트의 진행 상황과 일정을 체크하는 데 중점을 두고 있습니다. 이를 통해 세부적인 부분에 신경 쓰는 것과 전체 일정을 관리하는 것 사이에서 균형을 맞출 수 있도록 노력하고 있습니다.

질문: 당신이 다른 팀원과 충돌이 발생했을 때, 그 상황을 어떻게 해결했습니까? 대답: 팀 내에서 의견 충돌이 발생했을 때, 저는 항상 먼저 대화를 시도합니다. 각자의 입장과 이유를 충분히 이해하려 노력하며, 서로를 존중하는 자세를 유지하려고 합니다. 무역영어회화 동아리에서 부회장으로 활동하면서 이런 방식으로 의견 충돌을 잘 관리했고, 그 결과 팀원과의 관계를 유지하면서 동시에 효율적인 결정을 내릴 수 있었습니다.

 위의 대화들에서 회사는 나에게 좀 더 상세한 자기소개서를 요구할 것 같다. 위에서 작성한 나의 정보를 토대로 STAR 기법을 활용해서 자기소개서를 재작성하시오.

 [자기소개서]

안녕하세요. 한강대학교 경영학과를 졸업하고 다양한 경험과 역량을 바탕으로 직무역량을 쌓아온 홍구직입니다. KOTRA 서울본사 해외전시팀 사무지원 담당자로 지원하게 된 것은 국내외 기업들의 성장과 국가 경제 발전에 기여할 수 있는 기회라고 생각했기 때문입니다.

〈학력 및 경험〉(Situation & Task) 저는 한강대학교 경영학과를 졸업했으며, 학부 시절 무역영어회화 동아리에서 부회장으로 활동했습니다. 이 과정에서 경영학에 대한 심도 있는 학문적 이해를 바탕으로 경영전략을 구성하고, 동아리 회원들을 이끌면서 리더십 능력을 키웠습니다.

(Action) 특히 동아리 부회장으로서, 저는 다양한 행사와 모임을 주도적으로 조직하고 운영했습니다. 이러한 과정에서 제가 배운 경영이론을 실

무에 적용해볼 수 있었으며, 이를 통해 실제 비즈니스 환경에서도 유용한 통찰력과 문제 해결 능력을 키울 수 있었습니다.

〈Result〉 또한 국내외 자원봉사 경험을 통해 다양한 문화와 사람들과의 소통능력을 키웠습니다. 이러한 경험을 바탕으로 여러 배경과 문화를 가진 사람들과의 협업에 강해진 것은 제게 큰 자산입니다.

〈근무경력〉(Situation & Task) 편의점 아르바이트 매니저로 근무하며 매장정리, 캐시어, 재고관리 등 다양한 업무를 수행했습니다. 이를 통해 실질적인 업무환경에서의 경험을 쌓을 수 있었습니다.

(Action) 특히 재고관리 업무를 담당하면서, 정확한 재고수량 파악 및 주문 시스템의 중요성을 깨달았습니다. 이에 따라 더욱 체계적인 재고관리 방법을 도입했습니다.

(Result) 이러한 노력이 고객의 상품 품절로 인한 불편함을 최소화하는 데 큰 도움이 되었습니다.

〈업무역량〉 저는 컴퓨터(MOS) 자격증을 보유하고 있으며, 영어 능력으로는 TOEIC 850점을 받았습니다. 또한 2021년 한강대학교 코딩 해커톤 대회에서 3위를 차지했습니다. 이러한 성과는 제가 지속적으로 자기계발에 투자하고, 다양한 역량을 갖추려고 노력했음을 보여줍니다.

〈마무리〉 저는 KOTRA 해외전시팀에서 다양한 업무를 수행하며 전문성을 발휘할 수 있는 사무지원 담당자가 되겠습니다. 학력, 경험 및 업무능력을 바탕으로 기관의 목표를 달성하는 데 기여하겠습니다. KOTRA 서울본사에서 일하는 기회를 주시면 최선을 다해 업무를 수행하겠습니다. 감사합니다.

홍구직 올림

9개의 프롬프팅을 통해서 기본적인 사항을 확인해보았습니다. 생성된 내용에 대한 수정과 홍구직 님께서 생성형 AI와의 정보 제공을 통해 자신만의 취업을 준비하는 데 도움이 될 수 있으리라 확신합니다. 본 내용에는 제외했지만, 홍구직 님께서 원하는 직무와 관련된 다양한 예상 질문 역시 생성할 수 있습니다. 취업에서 가장 중요한 부분은 각 회사에서 요구하는 사항에 대해 여러분이 가진 역량을 나타내는 기법도 중요한 영역입니다.

홍구직 님, 컨설팅 과정에서 자기소개서를 통해 보여주신 경력과 업무 능력은 정말 인상적입니다. 당신의 다양한 경험은 편의점 매니저에서부터 동아리 활동, 해커톤 대회에 이르기까지 다양한 분야에서 리더십과 전문성을 입증합니다.

당신은 이미 성공을 위한 모든 준비를 마쳤고, 이제 그 능력을 세계에 보여줄 차례입니다. KOTRA에서 업무는 당신이 지금까지 축적해온 역량을 발휘할 수 있는 완벽한 무대가 될 것입니다.

마지막으로, 아래의 명언을 당신에게 선물로 드리고 싶습니다.

"도전은 기회의 문을 열어줍니다. 두려워하지 말고 그 문을 열고 들어가세요. 그 안에는 당신이 지금까지 상상조차 하지 못한 미래가 기다릴 것입니다."

홍구직 님, 이제 당신의 새로운 시작을 응원합니다. 용기를 가져요. 당신은 할 수 있습니다!

05 | 잘 뽑자_일잘러 채용편

이채용 팀장 프로필
생년: 1988년생 | 직책: 중소기업 인사팀장

경력 및 업무 내용:
이채용 팀장은 중소 규모 기업의 인사부서에서 팀장으로 활약하고 있으며, 채용과
인재관리를 주된 업무로 맡고 있습니다.

고민 및 도전:
최근 신입사원의 이직률이 높아지는 문제와 채용 과정에서 성실하게 근무할 수 있는
역량 높은 인재 발굴의 어려움을 겪고 있습니다. 젊은 신입사원들의 높은 학력과 역
량에 집중한 채용이 이러한 문제를 야기한 것으로 판단하고 있습니다.

현재 추진 중인 프로젝트:
ChatGPT를 활용한 채용 시스템 도입을 고민 중이며, AI를 통한 지원자 평가와 인턴
과제 평가 자동화 등의 가능성을 탐색하고 있습니다.

전략 및 비전:
빠르게 변화하는 채용 트렌드와 기술발전에 발맞춰, 구체성을 확보할 수 있는 프로
젝트 수행 여부에 집중하려는 계획을 세우고 있습니다. 또한 출신학교와 전공을 가
리는 블라인드 테스트를 진행하면서 대면면접의 중요성을 더욱 강조하고자 합니다.

핵심역량:
채용 프로세스 및 인재관리 전문가
새로운 기술과 트렌드에 대한 민감한 반응
문제 해결 및 혁신적인 사고방식

레벨13 이채용 팀장님, 최근 채용 분야에서 AI의 활용이 점점 증가하고 있음을 알고 계시지요? 이러한 변화의 중심에는 면접 과정의 효율화와 효과성 증대가 있습니다. 이를 통해 중소기업인 귀사에서도 신입사원의 이직률 문제를 해결할 수 있을 것으로 기대됩니다. 아래에 ChatGPT를 활용한 혁신적인 채용 과정을 말씀드리고자 합니다.

1. 자동화된 질문 생성: AI는 지원자의 자기소개서와 이력서를 분석해, 개인에 맞는 질문을 자동으로 생성할 수 있습니다. 이를 통해 지원자의 역량과 적합성을 더 정확하게 평가할 수 있습니다.

2. 재직자 및 인턴 평가 자동화: AI는 재직자의 고과평가나 인턴과제 평가도 자동화할 수 있으며, 이를 통해 공정하고 객관적인 평가가 가능합니다.

3. 면접 연습 및 튜터링: 지원자와 면접관 모두가 AI를 활용해 면접질문에 대한 연습이나 튜터링을 받을 수 있습니다. 이를 통해 실제 면접에서 더 준비된 모습을 보일 수 있습니다.

4. 블라인드 테스트 진행: 출신 학교와 전공을 가리는 블라인드 테스트를 AI와 함께 진행하면, 서류면접의 비중보다는 대면면접의 중요성이 더욱 높아질 것으로 예상됩니다.

5. 실질적 문제 해결: 귀사에서 겪는 신입사원 이직률이 높은 문제도 AI를 활용해 역량 높은 인재를 선발하는 과정을 개선할 수 있을 것입니다.

6. 지속적인 업데이트와 발전: AI 기술은 지속적으로 발전하고 있으며, 이를 채용 과정에 도입하면 더욱 현명하고 효율적인 채용 시스템을 구축할 수 있을 것으로 기대됩니다.

이러한 AI를 활용한 채용 시스템이 귀사의 인사관리와 채용 과정에 어떻게 적용할 수 있을지 함께 고민해보고자 합니다.

레벨 12에서 전개했던 내용을 채용의 입장에서 프롬프팅을 시도했습니다. 역할 부여의 기본 원칙에 충실하게 생성형 AI와의 대화의 기술을 통해 여러분의 프롬프팅 실력을 향상할 수 있습니다.

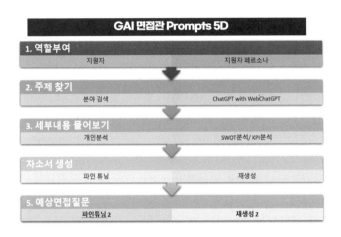

첫째, 역할을 부여해야 합니다. 지원자 대 채용관입니다.

둘째, 해당 분야 트렌드나 및 기업에 대한 전문적인 지식에 대해서 구조화된 면접을 진행할 수 있습니다.

셋째, 자신의 역량을 비즈니스 기법을 통해서 파악할 수 있습니다.

넷째, 자신의 소개내용을 입력한 후 (최대한 자세히) 자기소개서를 작성합니다.

다섯째, 면접 예상 질문을 계속 생성하며, 연습해봅니다.

1. 회사 파악 – 채용 분야 파악

2. 서류면접 – 구체성이 확보된 프로젝트 위주의 심사 제안
3. 대면면접 – 서류면접 내용 + 세부사항 파악

3. GAI를 통한 예상질문 작성

면접관이라면, 구체성을 확보할 수 있는 프로젝트 수행 여부에 가산점을 주어야 할 것입니다. 그리고, 현재처럼 출신학교와 전공을 가리는 블라인드 테스트를 진행한다면, 서류면접의 비중보다는 대면면접의 중요성이 훨씬 높아질 것으로 예상합니다.

역할부여

너는 직원 채용을 위한 전문 면접관이다. 이해했으면 "예"라고 간단히 대답하시오.

예

주제제시

직원 채용을 위해 지원자들의 자기소개서를 분석 및 평가를 하려고 한다. 직무에 가장 적합한 자기소개서를 파악하기 위해 가장 중요한 요소를 열거해주시오.

직무에 가장 적합한 자기소개서를 파악하기 위해 고려해야 할 중요한 요소들은 다음과 같습니다.

직무 관련 경험: 지원자의 이전 경험과 그 경험을 통해 습득한 기술이 해당 직무와 얼마나 관련이 있는지 확인합니다.

학력 및 자격증: 지원자의 학력과 관련 자격증이 직무 요구사항과 부합하는지 확인합니다.

성과 및 업적: 지원자가 과거 직장이나 프로젝트에서 달성한 성과와 업적을 확인해 업무능력을 판단합니다.

커뮤니케이션 능력: 자기소개서에서 지원자의 글쓰기 능력과 정보전달 능력이 얼마나 뛰어난지 확인합니다.

문제 해결 능력: 지원자가 과거 어려운 상황에서 어떻게 문제를 해결했는지 구체적 사례를 확인합니다.

성격 및 인성: 지원자의 성격과 인성이 조직 문화와 부합하는지, 팀워크에 적합한지 평가합니다.

직무 열정: 지원자가 해당 직무에 얼마나 열정적인지, 그 열정을 어떻게 표현했는지 확인합니다.

목표설정 및 성장 가능성: 지원자의 장래 목표와 회사에서 얼마나 성장할 수 있는지 평가합니다.

이러한 요소를 종합적으로 고려해 지원자들의 자기소개서를 분석하고 가장 적합한 지원자를 선정할 수 있습니다.

세부사항
위의 요소를 5점 척도로 평가하기 위한 평가척도를 엑셀 시트에 활용한
가능한 양식을 만드시오.

다음은 5점 척도로 평가하기 위한 엑셀 양식입니다. 각 평가 요소를 A부터
H열까지 배치하고, 각 점수를 1부터 5까지 할당해 입력할 수 있습니다.

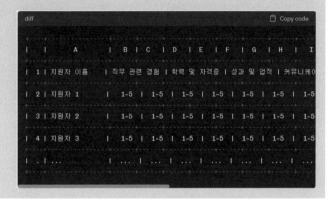

위의 양식을 사용해 지원자들의 자기소개서를 각각의 요소별로 평가할
수 있습니다. 평가가 완료되면 각 지원자의 총점을 계산하고, 총점이 가장
높은 지원자를 선정할 수 있습니다. 이를 위해 J열에 '총점'이라는 새로운
열을 추가하고, 각 지원자의 총점을 계산하는 공식을 사용할 수 있습니다.
예를 들어 지원자 1의 총점은 '=SUM(B2:H2)'를 사용해 계산할 수 있습
니다.

수백 명의 서류전형 면접자를 선발하려면 면접관의 오랜 경력과 전문
지식이 필수입니다. 위와 같이 간단한 엑셀 수식을 만들어줍니다. 여기서
놀라운 점은 지원자들의 지원서를 코딩 처리해 점수화할 수 있다는 점입
니다. 비대면으로 진행한다면 사람 모습의 AI가 지원자들을 선별할 것입

니다. 이미 인공지능의 능력은 얼굴 근육의 움직임으로 면접자의 답변에서 진위 여부를 가려낼 수 있습니다.

세부사항 2
다음은 인사 채용 공지내용이다. 나는 이 기업의 인사 채용관으로서 직원을 선발해야 한다. 아래의 내용에 알맞은 면접 질문 5가지를 생성하고 이를 점수 척도로 평가할 수 있도록 문서 양식을 생성하시오.

1. 근무처: KOTRA 서울본사
2. 담당: 사무지원 담당자 채용
3. 모집부문: KOTRA 해외전시팀
4. 직무:
* 해외전시회 단체참가지원 사업 운영
- 단체참가지원 사업 운영 전반
- 한국관 참가계획 수립 및 예산관리
- 고객문의 응대, 대내외 협업
* 해외전시회 지원사업 관련 업무지원
- 해외전시회 참가지원 실적 관리, 전시산업 유관기관 간 협업 등
5. 지원자격 및 우대사항
〈지원자격〉
· 4년제 대학교 졸업(수료)자 필수(재학, 휴학생 불가)
· 엑셀 사용능력 중급 이상 〈우대사항〉
· 엑셀 등 OA 능숙자
· 유관업무 관심이 많으신 분(신입 지원 가능)
6. 근무조건
· 근무시간: 9~18시(월~금 / 주 5일 근무)
· 근무지: KOTRA 서울 본사 / 서울 서초구 헌릉로 13
· 급여: 월 215만 원(세금 공제 전 / 중식대 포함 / 유관업무 경력 3년 이

상 230만 원)

· 복리후생: 4대보험, 연차휴가, 경조휴가, 명절선물, 경력증명 가능
등 · 근무형태: 인트로맨(주) 소속 파견계약직

· 계약기간: 2023.06.01.~2024.05.31(1년)

아래는 해당 인사 채용 공지에 알맞은 면접 질문 5가지와 이를 점수 척도로 평가할 수 있는 문서 양식입니다.

면접질문:

해외전시회 단체참가지원 사업에 대한 경험이나 지식이 있나요? 그렇다면, 어떤 경험이나 지식을 활용해 KOTRA 해외전시팀에서 어떻게 기여할 수 있을지 설명해주세요.

엑셀을 사용한 경험 중 가장 복잡하거나 어려운 프로젝트에 대해 설명해주세요. 그리고 이를 해결하기 위해 사용한 기술과 기능을 말씀해주세요.

고객문의 응대나 대내외 협업을 진행한 경험이 있나요? 그 경험에서 얻은 가장 중요한 교훈과 앞으로의 업무에 어떻게 적용할 것인지 설명해주세요.

예산관리와 관련된 경험이 있나요? 만약 있다면, 어떤 업무였으며 그 과정에서 어떤 전략을 사용해 예산을 효과적으로 관리했는지 설명해주세요.

이 직무를 수행하는 데 가장 중요하다고 생각하는 역량은 무엇이며, 그 역량을 키우기 위해 어떤 노력을 했는지 구체적으로 말씀해주세요.

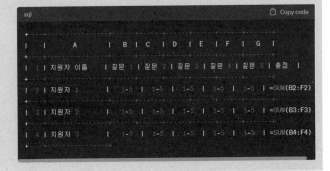

세부사항 3

아래의 내용을 기억하시오.

1. 근무처: KOTRA 서울본사

2. 담당: 사무지원 담당자 채용

3. 모집부문: KOTRA 해외전시팀

4. 직무:

* 해외전시회 단체참가지원 사업 운영

- 단체참가지원 사업 운영 전반

- 한국관 참가계획 수립 및 예산관리

- 고객문의 응대, 대내외 협업

* 해외전시회 지원사업 관련 업무지원

- 해외전시회 참가지원 실적 관리, 전시산업 유관기관 간 협업 등

5. 지원자격 및 우대사항

〈지원자격〉

· 4년제 대학교 졸업(수료)자 필수(재학, 휴학생 불가)

· 엑셀 사용능력 중급 이상

〈우대사항〉

· 엑셀 등 OA 능숙자

· 유관업무 관심이 많으신 분(신입 지원 가능)

6. 근무조건

· 근무시간: 9~18시(월~금 / 주 5일 근무)

· 근무지: KOTRA 서울 본사 / 서울 서초구 헌릉로 13

· 급여: 월 215만 원(세금 공제 전 / 중식대 포함 / 유관업무 경력 3년 이상 230만 원)

· 복리후생: 4대보험, 연차휴가, 경조휴가, 명절선물, 경력증명 가능 등

· 근무형태: 인트로맨(주) 소속 파견계약직

· 계약기간: 2023.06.01~2024.05.31 (1년)

내용을 기억하겠습니다. 이를 바탕으로 지원자들을 평가하는 데 도움을 드리겠습니다.

1. 근무처: KOTRA 서울본사

2. 담당: 사무지원 담당자 채용

3. 모집부문: KOTRA 해외전시팀

4. 직무:

해외전시회 단체참가지원 사업 운영

단체참가지원 사업 운영 전반

한국관 참가계획 수립 및 예산관리

고객문의 응대, 대내외 협업

해외전시회 지원사업 관련 업무지원

해외전시회 참가지원 실적 관리, 전시산업 유관기관 간 협업 등

지원자격 및 우대사항 〈지원자격〉

5. 4년제 대학교 졸업(수료)자 필수(재학, 휴학생 불가)

6. 엑셀 사용능력 중급 이상 〈우대사항〉 엑셀 등 OA 능숙자

7. 유관업무 관심이 많으신 분(신입 지원 가능)

8. 근무조건

근무시간: 9~18시(월~금 / 주 5일 근무)

근무지: KOTRA 서울 본사 / 서울 서초구 헌릉로 13

급여: 월 215만 원(세금 공제 전 / 중식대 포함 / 유관업무 경력 3년 이상 230만 원)

복리후생: 4대보험, 연차휴가, 경조휴가, 명절선물, 경력증명 가능 등

근무형태: 인트로맨(주) 소속 파견계약직

계약기간: 2023.06.01~2024.05.31(1년)

세부사항 4

아래의 내용은 한 지원자의 자기소개서의 내용이다. 이 내용을 근거로 해 이 지원자에게 OKR 기법으로 5가지 질문을 하려고 한다. 5개의 질문을 생성하시오.

[자기소개서] 이름: 김채용 안녕하세요. 한강대학교 경영학과를 졸업한 김채용입니다. KOTRA 서울본사 해외전시팀 사무지원 담당자로 지원하게 된 이유는 제가 경영학과 배경과 무역영어회화 동아리 활동을 바탕으로 국내외 기업들의 성장과 국가 경제 발전에 기여할 수 있는 좋은 기회라고 생각했기 때문입니다.

〈학력 및 경험〉 저는 한강대학교 경영학과를 졸업했으며, 무역영어회화 동아리에서 부회장으로 활동했습니다. 이를 통해 경영지식과 외국어 능력을 함양할 수 있었습니다. 또한 국내외 자원봉사 경험을 통해 다양한 문화와 사람들과의 소통능력을 키웠습니다.

〈근무경력〉 편의점 아르바이트 매니저로 근무하며 매장정리, 캐시어, 재고관리 등 다양한 업무를 수행했습니다. 한강대학교 도서관에서 6개월간 보조업무를 수행했고, 군대에서 1년 6개월 동안 소총수로 복무했습니다.

〈업무역량〉 저는 컴퓨터(MOS) 자격증을 보유하고 있으며, 영어 능력으로는 TOEIC 850점을 받았습니다. 또한 2021년 한강대학교 코딩 해커톤 대회에서 3위를 차지했습니다.

〈지원부문 및 업무 적합성〉 해외전시회 단체참가지원 사업 운영에 관련된 업무를 수행하게 된다면, 제가 갖춘 경영학 지식과 외국어 능력, 컴퓨터 활용능력을 바탕으로 한국관 참가계획 수립 및 예산관리 업무를 효율적으로 수행할 수 있을 것입니다. 고객문의 응대와 대내외 협업 업무에도 국내외 자원봉사활동에서 키운 소통능력을 활용해 원활하게 진행할 수 있습니다. 해외전시회 지원사업 관련 업무지원 역시 제 경험과 능력을 적극 활용해 참가지원 실적 관리와 전시산업 유관기관 간의 협업을 성공적으로 수행할 것입니다.

〈마무리〉 저는 KOTRA 해외전시팀에서 다양한 업무를 수행하며 전문성을 발휘할 수 있는 사무지원 담당자가 되겠습니다. 학력, 경험 및 업무능력을 바탕으로 기관의 목표를 달성하는 데 기여하겠습니다. KOTRA 서울본사에서 일하는 기회를 주시면 최선을 다해 업무를 수행하겠습니다. 감사합니다.

다음은 김채용 지원자에게 물어볼 수 있는 OKR 기법에 기반한 5가지 질문입니다.

목표설정: KOTRA 해외전시팀에서 당신이 이루고자 하는 주요 목표와 이를 달성하기 위해 진행할 주요 활동은 무엇인가요?

성과측정: 고객문의 응대와 대내외 협업 업무에서 성공적인 소통을 위한 성과지표는 무엇이라고 생각하나요? 이러한 지표를 어떻게 측정할 계획인가요?

결과도출: 한국관 참가계획 수립 및 예산관리 업무에서, 효율적인 결과를 도출하기 위한 전략은 무엇인가요? 이를 통해 어떤 성과를 이루고자 하는지 설명해주세요.

팀 협업: 전시산업 유관기관 간의 협업을 통해 얻고자 하는 결과와 협업 과정에서 중요하게 생각하는 요소는 무엇인가요?

개선 및 성장: KOTRA 해외전시팀의 사무지원 담당자로서 자신의 역량을 개발하고 성장하기 위해 어떤 방식으로 계획하고 실행할 것인지 구체적으로 설명해주세요.

세부사항 5

위의 대화에서 이 지원자의 강점 3가지와 약점 3가지를 테이블 형식으로
작성하시오.

다음은 지원자 김채용의 강점과 약점을 분석한 테이블입니다.

	강점	약점
1	외국어 능력과 컴퓨터 활용능력(TOEIC 850, MOS 자격증)	실제 해외전시회 참가 관리나 운영에 대한 경험이 없음
2	다양한 경험과 리더십(무역영어회화 동아리 부회장, 편의점 매니저 등)	전문적인 전시회 지원사업에 대한 지식이 부족할 수 있음
3	커뮤니케이션과 협업능력(국내외 자원봉사 경험, 동아리 활동 등)	실제 사무지원 업무에 대한 경험이 상대적으로 적음

세부사항 6

많은 지원자가 ChatGPT를 활용해 높은 수준의 자기소개서와 면접을 준
비해서, 합격자를 선발하는 데 어려움을 겪고 있다. 이 회사에 적합한 사
람을 채용하기 위해서 나에게 해줄 조언 5가지를 해주시오.

채용 프로세스가 점점 더 경쟁적이고 복잡해지면서, 적합한 지원자를 선별
하는 것이 더욱더 어려워질 수 있습니다. 하지만 아래에 제시된 몇 가지 전
략을 사용하면, 이 과정을 효과적으로 관리하는 데 도움이 될 수 있습니다.

직무 관련 역량 확인: 이는 지원자가 원하는 역할을 깊이 이해하는지를 판
단하는 데 필요한 것입니다. 기술적 능력, 경험, 학문적 배경 외에도, 해당
직무에서 요구되는 중요한 소프트 스킬에 대한 이해를 평가해야 합니다.

문화 적합성 판단: 조직의 문화와 가치에 부합하는 지원자를 찾는 것이 중
요합니다. 이는 인터뷰 과정에서 지원자의 가치관, 태도, 동기부여 방식
등을 통해 알 수 있습니다.

창의성과 문제 해결 능력: 지원자가 새로운 상황에 대처하거나 문제를 해결하는 능력을 평가하는 것은 중요합니다. 이를 위해 직면한 문제나 도전적인 상황에서 어떻게 대처했는지에 대한 사례를 물어보세요.

지원자의 성장 가능성 평가: 장기적으로 볼 때, 지원자가 자신의 역량을 계속 발전시킬 수 있는지를 평가하는 것이 중요합니다. 이는 지원자의 성장에 대한 욕구, 학습 능력, 개인 및 전문적 발전을 위한 계획 등을 확인함으로써 평가할 수 있습니다.

참조 확인: 지원자의 이전 상사, 동료, 교수 등에게 연락해 지원자의 업무 수행 능력, 팀 내에서의 역할, 강점 및 약점 등에 대해 확인하는 것이 유익할 수 있습니다. 이를 통해 지원자의 이력서나 인터뷰에서 제공한 정보를 검증하고, 추가적인 통찰력을 얻을 수 있습니다.

세부사항 7
위의 내용을 확인할 수 있는 질문을 각각 2가지씩 총 10개의 질문을 생성하시오.

아래는 제안된 전략에 따른 질문 예시입니다.

1. 직무 관련 역량 확인
이 직무에서 가장 중요하다고 생각하는 역량은 무엇이며, 그 역량을 어떻게 개발했는지 예시를 들어 설명해주세요.
이 직무에 대한 이해를 바탕으로, KOTRA 서울본사 해외전시팀에서 어떤 일을 할 것으로 예상하시나요?

2. 문화 적합성 판단
당신이 효과적으로 일할 수 있는 작업 환경은 어떤 모습인가요? 그리고 그것이 우리 회사의 문화와 어떻게 일치하나요?

우리 회사의 핵심가치 중에서 어떤 것이 가장 매력적이라고 생각하나요?
그리고 그것이 당신의 가치와 어떻게 일치합니까?

3. 창의성과 문제 해결 능력
지금까지 가장 어려운 문제는 무엇이었고, 어떻게 해결했나요?
새로운 상황이나 예기치 못한 문제에 직면했을 때 어떻게 대응하는지 예를 들어 설명해주세요.

4. 지원자의 성장 가능성 평가
근래에 어떤 새로운 기술이나 능력을 배웠나요? 이를 배우는 과정은 어땠나요?
장기적인 관점에서, 당신이 생각하는 자신의 커리어 발전 경로는 무엇인가요?

5. 참조 확인
이전 근무처에서 당신과 함께 일했던 사람들에게 당신을 어떻게 묘사하라고 요청한다면, 그들은 어떻게 말할 것이라고 생각하나요?
이전 상사 혹은 동료와 관계에서 가장 성공적이었다고 생각하는 부분은 무엇인가요? 그 이유는 무엇인가요?

세부사항 8
위의 질문들을 지원자 1번부터 20번까지 점수화할 수 있도록 5가지 척도에 5점 만점으로 각 항목을 '1점 매우 미흡, 2점 미흡, 3점 보통, 4점, 우수, 5점 매우 우수'로 평가지를 만들어야 한다. 복사하고 붙여쓰기를 했을 경우, 엑셀에서 올바르게 사용할 수 있도록 형식으로 테이블 형식으로 작성하시오.

지원자 번호	직무 관련 역량	문화 적합성	창의성 및 문제 해결 능력	성장 가능성	참조 확인
1					
2					
3					
4					
5					
6					
7					
8					
9					
10					
11					
12					
13					
14					
15					
16					
17					
18					
19					
20					

평가척도

1점: 매우 미흡

2점: 미흡

3점: 보통

4점: 우수

5점: 매우 우수

위 표를 복사해 엑셀 또는 다른 스프레드시트 툴에 붙여넣기하면 됩니다. 각 지원자에 대해, 그들이 질문에 대해 어떻게 응답하는지에 따라 각각의 카테고리에 점수를 부여할 수 있습니다. 코딩 파트에 대한 실습을 한다면 더 유용한 프로그램을 개발할 수도 있습니다. 지금까지 이채용 인사팀장님과 함께 진행한 취업 채용부문의 11개 프롬프팅은 새로운 채용 방향의 가능성을 열어주었습니다. 생성형의 진화를 통해 면접 프로세스가 더욱더 풍부하고 다양해질 것으로 예상되며, 이로써 채용의 질을 높일 수 있는 기회가 생길 것입니다. 중요한 것은 기술을 활용해 귀사만의 독특한 채용 프로세스를 만드는 능력입니다. 이 과정에서 귀사의 인재상과 비전을 반영하면, 더욱 특별한 인재들을 발굴할 수 있을 것으로 기대합니다.

06 | 예비 창업자
_입주제안서와 창업계획서를 마주하다

최창업 대표 프로필
생년: 1965년 | 창업 분야: 소프트웨어 개발

경력 및 배경:

대기업에서 30년간 임원으로 근무

정년퇴직 후, 자신의 열정을 좇아 소프트웨어 개발 분야로 창업

고민 및 현재 상황:

대기업에서 임원으로 오랫동안 근무하면서, 기본적인 사무처리에 익숙하지 않게 됨
있음

이에 창업 컨설턴트와의 미팅을 통해 전문적인 지원과 도움을 받으려는 계획을 세움

비전 및 목표:

자신의 노하우와 경험을 바탕으로 소프트웨어 개발 분야에서 새로운 혁신을 만들어
내고자 함

기업 임원으로서 리더십과 경영전략을 스타트업에 녹여내어 성공적인 사업을 구축
하는 것을 목표로 함

최창업 대표님, 안녕하세요? 스타트업 창업을 위해 고민하고
계신 입주제안서와 창업계획서 작성 문제에 대해 도움을 드
리고자 합니다.

첫 번째 단계로서, 공공기관과 대학이 연계한 창업지원센터를 활용할
수 있습니다. 전국에 많은 창업지원센터가 운영되고 있습니다.

입주를 위해서는 사무공간의 존재 여부가 중요하며, 공유오피스 활용 등 다양한 옵션을 고려할 수 있습니다. 정부와 지자체에서도 다양한 지원 제도가 마련되어 있으므로, 이를 활용하는 것도 좋은 방법입니다.

특히 입주지원서와 창업계획서 작성은 최창업 대표님께서 직접 수행해야 하는 중요한 부분입니다. 이 부분에서는 ChatGPT의 활용을 추천합니다. 여러분의 비즈니스 아이디어와 목표를 정확하게 전달할 수 있는 텍스트를 생성하는 데 큰 도움이 될 것입니다.

이를 통해, 기술력뿐만 아니라 사업의 구체적인 방향과 전략을 명확히 제시할 수 있는 문서를 작성할 수 있습니다.

다음은 구글 바드를 활용해 생성한 내용입니다.

- K-Startup 창업지원 포털: K-Startup 창업지원 포털은 창업교육, 자금지원, 공간지원, 멘토링 등 다양한 창업지원 정보를 제공하고 있습니다.
- 창업진흥원: 창업진흥원은 예비 창업자와 초기 창업자에게 창업교육, 자금지원, 공간지원, 멘토링 등 다양한 창업지원 프로그램을 제공하고 있습니다.
- 중소벤처기업진흥공단: 중소벤처기업진흥공단은 예비 창업자와 초기 창업자에게 창업교육, 자금지원, 공간지원, 멘토링 등 다양한 창업지원 프로그램을 제공하고 있습니다.
- SBA(서울산업진흥원): SBA는 예비 창업자와 초기 창업자에게 창업교육, 자금지원, 공간지원, 멘토링 등 다양한 창업지원 프로그램을 제공하고 있습니다.

이제 다섯 단계로 입주지원서와 창업계획서를 ChatGPT와 함께 작성해보겠습니다.

프롬프팅 1

 당신은 비즈니스 컨설턴트다. 나는 우주과학대학 창업보육센터에 입주하기 위해 입주지원신청서를 작성하려고 한다. 이 신청서를 작성하는 데 도움을 줄 수 있는가?

 예, 도와드릴 수 있습니다. 우주과학대학 창업보육센터에 입주하기 위한 지원서를 작성하는 데 필요한 주요 정보와 구성 요소를 안내해드리겠습니다. 다음은 신청서 작성 시 고려해야 할 주요 사항입니다.

프로젝트 개요: 창업 아이디어와 비즈니스 모델을 명확하게 요약해 제시하세요. 제품이나 서비스의 주요 기능, 가치제안, 고객 타깃 등을 포함해야 합니다.

팀 구성: 팀원들의 역할, 학력, 경험, 전문지식 등을 소개하세요. 팀의 역량을 강조하고, 프로젝트를 성공적으로 이끌어갈 수 있는 이유를 설명하세요.

시장분석: 타깃 시장의 규모, 성장률, 경쟁 상황 등을 분석하고, 이를 바탕으로 시장진입 전략을 제시하세요. 경쟁사와 차별점을 명확하게 밝혀주세요.

마케팅 전략: 제품이나 서비스를 어떻게 홍보할지, 어떤 마케팅 채널을 사용할지 구체적으로 기술하세요. 가격책정, 판매 채널, 프로모션 전략 등을 포함시키세요.

재무계획: 프로젝트를 얼마나 투자할 것인지, 예상되는 수익과 비용, 수익 창출의 시기 등에 대한 예상 재무계획을 제시하세요.

기술 현황 및 개발계획: 기술적 관점에서 제품이나 서비스의 현재 상태를 설명하고, 개발 일정 및 단계별 목표를 설정하세요.

입주목적 및 기대효과: 창업보육센터에 입주하려는 이유와 입주를 통해 얻을 수 있는 혜택과 지원이 프로젝트에 어떤 긍정적인 영향을 미칠지 설명하세요.

이러한 내용을 바탕으로 신청서를 작성한 후, 필요에 따라 더 구체적인 정보와 관련 자료를 추가할 수 있습니다. 신청서 작성에 성공을 기원합니다!

대부분 저렴한 비용에 사무실을 제공하는 기관에서는 기관에서 요구하는 양식이 있습니다. 이러한 양식에 작성하는 것은 많은 시간과 에너지를 소모하는 과정입니다. 생성형 AI를 통해 진행하면 시간과 에너지를 상당히 줄일 수 있습니다.

프롬프팅 2

 다음 내용을 참고로 해 입주신청 동기와 추진 개요를 작성해주세요.
1. 프로젝트 개요: 생성형 인공지능 플랫폼을 활용한 교육 프로그램 개발
및 애플리케이션 개발

 입주신청 동기와 추진 개요를 작성해드리겠습니다.

1. 입주신청 동기:
우주과학대학 창업보육센터에 입주를 신청한 이유는 창업보육센터의 자
원과 전문가들의 지원을 통해 우리의 프로젝트인 '생성형 인공지능 플랫
폼을 활용한 교육 프로그램 개발 및 애플리케이션 개발'을 더욱더 효율적
으로 진행할 수 있다고 판단했기 때문입니다. 또한 창업보육센터의 네트
워크를 활용해 업계 전문가와 협력할 기회를 찾으려고 합니다. 센터의 지
원을 통해 기술개발 속도를 높이고, 시장진입을 원활하게 할 수 있다고 생
각합니다.

추진 개요:

2. 프로젝트 목표: 우리 프로젝트의 목표는 인공지능 기술을 활용해 개인
화된 교육경험을 제공하는 교육 프로그램과 애플리케이션을 개발하는 것
입니다. 이를 통해 학습자들이 자신에게 맞는 교육방식과 커리큘럼을 선
택할 수 있게 해, 교육의 질을 향상하고자 합니다.

3. 기술개발: 생성형 인공지능 플랫폼을 기반으로 해, 학습자의 선호와 필
요에 맞춘 교육 콘텐츠를 추천하고 제공하는 알고리즘을 개발할 것입니
다. 또한 사용자와 상호작용을 통해 학습자의 성장과 변화에 적응하는 지
능형 교육 솔루션을 구현할 예정입니다.
프로토타입 개발 및 테스트: 초기 단계에서는 프로토타입을 개발해 사용

자 피드백을 수집하고, 이를 반영해 제품의 완성도를 높일 것입니다. 이 과정을 통해 사용자의 요구사항과 시장의 트렌드를 파악하고, 빠르게 적용해 시장에 출시할 수 있는 제품을 개발하려고 합니다.

4. 시장진입 전략: 최종제품 개발 후, 교육기관, 학원 온라인 교육 플랫폼과 협력해 우리의 교육 프로그램 및 애플리케이션을 적용하고 확산할 계획입니다. 이를 위해 주요 교육 관련 이벤트 및 콘퍼런스에 참여해 제품의 가시성을 높이고, 파트너십을 구축할 것입니다. 또한 영향력 있는 교육 전문가와 기관에게 제품을 소개해 추천을 받을 수 있는 기회를 만들어갈 계획입니다.

5. 기대효과: 이 프로젝트를 통해 인공지능 기반의 교육 프로그램과 애플리케이션을 성공적으로 개발하고 시장에 도입할 경우, 교육의 질 향상과 개인화된 학습경험 제공을 통해 교육산업에 혁신을 가져올 것으로 기대됩니다. 더 나아가 학습자들이 자신만의 속도와 방식으로 효율적으로 학습할 수 있는 환경을 조성함으로써, 더 나은 학습 결과와 만족도를 이끌어낼 것입니다.

이러한 추진 개요를 바탕으로, 우주과학대학 창업보육센터에 입주해 인공지능 기술을 활용한 교육 프로그램 및 애플리케이션 개발 프로젝트를 성공적으로 추진하고자 합니다. 창업보육센터의 지원과 협력을 통해, 교육산업에 혁신적인 변화를 만들어가는 중요한 발판이 될 것이라고 믿습니

제목 하나만을 입력했는데, 각 구성 요소에 맞게 출력이 되지요? 수정을 원한다면 더 많은 정보를 제공해준 후, 원하는 내용에 따라 "Regenerate"(재생성하라)을 하면, 더 나은 결과물을 생성할 수 있습니다.

프롬프팅 3

나는 ChatGPT API를 활용해, 초등학교, 중등학생들이 교육에 활용할 수 있는 '교육용 챗봇'을 제작하려고 한다. 또한 소상공인을 위한 디지털 마케팅 플랫폼을 API를 활용해, 저비용 고효율의 마케팅 컨설팅을 할 수 있는 플랫폼을 개발해 제공할 예정이다. 이 내용에 대한 기술의 개요를 작성해주세요.

기술 개요

교육용 챗봇(초등학교 및 중등학생 대상)
교육용 챗봇은 ChatGPT API를 활용해, 초등학교와 중등학생들이 학습에 활용할 수 있는 인공지능 기반의 대화형 교육도구를 제공합니다. 이 챗봇은 다음과 같은 기능을 갖추었습니다.

개인화된 학습: 챗봇은 학생들의 수준, 관심 분야, 학습 스타일에 맞춰 맞춤형 학습경험을 제공합니다.

질문 및 답변 기능: 학생들이 궁금한 학습내용에 대해 질문하면, 챗봇이 적절한 답변을 제공해 이해를 돕습니다.

학습동기 부여: 챗봇은 학습자들의 성취를 인식하고 격려 메시지를 전달함으로써 동기부여를 유지합니다.

학습 추천: 학생들에게 적합한 학습자료, 동영상, 퀴즈 등의 추천을 제공해, 다양한 학습경험을 지원합니다.

소상공인을 위한 디지털 마케팅 플랫폼
이 디지털 마케팅 플랫폼은 ChatGPT API를 기반으로 해, 소상공인들에게 저비용 고효율의 마케팅 컨설팅을 제공합니다. 플랫폼의 주요 기능은 다음과 같습니다.

마케팅 전략 제안: 소상공인의 업종, 타깃 고객, 경쟁 상황 등을 분석해 맞춤형 마케팅 전략을 제안합니다.

광고문구 및 디자인 제안: 챗봇은 사용자의 요구에 맞는 광고문구, 이미지, 비디오 등의 디자인 요소를 제안합니다.

캠페인 최적화: 챗봇은 마케팅 캠페인의 성과를 지속적으로 분석하고, 최적화된 캠페인 설정을 제안해 효율성을 높입니다.

프롬프팅 4

교육용 챗봇에 대한 국내외 관련 기술 현황에 대한 내용을 작성해주세요.

교육용 챗봇 기술 현황:

국내와 해외에서 다양한 교육용 챗봇이 연구 및 개발되어 사용되고 있습니다. 이러한 챗봇들은 주로 인공지능 기술을 기반으로 하며, 학습자들에게 개인화된 학습경험을 제공하는 데 초점을 두고 있습니다. 다음은 국내외 교육용 챗봇의 기술 현황에 대한 내용입니다.

국내 교육용 챗봇 기술 현황:

국내 교육용 챗봇들은 주로 학습자들이 학습 과정에서 질문을 할 수 있도록 지원하며, 챗봇은 적절한 답변을 제공해 학습자의 이해를 돕습니다.

일부 챗봇은 학습자의 학습 성취도를 추적하고 분석해, 개인화된 학습경로를 제안하는 기능을 제공합니다.

한국어 자연어 처리(NLP) 기술을 활용한 교육용 챗봇도 개발되어, 한국어 학습환경에 더 적합한 서비스를 제공하고 있습니다.

해외 교육용 챗봇 기술 현황:

해외 교육용 챗봇들은 다양한 언어와 교육 분야를 지원하며, 학습자들의 질문에 대한 답변 제공뿐만 아니라, 학습동기 부여와 자기 주도적 학습을 지원하는 기능을 제공합니다.

일부 해외 챗봇은 강력한 인공지능 기반의 알고리즘을 활용해, 학습자의 지식수준과 성향에 따라 맞춤형 학습자료를 추천하거나, 학습경로를 최적화하는 기능을 제공합니다.

해외에서는 대학생 및 성인을 대상으로 한 전문 분야(예: 프로그래밍, 경영, 언어 학습 등) 교육용 챗봇이 활발하게 개발되고 있습니다.

교육용 챗봇 기술은 국내외에서 계속 발전하고 있으며, 인공지능 기술의 발전과 함께 더욱 효과적이고 개인화된 교육경험을 제공할 것으로 기대합니다.

프롬프팅 5

 위의 내용을 테이블 형식으로 재작성해주세요.

구분	국내 교육용 챗봇 현황	해외 교육용 챗봇 현황
질문 및 답변 지원	학습자들의 질문에 적절한 답변 제공	학습자들의 질문에 대한 답변 제공
개인화된 학습경험	학습 성취도 추적 및 분석, 맞춤형 학습경로 제안	지식수준 및 성향에 따른 맞춤형 학습자료 추천 및 최적화
언어 지원	한국어 자연어 처리(NLP) 기술 활용	다양한 언어 지원
학습동기 부여	–	학습동기 부여 및 자기 주도적 학습지원
대상 및 전문 분야	주로 초등학교 및 중등학생 대상	대학생 및 성인, 전문 분야(프로그래밍, 경영, 언어 등)

프롬프팅 6

 기술의 우수성 및 독창성에 대해서 작성해주세요.

 교육용 챗봇의 우수성 및 독창성:

1. 개인화된 학습경험: 교육용 챗봇은 각 학습자의 지식수준, 학습 스타일, 관심 분야 등을 고려해 개인화된 학습경험을 제공합니다. 이를 통해 학습자들이 자신만의 속도와 방식으로 학습할 수 있게 되어, 전통적인 교육방식에서 제공되지 않던 유연성과 효율성을 확보할 수 있습니다.

인공지능 기반의 최적화: 교육용 챗봇은 인공지능 기술을 활용해 학습자의 학습 성취도와 진행 상황을 지속적으로 추적 및 분석합니다. 이를 바탕으로 학습자에게 최적화된 학습자료를 추천하거나, 학습경로를 조정함으로써, 학습효과를 극대화할 수 있습니다.

2. 즉각적인 피드백 제공: 교육용 챗봇은 학습자들이 학습 과정에서 질문을 하면 즉각적으로 적절한 답변을 제공합니다. 이를 통해 학습자들은 학습에 대한 질문이나 문제를 실시간으로 해결할 수 있으며, 이를 통해 학습 속도와 이해도를 높일 수 있습니다.

동기부여 및 자기 주도적 학습지원: 교육용 챗봇은 학습자들의 성취를 인식하고 격려 메시지를 전달함으로써 동기부여를 유지합니다. 또한 학습자들이 스스로 학습 목표를 설정하고 추적할 수 있도록 지원해, 자기 주도적 학습을 촉진합니다.

3. 다양한 교육 분야 및 언어 지원: 교육용 챗봇은 다양한 교육 분야를 지원하며, 여러 언어를 활용할 수 있습니다. 이를 통해 학습자들은 자신이 필요한 분야와 언어로 원활한 학습경험을 누릴 수 있습니다.

4. 총체적으로 보았을 때, 교육용 챗봇은 인공지능 기술의 발전을 기반으로 한 독창적인 학습방식을 제안합니다. 이를 통해 기존의 교육방식에서 발생할 수 있는 한계를 극복하고, 학습자들에게 개인화된 학습경험을 제공함으로써 교육의 질을 높이는 데 기여하고 있습니다. 또한 교육용 챗봇의 활용 범위는 초등학생부터 성인까지 다양한 연령층과 전문 분야에 걸쳐 확장되어 있어, 그 독창성과 우수성이 널리 인정받고 있습니다.

5. 앞으로도 교육용 챗봇은 인공지능 기술의 발전과 함께 지속적으로 발전해갈 것으로 예상되며, 교육현장에서 더욱더 효과적이고 혁신적인 학습 도구로서 역할을 수행할 것입니다. 이를 통해 교육용 챗봇은 교육의 효율성과 접근성을 높이는 데 기여하며, 교육의 미래를 선도하는 핵심기술로 자리매김할 것으로 기대됩니다.

프롬프팅 7

 기술의 파급효과 및 활용방안에 대해서 작성해주세요.

 교육용 챗봇의 파급효과 및 활용방안

교육의 효율성 향상: 교육용 챗봇을 활용하면 학습자들이 개인화된 학습 경험을 누리며, 교육의 효율성을 향상할 수 있습니다. 학습자들은 자신의 학습속도와 스타일에 맞춰 교육자료를 접할 수 있으며, 즉각적인 피드백을 받아 학습속도와 이해도를 높일 수 있습니다.

교육의 접근성 개선: 교육용 챗봇은 온라인 환경에서 사용되므로, 지리적 제약이 없어 교육의 접근성이 크게 개선됩니다. 이를 통해 시간 및 공간의 제약을 받지 않고, 원격 지역이나 교육 기회가 제한된 학습자들도 고품질의 교육을 받을 수 있게 됩니다.

교사 및 학부모의 부담 감소: 교육용 챗봇이 학습자들의 학습 진행 상황을 추적하고 분석하므로, 교사들은 학습자들의 성장을 쉽게 파악할 수 있습니다. 이를 통해 교사들은 개별 학습자의 필요에 맞춘 피드백 및 지원을 제공할 수 있으며, 학부모들은 자녀의 학습 상황을 편리하게 모니터링할 수 있습니다.

평생교육 및 직업훈련 활용: 교육용 챗봇은 전문 분야의 교육과 직업훈련에도 활용될 수 있습니다. 성인들이 새로운 기술이나 업무를 습득하기 위해 교육용 챗봇을 사용할 수 있으며, 이를 통해 평생교육 및 직업훈련의 효과를 극대화할 수 있습니다.

다양한 산업 및 분야의 활용: 교육용 챗봇은 교육산업뿐만 아니라 다양한 산업 및 분야에서 활용될 수 있습니다. 예를 들어, 고객 서비스, 마케팅,

인사, 기술 지원 등 다양한 분야에서 챗봇 기술을 활용해 업무 효율성을 높이고 비용을 절감할 수 있습니다. 이러한 다양한 활용방안은 챗봇 기술의 가치를 더욱더 확장하며, 여러 산업 분야에서 혁신을 촉진하는 기반이 될 것입니다.

교육 데이터 분석 및 연구 활용: 교육용 챗봇은 학습자들의 학습 과정에서 생성되는 데이터를 수집하고 분석할 수 있습니다. 이를 통해 교육 연구자들은 학습자들의 성장 패턴, 학습 성취도, 학습방식 등에 대한 인사이트를 얻을 수 있으며, 이를 바탕으로 더 효과적인 교육방식과 커리큘럼을 개발할 수 있습니다.

총체적으로 교육용 챗봇은 기술의 우수성과 독창성을 바탕으로 교육 및 다양한 산업 분야에서 파급력 있는 효과를 창출하고 있습니다. 이를 통해 교육의 질과 접근성을 높이는 데 기여하며, 여러 산업 분야에서 기술혁신과 경쟁력 향상을 촉진하는 역할을 수행하게 됩니다. 이러한 파급효과를 바탕으로 교육용 챗봇은 앞으로도 더욱 발전하고 확장되어, 교육과 사회 전반에 긍정적인 영향을 끼칠 것으로 기대됩니다.

프롬프팅 8

국내외 시장 규모에 대해서 작성하시오.

국내외 교육용 챗봇 시장 규모: 전 세계적으로 교육기술(EdTech) 시장은 꾸준한 성장세를 보였으며, 특히 인공지능 기반의 교육용 챗봇 분야 역시 성장이 가속화되고 있습니다. 국내외 시장 규모를 살펴보면 다음과 같습니다.

전 세계 시장 규모: 전 세계 교육용 챗봇 시장은 2021년 기준으로 약 15억 달러의 규모를 기록했으며, 앞으로 2026년까지 연평균 성장률(CAGR) 20% 이상으로 성장할 것으로 예측됩니다. 이러한 성장세는 교육기술의 발전, 인터넷 보급률 증가, 원격 교육의 확산 등 다양한 요인에 기인하고 있습니다.

국내 시장 규모: 한국의 교육용 챗봇 시장은 전 세계 시장에 비해 상대적으로 작은 규모이지만, 교육열이 높은 한국의 특성상 빠른 속도로 성장하고 있습니다. 2021년 기준으로 한국 교육용 챗봇 시장 규모는 약 500억 원으로 추정되며, 앞으로 몇 년 내에 2배 이상 성장할 것으로 전망됩니다.

국내외 교육용 챗봇 시장의 성장은 기존의 교육방식에서 벗어나 개인화된 학습경험을 제공하는 새로운 교육 패러다임을 창출하고 있습니다. 이러한 시장 성장세는 교육용 챗봇 기업들에게 새로운 기회를 제공하며, 앞으로 교육 분야에서 혁신적인 변화를 이끌어낼 것으로 기대됩니다.

프롬프팅 9

국내외 시장 특성에 대해서 작성해주세요.

국내외 교육용 챗봇 시장의 특성은 다음과 같습니다.

전 세계 시장 특성: 다양한 언어 및 문화 지원: 전 세계 시장에서는 다양한 언어와 문화를 지원하는 교육용 챗봇이 요구되고 있습니다. 이를 통해 세계 각국의 학습자들에게 맞춤형 교육 서비스를 제공할 수 있습니다.

교육기술 통합: 교육용 챗봇은 다양한 교육기술과 통합되어 제공되고 있습니다. 예를 들어 가상현실(VR), 증강현실(AR), 온라인 콘텐츠 플랫폼 등과 연계해 교육경험을 더욱 풍부하게 만들고 있습니다.

협업 및 파트너십: 전 세계 교육용 챗봇 시장에서는 기업들 간의 협업 및 파트너십이 활발하게 이루어지고 있습니다. 이를 통해 서로의 기술 및 자원을 공유하며 시장 경쟁력을 높이고 있습니다.

국내 시장 특성: 교육열의 영향: 한국은 전통적으로 교육열이 높아, 교육용 챗봇에 대한 수요도 높습니다. 특히 입시 및 학습성적과 관련된 서비스에 대한 관심이 높습니다.

정부 및 기관 지원: 한국 정부 및 관련 기관은 교육기술의 발전을 적극 지원하고 있습니다. 이에 따라 교육용 챗봇 기업들에게 다양한 정책적 혜택과 지원이 제공되고 있습니다.

온라인 교육 확산: 최근 몇 년간 한국에서는 원격 교육 및 온라인 교육이 급속도로 확산되고 있습니다. 이에 따라 교육용 챗봇에 대한 수요도 증가했으며, 시장의 성장을 견인하고 있습니다.

국내외 교육용 챗봇 시장의 특성을 고려하면서, 시장에 적합한 전략을 세우고 현지화를 추진함으로써 사업화 전략을 이끌어낼 수 있습니다.

프롬프팅 10

국내외 주요 수요처 현황에 대해서 작성해주세요.

국내외 교육용 챗봇의 주요 수요처 현황은 다음과 같습니다.

전 세계 주요 수요처

학교 및 교육기관: 전 세계의 학교 및 교육기관들이 교육용 챗봇을 도입해 학생들에게 개별적인 학습경험을 제공하고 있습니다. 이를 통해 학생들은 자신만의 학습속도와 방식에 맞추어 교육을 받을 수 있습니다.

온라인 교육 플랫폼: Coursera, Udemy, Khan Academy 같은 온라인 교육 플랫폼이 교육용 챗봇을 활용해 학습자들에게 더욱더 효율적인 학습경험을 제공하고 있습니다.

기업 및 기관: 기업 및 기관들은 직원교육과 훈련을 위해 교육용 챗봇을 도입하고 있습니다. 이를 통해 기업들은 교육비용을 절감하면서도 직원들의 역량개발을 도모할 수 있습니다.

국내 주요 수요처

초등학교, 중학교, 고등학교: 국내 학교들은 교육용 챗봇을 도입해 학생들에게 개별화된 교육 서비스를 제공하고 있습니다. 이를 통해 학생들은 개인별 맞춤형 학습경험을 누릴 수 있습니다.

사교육기관: 학원, 과외 같은 사교육기관은 교육용 챗봇을 활용해 학습자들에게 보다 효과적인 학습경험을 제공하고 있습니다.

대학교 및 연구기관: 대학교 및 연구기관들은 교육용 챗봇을 도입해 학생들 및 연구원들의 학습 및 연구를 지원하고 있습니다. 이를 통해 학습 및 연구환경의 질이 향상됩니다.

기업 및 공공기관: 국내 기업 및 공공기관들은 직원교육 및 훈련을 위해 교육용 챗봇을 도입하고 있습니다. 이를 통해 기관 내 역량개발을 지원하고 교육 효과를 극대화하고 있습니다. 이를 통해 기관 내 역량개발을 지원하고, 조직의 경쟁력을 높이는 데 도움이 됩니다.

스타트업 및 중소기업: 국내 스타트업 및 중소기업들은 기존 교육방식에 비해 비용 효율적인 교육용 챗봇을 도입해 직원들의 역량개발 및 교육에 활용하고 있습니다. 이를 통해 기업의 성장과 경쟁력을 강화할 수 있습니다.

종합적으로 보면, 국내외 교육용 챗봇의 주요 수요처는 학교, 교육기관, 기업, 연구기관 등 다양한 분야에 걸쳐 있습니다. 이를 통해 교육용 챗봇 시장은 지속적인 성장세를 이어가고 있으며, 더 많은 수요처에 혁신적인 교육 서비스를 제공할 것으로 예상됩니다.

프롬프팅 11

내외 동종업체 현황에 대해서 작성해주세요.

[전 세계 동종업체]
Google: 구글은 Dialogflow라는 챗봇 개발 플랫폼을 제공하고 있으며, 이를 통해 다양한 교육용 챗봇이 개발되고 있습니다. 이러한 챗봇들은 전 세계적으로 교육 및 기업 교육 시장에서 활용되고 있습니다.

IBM: IBM은 Watson Assistant라는 인공지능 챗봇 플랫폼을 제공하며, 교육용 챗봇 개발에 활용되고 있습니다. Watson Assistant는 다양한 언어를 지원해 전 세계 교육 시장에서 활용되고 있습니다.

Microsoft: 마이크로소프트는 Azure Bot Service를 통해 교육용 챗봇 개발을 지원하고 있습니다. 이를 통해 교육기관 및 기업들이 다양한 교육용 챗봇을 개발하고 활용할 수 있습니다.

[국내 동종업체]
챗봇스튜디오: 한국의 챗봇스튜디오는 교육용 챗봇 개발을 전문으로 하는 스타트업으로, 다양한 교육기관 및 기업들에게 맞춤형 챗봇 서비스를 제공하고 있습니다.

톡스쿨: 톡스쿨은 한국의 온라인 교육 플랫폼으로, 교육용 챗봇을 통해 학습자들에게 개별화된 교육 서비스를 제공하고 있습니다.

루시드랩: 루시드랩은 인공지능 기반의 교육용 챗봇 개발 및 서비스를 제공하는 한국 스타트업으로, 다양한 기업 및 교육기관과 협력해 챗봇을 활용한 교육 서비스를 제공하고 있습니다.

이처럼 국내외의 동종업체들은 교육용 챗봇 개발 및 서비스를 제공하고 있으며, 이를 통해 전 세계 교육 시장에 혁신적인 변화를 이끌고 있습니다.

프롬프팅 12

 마케팅 전략 및 판매경로를 작성해주시오.

마케팅 전략 및 판매경로는 다음과 같이 구성할 수 있습니다.

마케팅 전략

타깃 시장 선정: 초등학교, 중학교, 고등학교, 사교육기관, 대학교, 기업 및 공공기관 등 다양한 교육기관과 기업을 대상으로 시장을 선정합니다.

인공지능 챗봇의 우수성 강조: 독창적이고 우수한 기술력을 바탕으로 한 교육용 챗봇의 효율성과 효과를 강조해 마케팅을 진행합니다.

사례 중심의 마케팅: 기존 고객들의 성공사례를 활용해 제품이나 서비스의 가치를 전달하는 마케팅 전략을 구축합니다.

온라인 및 오프라인 홍보: SNS, 블로그, 유튜브 등 온라인 채널과 전문가 간담회, 콘퍼런스, 박람회 등 오프라인 이벤트를 활용해 적극적으로 홍보합니다.

협업 및 파트너십: 교육기관, 기업, 연구기관과의 협업 및 파트너십을 통해 시너지 효과를 극대화하며, 시장 점유율을 확대합니다.

판매경로

공식 웹 사이트: 공식 웹 사이트를 통해 제품정보를 소개하고, 견적 문의 및 온라인 판매를 진행합니다.

온라인 마켓플레이스: 국내외 온라인 마켓플레이스(예: G2, Capterra 등)에 입점해, 판매채널을 확장합니다.

오프라인 대리점 및 협력사: 교육 관련 대리점 및 협력사와 협력해 오프라인 시장에서의 판매를 증진시킵니다.

프롬프팅 13

가격 경쟁력에 대해서 작성해주세요.

가격 경쟁력을 확보하기 위한 전략은 다음과 같습니다.

1. 가격분석: 국내외 경쟁사들의 가격 구조를 분석해 적절한 가격대를 설정합니다. 이를 통해 가격 경쟁력을 확보하며, 고객들에게 합리적인 가격으로 제품을 제공할 수 있습니다.

비용 최적화: 교육용 챗봇 개발 및 운영에 필요한 비용을 철저히 관리하고, 최적화된 자원 활용을 통해 제품 가격을 합리적으로 설정합니다. 기술 개발 및 인프라 구축에 따른 효율성 향상을 통해 비용을 절감하고, 가격 경쟁력을 강화할 수 있습니다.

2. 가격책정 전략: 고객의 요구와 결제 능력에 따라 다양한 가격 옵션을 제공합니다. 이를 통해 다양한 고객층에 맞춰 적합한 가격을 제시하고, 가격 경쟁력을 높입니다. 예를 들어, 기본 플랜, 프로 플랜, 엔터프라이즈 플랜 등 다양한 가격대의 서비스를 제공할 수 있습니다.

프로모션 및 할인 전략: 시장진입 초기, 특별 이벤트 기간 또는 파트너십 체결을 통해 프로모션 및 할인 전략을 시행합니다. 이를 통해 고객들에게 가격 경쟁력을 확보하며, 제품 인지도와 매출을 높입니다.

3. 가치제안 강화: 제품의 기능, 품질, 서비스 등에 대한 가치를 강조해, 가

격 이상의 가치를 고객들에게 제공합니다. 이를 통해 가격만이 아닌 제품의 전반적인 가치를 인식시키고, 경쟁력을 높입니다.

이와 같은 전략을 통해 교육용 챗봇의 가격 경쟁력을 확보하고, 시장에서 높은 선호도와 시장 점유율을 달성할 수 있습니다.

프롬프팅 14

위의 내용을 사업화 추진계획을 작성하려고 한다. 다음의 내용을 포함해 테이블 형식으로 작성하시오.

1. 추진일정(시작시점~종료시점)
2. 추진내용
3. 추진방법

번호	추진일정	추진내용	추진방법
1	2023년 6월~ 2023년 7월	시장조사 및 분석	인터넷 자료조사, 업계 전문가 인터뷰, 경쟁사 분석 등을 통한 시장조사 및 분석 진행
2	2023년 8월~ 2023년 10월	기술개발 및 애플리케이션 개발	기존 기술 및 자료를 기반으로 챗봇 및 마케팅 플랫폼 개발 진행
3	2023년 11월~ 2023년 12월	기술개발 및 애플리케이션 개발	초대형 사용자 및 파트너 기관을 대상으로 베타 테스트 진행 후 피드백 수집 및 개선
4	2024년 1월~ 2024년 2월	공식 서비스 론칭 및 마케팅 전략 구축	홈페이지, SNS, 온라인 마켓플레이스 등 다양한 채널을 활용한 마케팅 전략 수립 및 실행
5	2024년 3월~ 2024년 5월	고객확보 및 서비스 안정화	파트너십, 오프라인 행사 참여, 고객지원 및 유지보수를 통한 서비스 안정화 및 고객 확보
6	2024년 6월~ 지속적으로	지속적인 기술개선 및 서비스 확장	고객 피드백, 시장 변화에 따른 기술개선 및 서비스 확장 진행

이와 같이 사업화 추진계획을 수립해, 교육용 챗봇 및 마케팅 플랫폼 사업을 체계적으로 추진할 수 있습니다. 단계별로 목표를 세우고 실행함으로써 시장에서 성공할 수 있을 것입니다.

프롬프팅 15

Q15: 예상 소요자금과 자금조달 계획을 작성해주세요. 단, 다음의 내용을 포함해 테이블형식으로 작성해주세요. 단위(백만 원)

예상소요자금 1. 운전자금: 내용(산출근거) 2. 시설자금: 내용(산출근거)
자금조달계획 1. 자기자금 2. 금융차입 3. 차입자금

이와 같이 예상 소요자금과 자금조달 계획을 세부적으로 작성해 사업을 시작할 때 필요한 자금조달 및 관리를 체계적으로 진행할 수 있습니다. 이를 바탕으로 사업을 안정적으로 운영하며 성장을 추구할 수 있을 것입니다.

구분	예상 소요자금	내용 및 산출근거	자금조달 계획	내용 및 산출근거
1. 운전자금	1,000 백만 원	인건비, 마케팅 비용, 사무실 임대료, 기타 운영 비용 등을 고려한 총비용	1. 자기자금	창업자 개인 자금 및 기존 사업에서 창출된 이익 등을 통해 자금을 조달할 예정
		기술개발 및 애플리케이션 개발	2. 금융차입	은행 및 기타 금융기관으로부터 대출을 받아 사업 자금을 조달할 예정
		기술개발 및 애플리케이션 개발	3. 차입자금	친구, 가족 등 개인 네트워크를 통한 자금조달 및 기타 차입자금을 고려해 조달할 예정
2. 시설자금	500 백만원	공식 서비스 론칭 및 마케팅 전략 구축	1. 자기자금	창업자 개인 자금 및 기존 사업에서 창출된 이익 등을 통해 자금을 조달할 예정
		고객확보 및 서비스 안정화	2. 금융차입	은행 및 기타 금융기관으로부터 대출을 받아 사업 자금을 조달할 예정
		지속적인 기술개선 및 서비스 확장	3. 차입자금	친구, 가족 등 개인 네트워크를 통한 자금조달 및 기타 차입자금을 고려해 조달할 예정

프롬프팅 16

 위의 내용을 달성하기 위한 경영 및 기술 지원 희망사항을 작성하시오.

 경영 및 기술 지원 희망사항은 다음과 같습니다.

1. 기술 지원:
인공지능 기술 및 개발에 대한 전문가 컨설팅: 챗봇 개발에 필요한 인공지능 기술과 관련된 최신 동향 및 지식을 전달받을 수 있는 전문가와의 컨설팅을 희망합니다.
연구개발 지원 프로그램 참여: 기술개발 및 연구를 진행할 수 있는 국내외 지원 프로그램에 참여해 지원을 받을 수 있는 기회를 희망합니다.

2. 기술 전문가 교류: 인공지능 및 관련 분야 전문가들과 교류를 통해 기술력을 향상하고 협업 기회를 창출할 수 있도록 지원을 요청합니다.

3. 경영 지원:
사업전략 및 마케팅 컨설팅: 사업 성장을 위한 전략적 방향성을 제시해주고, 마케팅 활동에 대한 컨설팅을 받을 수 있는 기회를 희망합니다.
교육 및 트레이닝 프로그램: 경영, 기술, 마케팅 등 다양한 분야의 교육 및 트레이닝 프로그램에 참여해 역량을 강화할 수 있는 지원을 요청합니다.

4. 네트워킹 및 파트너십 기회: 업계 관계자, 기관, 기업들과의 네트워킹 기회를 제공해 사업 확장 및 협력을 이룰 수 있는 환경을 지원해주시기를 희망합니다.
이러한 경영 및 기술 지원을 통해 교육용 챗봇 및 디지털 마케팅 플랫폼 사업의 성공적인 성장을 이루어낼 수 있도록 지원을 요청합니다. 이를 바탕으로 우리 사업은 안정적인 성장을 이루며 시장에서 경쟁력을 강화할 수 있습니다.

프롬프팅 17

 12개월 동안 주요 추진내용에 대한 단계별 일정을 월 단위 및 분기단위로
분류해서 테이블 형식으로 작성해주세요.

분기	월	주요 추진 내용
1분기	1월	사업계획 수립 및 인력 구성
	2월	시장조사 및 분석, 기술개발 시작
	3월	기술개발 진행, 애플리케이션 프로토타입 개발 시작
2분기	4월	애플리케이션 프로토타입 개발 진행 및 테스트
	5월	베타 테스트 준비, 초대형 사용자 및 파트너 기관 모집
	6월	베타 테스트 진행 및 피드백 수집, 개선 작업 시작
3분기	7월	개선 작업 진행 및 최종 테스트, 마케팅 전략 수립
	8월	공식 서비스 론칭, 마케팅 활동 시작
	9월	고객 확보 및 지속적인 마케팅 활동, 서비스 안정화
4분기	10월	고객지원 및 유지보수, 신규 파트너십 협력 착수
	11월	지속적인 기술개선 및 서비스 확장, 신규시장 진출계획
	12월	연말정산 및 사업성과 평가, 내년 사업계획 수립

이 테이블은 12개월 동안의 주요 추진내용을 월 단위 및 분기 단위로
분류해 작성한 것입니다. 이를 통해 사업의 전반적인 진행 상황을 쉽게
파악하고, 각 단계별 목표를 세우고 실행할 수 있습니다. 이렇게 체계적으
로 추진계획을 관리하면 사업의 성공 가능성이 높아질 것입니다.

지금까지 17개의 프롬프팅을 통해서 입주지원서 및 창업계획서를 작

성해보았습니다. 위의 내용들을 연결하면 하나의 기획서가 출력됩니다. 세부사항에 대해서는 당연히 최 대표님께서 조정해야 합니다. 대표님께서 어떤 추가정보를 입력하고 정보를 제공하느냐에 따라 원하시는 결과물을 얻을 수 있습니다. 참고로 이 프롬프팅은 3시간 안에 정리한 것입니다. 공공기관에 종사했던 제 경험에 비추어서 실제 최 대표님을 비롯한 다른 분들께서 혼자서 이와 같은 기획서를 작성한다면 최소 사흘에서 일주일 정도의 시간은 필요할 겁니다. 물론 인터넷 검색에서 유사한 자료를 찾으셨다면, 시간은 더 단축이 가능할 듯합니다. 지금까지 창업 보육을 위한 전문 비즈니스 컨설턴트로, 대표님의 프로젝트에 대한 입주제안서와 창업계획서 작성을 도와드리게 되어 기뻤습니다.

1. 프로젝트 개요: 대표님이 추진하려는 프로젝트는 교육용 챗봇 및 소상공인 대상 마케팅 플랫폼 개발로, 그 목표와 비전이 명확합니다. 입주신청 동기는 이러한 기술개발을 보육센터에서 전문 지원을 받으며 더 효과적으로 진행하고자 하는 것으로 이해됩니다.

2. 기술 개요: ChatGPT API를 활용한 교육용 챗봇과 디지털 마케팅 플랫폼은 현재 교육과 중소기업 분야에서 많은 관심을 받고 있습니다. 이에 대한 국내외 기술 현황, 기술의 우수성, 파급효과와 활용방안 등은 차별화된 경쟁력을 제시할 수 있는 중요한 부분입니다.

3. 시장분석: 프로젝트의 성공을 위해 국내외 시장 규모와 특성, 주요 수요처 현황, 동종업체 현황 등의 전반적인 시장분석이 필요합니다.

4. 마케팅 및 경영전략: 마케팅 전략, 판매경로, 가격 경쟁력 등을 세밀하게 계획해 사업화의 성공 가능성을 높일 수 있습니다.

5. 사업화 추진계획: 구체적인 추진 일정, 내용, 방법 등을 테이블 형식

으로 작성해 사업의 실행계획을 체계화하겠습니다.

6. 재무계획: 예상 소요자금 및 자금조달 계획은 프로젝트의 핵심 부분으로, 신중한 계획이 필요합니다. 테이블 형식으로 세부 내용을 정리하면 더 명확한 전략을 세울 수 있습니다.

7. 지원 희망사항 및 추진 일정: 대표님의 프로젝트가 성공적으로 진행될 수 있도록 필요한 지원 사항과 12개월 동안의 주요 추진 일정을 정리하겠습니다. 다음은 사업계획서 작성해보겠습니다.

지금까지 최 대표님과 함께 입주계획서와 창업계획서를 작성해보았습니다. 예비 창업자분들에게는 창업한 이후, 아이템 선정에서 사업계획서까지 많은 서류가 앞을 가로막고 있습니다. 이제는 프롬프팅을 통해서 손쉽게 이를 처리할 수 있습니다. 이러한 계획을 바탕으로, 창업보육센터의 입주를 성공적으로 이루고, 대표님의 비전을 현실화하는 데 기여하고자 최선을 다하겠습니다. 진전이 있으면 언제든지 연락주시기 바랍니다.

07 │ 사회 서비스 기관에서 상담 매뉴얼 제작하기

박진심 님의 프로필
생년: 1975년 │ 직장: 서울 강동새일소개센터 │ 직위: 상담사

상황 및 배경:
- 여성 경력단절 문제와의 만남: 박진심 님은 여성 경력단절 문제와 밀접한 관련이 있습니다. 오랜 기간 가정에서 주부로 생활하다가, 고용노동부의 재취업사업을 통해 서울 강동새일소개센터에서 2년 계약직으로 입사하게 되었습니다.
- 상담사로서 역할: 현재 상담사로 종사 중인 박진심 님은 자신과 같은 경력단절 여성들에게 도움이 될 수 있도록 상담 매뉴얼 작성 업무를 담당하고 있습니다.
- 업무의 어려움: 문서작성 등의 업무에서 어려움을 겪었음에도, 다른 여성들에게 도움을 주기 위해 노력하고 있습니다.

개인적 특성 및 비전:
박진심 님은 자신의 경험을 통해 여성 경력단절 문제에 대한 심도 있는 이해를 가지고 있습니다. 그녀의 업무는 단순한 직무수행을 넘어서, 많은 여성이 직장으로 복귀할 수 있는 길을 열어주는 사회적 의미가 담겨 있습니다. 문서작성과 같은 업무의 어려움이 있지만, 그녀의 열정과 노력은 다른 여성들에게 희망과 용기를 주고 있으며, 앞으로도 지속될 것으로 보입니다.

박진심 님 안녕하세요, 서울 강동새일소개센터의 상담사로서 중요한 업무와 노력에 대해 듣고, 이를 도와드리고자 합니다. 경력단절 여성들을 위한 상담 매뉴얼 작성은 매우 중요한 일이며, 이를 위해 ChatGPT를 활용하는 방법을 안내해드리겠습니다.

1. 목표설정

먼저 작성하고자 하는 '사회 서비스 기관 상담 매뉴얼'의 구체적인 목표와 대상자를 설정합니다. 이는 매뉴얼의 효과를 극대화하는 데 중요합니다.

2. ChatGPT 활용법

ChatGPT는 문장 생성과 편집 작업에서 큰 도움이 될 수 있습니다. 아래의 프롬프트를 참고해보세요.

- 상담 매뉴얼 초안 작성

ChatGPT, 경력단절 여성들을 위한 재취업 상담 매뉴얼을 작성해야 합니다. 첫 장에는 상담의 중요성과 기본 접근 방법에 대해 설명해주세요.

- 특정 주제에 대한 정보수집

ChatGPT, 여성의 경력단절 문제와 관련된 통계와 연구 자료를 요약해주세요.

3. 수정 및 편집

ChatGPT가 제공하는 내용은 기본 틀로 사용할 수 있으며, 실제 상황과 대상자에 맞게 추가 수정 및 편집이 가능합니다.

위의 내용이 기본적인 사항입니다. 이제 박진심 님과 프롬프팅을 해보겠습니다.

사회 서비스 기관 중에서 여성 일자리 관련 주요 단체의 사무에 어떻게 GAI를 활용할 수 있을까요? 이것은 일자리 관련 사업을 추진하는 기관들에게 맞춤형 여성 일자리를 제공할 수 있는 단초가 되리라 판단합니다. GAI와의 프롬프팅을 통해 함께해보겠습니다. 현재 ChatGPT, MS 빙, 구글 바드, 뤼튼 중에서, 바드와 뤼튼을 통해서 검색해보고, 사회 서비스

기관종사자들이 GAI를 효율적으로 사용하는 방식을 시도했습니다. 뤼튼에 대해서 아쉬움은 한 번의 프롬프팅의 정교함으로 내용물을 출력하는 방식을 선호한다는 점이다. 이는 초기 사용자들을 모을 수는 있으나, 실제로 업무에 적용할 수 있는 수준으로 사용하려면 대화형에 접근하는 방식이 필요하다. 물론 가장 큰 취약점은 맞춤법에 대한 오류입니다. 왜 뤼튼만 이럴까요? 대한민국 뤼튼의 개선을 희망합니다. 이 장에서는 검색은 바드를 사용해서 기본정보를 확인하고, 세부사항에 대한 문서작성은 ChatGPT를 활용해서 결과물을 출력을 할 것입니다. 박진심 님 이제 검색부터 시작해보겠습니다.

 대한민국에 여성 일자리 관련 주요 공공기관은 얼마나 있으며, 17개 광역시도에 대표적인 기관을 알려주시오.

✦.Bard 대한민국에 여성 일자리 관련 주요 공공기관은 17개 광역시도에 총 100여 개가 있습니다. 대표적인 기관은 다음과 같습니다.

서울특별시: 서울여성플라자, 서울여성가족재단, 서울YWCA

부산광역시: 부산여성회관, 부산YWCA

대구광역시: 대구여성회관, 대구YWCA

인천광역시: 인천여성회관, 인천YWCA

광주광역시: 광주여성회관, 광주YWCA

대전광역시: 대전여성회관, 대전YWCA

울산광역시: 울산여성회관, 울산YWCA

경기도: 경기도여성플라자, 경기도여성가족재단, 경기도YWCA

강원도: 강원도여성플라자, 강원도여성가족재단, 강원도YWCA

충청북도: 충청북도여성플라자, 충청북도여성가족재단, 충청북도YWCA

충청남도: 충청남도여성플라자, 충청남도여성가족재단, 충청남도YWCA

전라북도: 전라북도여성플라자, 전라북도여성가족재단, 전라북도 YWCA

전라남도: 전라남도여성플라자, 전라남도여성가족재단, 전라남도 YWCA

경상북도: 경상북도여성플라자, 경상북도여성가족재단, 경상북도 YWCA

경상남도: 경상남도여성플라자, 경상남도여성가족재단, 경상남도 YWCA

제주특별자치도: 제주특별자치도여성플라자, 제주특별자치도여성가족
재단, 제주특별자치도 YWCA

이러한 기관들은 여성의 취업, 창업, 일자리 교육, 경력 개발, 일과 생활의
균형 등 다양한 분야에서 여성의 권익 향상과 삶의 질 향상을 위해 노력하
고 있습니다.

뤼튼은 잘하는지를 파악하기 위해서 사용한 측면이 있습니다.

(검색모드에 입력함)

대한민국에 여성 일자리 관련 주요 공공기관은 얼마나 있으며, 17개 광역
시도에 대표적인 기관을 알려주시오.

대한민국에는 여성 일자리 관련해 여러 공공기관이 있습니다. 아래는 17
개 광역시도에서 대표적인 기관입니다.

서울특별시: 서울여성가족재단

부산광역시: 부산여성가족진흥원

대구광역시: 대구여성가족진흥원

인천광역시: 인천여성가족진흥원

광주광역시: 광주여성가족진흥원

대전광역시: 대전여성가족진흥원

울산광역시: 울산여성가족진흥원

세종특별자치시: 세종여성가족진흥원

경기도: 경기여성인력개발원

강원도: 강원여성가족진흥원

충청북도: 충북여성가족진흥원

충청남도: 충남여성가족진흥원

라북도: 전북여성가족진흥원

전라남도: 전남여성가족진흥원

경상북도: 경북여성가족진흥원

경상남도: 경남여성가족진흥원

제주특별자치도: 제주여성가족진흥원

여성분들의 일자리 창출을 위해 많은 노력이 이루어지고 있습니다. 더 많은 정보는 해당 기관의 홈페이지에서 확인해주세요!

주제별 정책자료 여성가족부
□ 링크

참 많이 있지요? 뤼튼의 생성에서 특이할 점은 주제별 정책자료 여성가족부의 링크를 제공한다는 점이었습니다. 이는 2015년 자료였지만, 바드는 여성 일자리 관련 기관이 100여 개 있다는 것을 대답한 반면, 뤼튼은 검색 링크를 제공했다는 차이점이 있다(우리가 찾는 정보는 아니었습니다).

첫 번째 프롬프팅을 통해서 전국상황을 살펴보았다면, 이번에는 바드에게 서울지역을 한정해 프롬프팅해보았습니다.

 서울에서 여성 일자리 제공을 전문으로 하는 기관을 알려주시오.

✦ Bard 서울에서 여성 일자리 제공을 전문으로 하는 기관은 다음과 같습니다.

서울특별시여성능력개발원
서울특별시여성발전센터
서울특별시여성인력개발센터
서울YWCA
한국YWCA연합회
한국여성재단
한국여성정책연구원
한국여성노동자회
한국여성민우회
한국여성단체연합

이러한 기관들은 여성의 취업, 창업, 일자리 교육, 경력 개발, 일생활 균형 등 다양한 분야에서 여성의 권익 향상과 삶의 질 향상을 위해 노력하고 있습니다.
이 중에서 '서울특별시여성능력개발원'을 선정했다.

위에서 생성된 내용에서 검색된 웹 사이트 주소(url)를 입력해서 바드에게 홈페이지에 있는 내용을 수집하라고 지시해보았습니다.

[https://swrd.seoulwomanup.or.kr/wrd/common/cntnts/select Contents.do?cntnts_id=W9700014]

위의 url에서 서울특별시여성개발원의 주요사업에 대해서 정리해주시오.

✦.Bard 서울특별시여성개발원은 여성의 경제적 자립과 사회참여를 지원하기 위해 설립된 기관입니다. 주요 사업은 다음과 같습니다.

취업교육: 여성의 취업역량을 강화하기 위한 교육을 제공합니다.
창업지원: 여성의 창업 아이디어를 발굴하고 지원합니다.
여성친화적 일자리 창출: 여성이 일하기 좋은 환경을 조성합니다.
여성의 권익 증진: 여성의 권익을 보호하고 증진합니다.
여성의 사회참여: 여성의 사회참여를 확대합니다.
서울특별시여성개발원은 여성의 경제적 자립과 사회참여를 지원하기 위해 최선을 다하고 있습니다.

서울특별시여성능력개발원의 url을 복사한 다음 주요사업 리스트를 파악했습니다. 실질적인 교육을 제공하는 서울특별시여성개발원 산하기관 중에서 '가나다라' 순서로 가장 앞에 있는 서울시 강동여성인력개발센터를 선정했습니다.

강동새일소개에서는 강동여성새로일하기센터는 경력단절 여성에게 직업상담에서 직업교육, 취업 연계, 취업 후 사후관리에 이르기까지 취업 지원 서비스를 One-Stop으로 지원하는 여성가족부 · 고용노동부 지정

여성 취업 전문기관입니다.

홈페이지에 있는 간단한 정보를 이용해서 이 과정에 알맞은 1대 1 맞춤 상담을 시작해 알맞은 교육 프로그램을 추천 및 교육하고 취업지원을 할 수 있는 사업계획서를 작성해보겠습니다. 제가 공공기관에서 근무한 경력을 바탕으로 이와 같은 문서를 작성하는 데 필요한 인력 및 시간은 최소 3명이 2개월의 시간이 소요됩니다. GAI와 함께 찾아보겠습니다.

첫째, 홈페이지에 나와 있는 내용을 복사해서 ChatGPT에게 붙여넣기부터 시작하겠습니다. 이제부터는 ChatGPT에게로 넘어와서 작성해보겠습니다.

프롬프팅 1

☞ 역할을 부여해주고, 세부적인 주제를 함께 제시해줍니다.

이제 역할부여는 쉽게 할 수 있으시죠? 역할과 함께 세부적인 업무 매뉴얼을 작성해보겠습니다.

 당신은 여성 일자리 기관의 컨설턴트다. 나는 '서울특별시강동여성인력개발센터'의 주요업무 중 '강동새일소개'에 대한 세부적인 업무 매뉴얼을 작성할 예정이다. 나를 도와줄 준비가 되었는가?

물론이죠! 서울특별시 강동여성인력개발센터의 '강동새일소개' 업무 매뉴얼 작성에 도움이 될 수 있도록 내용을 준비하겠습니다. 다만 세부적 내용은 해당 업무와 관련된 구체적 정보나 프로세스가 필요하므로 이에 관해 자세하게 설명해주시면 더 도움이 될 것 같습니다. 아래는 일반적인 매뉴얼 작성의 구조를 예시로 든 것입니다.

'강동새일소개' 업무 매뉴얼

1. 서론
· '강동새일소개' 업무의 목적과 중요성에 대한 간략한 소개
2. 업무 개요
· 업무의 전체적인 흐름과 각 단계별 작업 내용 요약
3. 업무 세부 절차
· 업무를 수행하기 위한 세부적인 단계별 가이드라인
· 첫 번째 단계: (세부 내용)
· 두 번째 단계: (세부내용)
4. 참고자료
· 업무를 수행하는 데 필요한 참고자료 및 유용한 리소스
5. FAQ
· 업무를 수행하며 자주 발생할 수 있는 질문과 답변
6. 결론
· 업무에 대한 마무리와 필요 시 추가적인 정보 제공을 위한 연락처 등
위의 정보를 바탕으로 강동새일소개 업무에 대한 세부적인 내용을 알려주시면, 저는 그에 맞는 매뉴얼을 작성하는 데 도움을 드릴 수 있습니다.

☞ 위의 생성된 내용은 일반적인 내용입니다. 이제 세부적인 내용을 전개하겠습니다. 업무의 6가지 과정을 복사해서 입력창에 붙이기를 해서 시작합니다. 물론 '위의 내용을 참고로 해~' 하면서 시작할 수도 있습니다.

프롬프팅 2

☞ 구체적인 토픽을 입력해줍니다.

위의 내용 중에서 '강동새일소개'에 대한 STEP 01부터 STEP 06까지에
대한 세부 내용을 작성할 예정이다. 아래의 내용 중 STEP 01의 주제는 직
업상담이다. 센터의 직원이 1:1 맞춤 개인상담을 성공적으로 수행하기 위
해 효과적인 1:1 직업상담 기법을 추천해주세요.

다양한 채용정보 제공과 함께, 각 채용에 대한 자세한 정보 및 지원 방법
에 대해 안내합니다.

집단상담 프로그램
여러 사람들의 공통된 문제나 고민에 대해 함께 논의하고 해결책을 찾는
프로그램을 운영합니다.

1.7 찾아가는 취업지원 서비스:
필요한 경우, 개인의 상황에 맞춰 직접 찾아가는 형태의 취업지원 서비스
를 제공합니다. 이는 상담받는 사람이 보다 편안한 환경에서 상담을 받을
수 있도록 합니다.

각 단계에서 중요한 점은 상담받는 사람의 입장에서 이해하고 그들의 요
구와 상황에 맞춘 서비스를 제공하는 것입니다. 이를 통해 신뢰를 구축하
고 효과적인 직업상담이 이루어질 수 있습니다.

위의 생성물에서 기본적인 사항을 생성한 후, 페르소나 기법을 활용한
(어떤 제품이나 혹은 서비스를 개발하기 위해 시장과 환경 그리고 사용자들을 이해
하기 위해 사용되는데 어떤 특정한 상황과 환경 속에서 어떤 전형적인 인물이 어떻

게 행동할 것인가에 대한 예측을 위해 실제 사용자 자료를 바탕으로 개인의 개성을 부여해 만들어진다) 면접 매뉴얼을 작성하려고 합니다.

프롬프팅 3

☞ 토픽을 통해서 찾은 내용에서 비즈니스에 응용할 프레임으로 생성합니다.

 위의 내용에서 페르소나 기법을 사용해 객관식 항목으로 선택할 수 있도록 재작성해주시오.

 페르소나 기법을 사용해, 1:1 맞춤 개인상담을 위한 질문지를 생성하겠습니다. 이 표는 상담자가 상담을 진행하면서 상담 대상자의 개인적인 상황과 목표를 파악하는 데 도움이 될 것입니다.

페르소나 카테고리	질문
기본정보	1. 이름은 무엇인가요?
	2. 나이는 어떻게 되요?
	3. 현재 거주하는 지역은 어디인가요?
학력 및 경력	4. 최종 학력은 무엇인가요?
	5. 전공은 무엇인가요?
	6. 이전에 경험해보신 직업은 무엇인가요?
직업 관련 관심사	7. 어떤 종류의 직업에 관심이 있나요?
	8. 관심 있는 직업에 대한 특정 이유가 있나요?
개인 능력 및 목표	9. 어떤 능력이나 스킬을 보유하고 계신가요?
	10. 직업에 관련된 단기 및 장기 목표는 무엇인가요?

페르소나 카테고리	질문
직업선택에 대한 기대치	11. 새로운 직업을 선택하는 데 있어 가장 중요하다고 생각하는 요소는 무엇인가요?
	12. 새 직업을 통해 이루고 싶은 것은 무엇인가요?

이러한 질문지를 사용해 상담 대상자의 상황을 이해하고, 그에 따른 맞춤형 직업상담을 제공하는 것이 중요합니다. 이 출력된 내용을 엑셀로 옮겨갈 수 있습니다. 물론 구글 바드로 생성하면 구글 드라이브로 보내실 수 있습니다. 플러그인을 사용하면 원문형식으로 가져가실 수 있습니다.

프롬프팅 4
세부조정을 통해서 원하는 내용을 심화시킵니다

위의 내용에서 7, 9, 11번의 질문을 객관식 항목으로 선택할 수 있도록 재작성해주시오.

예, 객관식 항목으로 변경해 아래와 같이 수정하겠습니다.

페르소나 카테고리	질문	선택사항
직업 관련 관심사	7. 어떤 종류의 직업에 관심이 있나요?	A. 사무직 B. 서비스직 C. 판매/마케팅 D. IT/프로그래밍 E. 디자인 F. 기타
개인 능력 및 목표	9. 어떤 능력이나 스킬을 보유하고 계신가요?	A. 컴퓨터 스킬 B. 커뮤니케이션 능력 C. 리더십 D. 문제 해결 능력 E. 창의성 F. 기타
직업선택에 대한 기대치	11. 새로운 직업을 선택하는 데 있어 가장 중요하다고 생각하는 요소는 무엇인가요?	A. 급여 B. 직업의 안정성 C. 일과 생활의 균형 D. 업무와 관련된 흥미 E. 상사나 동료와의 관계 F. 발전 가능성 G. 기타

이런 형식의 질문지는 상담자가 상담 대상자의 상황을 빠르게 파악하는 데 도움이 될 것입니다.

아래의 내용은 두 결과물을 재편집한 내용이다.

질문	질문
기본정보	1. 이름은 무엇인가요?
	2. 나이는 어떻게 되나요?
	3. 현재 거주하는 지역은 어디인가요?
학력 및 경력	4. 최종 학력은 무엇인가요?
	5. 전공은 무엇인가요?
	6. 이전에 경험해보신 직업은 무엇인가요?
직업 관련 관심사	7. 어떤 종류의 직업에 관심이 있나요? A. 사무직 B. 서비스직 C. 판매/마케팅 D. IT/프로그래밍 E. 디자인 F. 기타
	8. 관심 있는 직업에 대한 특정 이유가 있나요? A. 컴퓨터 스킬 B. 커뮤니케이션 능력 C. 리더십 D. 문제 해결 능력 E. 창의성 F. 기타
개인 능력 및 목표	9. 어떤 능력이나 스킬을 보유하고 계신가요?
	10. 직업에 관련된 단기 및 장기 목표는 무엇인가요?
직업선택에 대한 기대치	11. 새로운 직업을 선택하는 데 있어 가장 중요하다고 생각하는 요 A. 급여 B. 직업의 안정성 C. 일과 생활의 균형 D. 업무와 관련된 흥미 E. 상사나 동료와의 관계 F. 발전 가능성 G. 기타소는 무엇인가요?
	12. 새 직업을 통해 이루고 싶은 것은 무엇인가요?

이러한 질문지를 사용해 상담 대상자의 상황을 이해하고, 그에 따른 맞춤형 직업상담을 제공하는 것이 중요합니다.

☞ 현재의 ChatGPT는 문서의 양식을 복사해서 붙이기를 할 때, 옵션에서 원본서식 붙이기를 하면 원래의 표양식으로 출력할 수 있습니다.

위에서 제시해준 결과물을 엑셀로 통계를 낼 수 있는 형식으로 재작성해 주시오.

엑셀을 활용해 통계를 내는 경우에는, 각 항목별 선택사항이 쉽게 계산될 수 있도록 아래와 같이 엑셀 양식에 맞게 재작성하겠습니다.

번호	이름	나이	거주지역	최종 학력	전공	이전 경험 직업	직업 관심사	보유 스킬	직업 관심사	직업선택 중요 요소
예시	홍길동	30	서울	대학교 졸업	경영학	마케팅	C. 판매/ 마케팅	B. 커뮤니케 이션 능력	브랜드 매니저	D. 업무와 관련된 흥미

이 표는 엑셀의 데이터 입력란을 나타냅니다. 이 데이터를 바탕으로 다양한 통계를 내거나 분석할 수 있습니다. 예를 들어, '직업 관심사', '보유 스킬', '직업선택 중요 요소' 등 객관식 항목에 대해 각 항목별로 몇 명이 선택했는지 세어볼 수 있습니다. 이런 정보는 상담 프로그램이나 교육 커리큘럼을 개선하는 데 유용한 피드백을 제공할 수 있습니다.

☞ 위의 결과물을 복사한 후 엑셀로 붙이기를 하면, 다음과 같이 데이터베이스를 확보할 수 있다.

	A	B	C	D	E	F	G	H	I	J	K
1	번호	이름	나이	거주지역	최종 학력	전공	이전 경험 직업	직업 관심 사	보유 스킬	직업 목표	직업 선택 중요 요소
2	예시	홍길동	30	서울	대학교 졸 업	경영학	마케팅	C. 판매/마 케팅	B. 커뮤니케 이션 능력	브랜드 매 니저	D. 업무와 관련된 흥 미
3											
4											
5											
6											
7											
8											
9											
10											

이 결과물은 프롬프팅을 통해서, 현재 구글 바드는 이 기능이 없어서 실제 사용하시기에 불편하지만, 업데이트 시 이 기능이 추가되리라 생각

됩니다. 저장된 데이터를 통해 손쉽게 맞춤형 일자리에 추천할 수 있습니다. 계속해서 취업정보 제공으로 진행해보겠습니다.

☞ 우선 위에서 입력한 자료를 다시 복사 붙이기를 합니다. 이렇게 입력된 정보를 반복해서 사용하는 것은 ChatGPT에게 일관성 있는 결과물을 출력하기 위해서입니다.

프롬프팅 5
세부조정을 통해서 원하는 내용을 항목별로
계속 대화하기를 이어갑니다

아래의 내용을 근거로 '강동새일소개'에 대한 STEP 01부터 STEP 06까지에 대한 세부 내용을 작성할 예정이다. 아래의 내용 중 STEP 01의 주제는 직업상담이다. 센터의 직원이 2. 취업정보 제공을 효과적으로 수행하기 위한 효과적인 업무처리 과정을 생성해주시오.

[강동새일소개 상담 매뉴얼]

강동여성새로일하기센터는 경력단절 여성에게 직업상담에서 직업교육, 취업 연계, 취업 후 사후관리에 이르기까지 취업지원 서비스를 One-Stop으로 지원하는 여성가족부·고용노동부 지정 여성 취업 전문기관입니다.

STEP 01: 직업상담
1. 1:1 맞춤 개인상담
2. 취업정보 제공
3. 집단상담 프로그램

4. 찾아가는 취업지원 서비스

STEP 02
직업교육훈련
국비지원 전문직업교육취업지원교육희망사회 프로젝트(대상자 월 30만
원 지원)

STEP 03
취업지원
맞춤형 취업알선동행 면접이력서·자기소개서 클리닉구인·구직 만남의 날

STEP 04
사후관리
직장 내 고민 상담 취업자 상담관리 경력단절 예방 프로그램 직장방문 서
비스

STEP 05
새일인턴제
채용장려를 위한 지원금 지원(1인 총 380만 원 한도 지원 / 참여기업 320
만 원, 인턴 60만 원)

 '취업정보 제공' 업무에 대한 효과적인 업무처리 과정은 아래와 같이 단계
별로 구성될 수 있습니다.

단계 1: 취업정보 수집
다양한 채용 플랫폼, 기업 웹 사이트, 채용공고, 취업 박람회 등 다양한 소
스에서 취업정보를 수집합니다.
각 채용공고의 주요 내용을 파악하며, 특히 여성이 이용하기에 적합한 채
용공고를 우선적으로 탐색합니다.

단계 2: 취업정보 분류 및 저장
수집한 취업정보를 적절하게 분류하고, 내부 데이터베이스에 저장합니다. 이는 직종, 위치, 채용 수준(신입/경력), 산업 분야 등에 따라 구분될 수 있습니다.

단계 3: 취업정보 맞춤 제공
상담자가 상담하는 클라이언트의 취업목표, 경력, 스킬, 관심 분야 등을 파악한 후, 이에 맞는 취업정보를 클라이언트에게 제공합니다.
이는 상담 세션 동안 직접적으로 이루어질 수 있고, 이메일 뉴스레터나 웹사이트를 통해 간접적으로 이루어질 수도 있습니다.

단계 4: 취업정보 업데이트 및 관리
채용공고는 주기적으로 변경되며, 새로운 채용정보가 지속적으로 등장하므로, 센터의 취업정보 데이터베이스를 최신 상태로 유지하는 것이 중요합니다.
또한 상담자는 각 클라이언트의 상황 변화에 따라 맞춤형 취업정보를 제공하는 데 필요한 정보를 업데이트해야 합니다.

이러한 단계를 통해 '취업정보 제공' 업무는 고객에게 가장 적합한 채용정보를 제공하며, 이를 통해 그들의 취업 과정을 지원하는 역할을 수행합니다.

위와 같은 결과물을 얻었습니다. 이에 대한 정보수집을 위해 웹 크롤링을 사용한 방법에 대해 알아보기 위해 다음과 같은 질문을 해보았습니다.

프롬프팅 6
이제는 코딩까지

 위의 내용 중 1단계 취업정보 수집, 2단계 취업정보 분류 및 저장을 할 수 있는 웹 크롤링 등의 기본적인 방법을 설명해주시오.

 웹 크롤링은 웹 페이지의 데이터를 자동으로 추출하는 과정입니다. 이는 공개적으로 이용 가능한 채용정보를 수집하는 데 사용될 수 있습니다. 이에 대해 좀 더 자세히 알아보겠습니다.

1. 웹 크롤링으로 취업정보 수집
웹 크롤링을 이용해 취업정보를 수집하는 과정은 아래와 같습니다.

2. 웹 사이트 선택: 채용정보를 제공하는 웹 사이트를 선택합니다. 이는 인기 있는 채용 포털, 기업 웹 사이트, 정부 웹 사이트 등이 될 수 있습니다.

3. 웹 크롤러 설정: 웹 크롤러를 설정해 특정 웹 사이트의 HTML을 파싱* 할 수 있도록 합니다. 이때 어떤 정보를 추출할 것인지(예: 채용공고 제목, 회사 이름, 채용 분야, 지원 마감일 등) 정의해야 합니다.
[* 파싱: 주어진 데이터(여기서는 HTML)를 의미있는 정보의 단위로 분해하고 이해하는 과정]

4. 정보추출: 설정된 크롤러가 웹 페이지를 방문하며, 페이지의 HTML에서 필요한 정보를 추출합니다.

5. 크롤링 주기 설정: 채용공고는 주기적으로 업데이트되므로, 웹 크롤러도 정기적으로 새로운 정보를 수집하도록 설정해야 합니다.

6. 취업정보 분류 및 저장

크롤링을 통해 얻은 채용정보는 분류 및 저장하는 과정을 거칩니다.

7. 데이터 정제: 크롤링을 통해 얻은 데이터는 종종 불필요한 요소(HTML 태그, 광고 텍스트 등)를 포함하므로, 이를 제거하고 필요한 정보만을 남깁니다.

8. 데이터 분류: 데이터를 분류하는 과정에서는, 예를 들어, 직종, 산업, 위치 등에 따라 채용정보를 분류합니다.

9. 데이터 저장: 분류된 데이터를 데이터베이스에 저장합니다. 이 데이터베이스는 추후 취업정보 제공 서비스에 사용될 수 있습니다.

이러한 과정을 거치면 웹 크롤링을 통해 취업정보를 수집하고, 분류하고, 저장할 수 있습니다. 그러나 웹 크롤링에는 해당 웹 사이트의 이용약관을 준수해야 하며, 저작권 및 개인정보 보호 등의 법적 문제에 유의해야 합니다.

이외에도 머신러닝 및 자연어 처리기술을 활용하면, 크롤링된 채용정보를 분석해 더욱 맞춤화된 정보 제공이 가능해집니다. 예를 들어, 텍스트 분석을 통해 채용공고의 특징을 파악하거나, 사용자의 이력서와 채용공고를 비교해 가장 적합한 채용공고를 추천하는 등의 기능을 구현할 수 있습니다.

위의 결과물을 얻었습니다. 이 장에서는 파이썬을 이용해서 웹 크롤링을 위한 코딩은 하지 않습니다. 코딩의 영역으로 확대하면, 실제로 정보를 1대 1 직업매칭을 해줄 수 있습니다. 향후 코딩 출력이 25,000단어까지 확대된다면, 더욱더 쉽게 업무처리를 할 수 있을 것이라고 OpenAI에서는 GPT4에서 발표했습니다.

이제 직업상담에서 집단상담 프로그램에 대해서 생성해보겠습니다. 이를 위해서 다음과 같은 프롬프팅을 시행했습니다. 방법은 위에서 수행한 방법과 동일합니다.

프롬프팅 7
프롬프팅은 대화입니다

위에서 대화를 했던 내용에서 '강동새일소개'에 대한 STEP 01부터 STEP 06까지에 대한 세부 내용을 작성할 예정이다. 아래의 내용 중 STEP 01의 주제는 직업상담이다. 센터의 직원이 집단상담 프로그램을 효과적으로 수행하기 위한 효과적인 업무처리 과정을 생성해주시오.

집단상담 프로그램은 개인들이 공통의 이슈나 목표를 가진 그룹 내에서 서로 공유하고, 문제를 해결하는 데 도움을 주는 효과적인 상담방법입니다. 여기에는 다음과 같은 효과적인 방법이 있습니다.

1. 준비단계: 상담 주제 설정 및 참여자 모집
상담 주제는 참여자들의 공통적인 이슈나 관심사를 반영해야 합니다. 예를 들어, 이력서 작성법, 면접 준비 전략 등 취업과 관련된 주제를 선택할 수 있습니다.
참여자 모집은 상담 주제와 관련된 목표 그룹을 대상으로 이루어져야 합니다.

2. 상담구조 및 방법설정
각 상담 세션은 뚜렷한 목표를 갖고 있어야 합니다. 이는 참여자들이 세션의 목적을 이해하고, 세션 참여에 대한 동기를 부여하는 데 도움이 됩니다. 상담 세션의 구조는 논의 주제, 활동, 그리고 피드백 시간으로 구성될 수 있습니다.

3. 활동 및 실습
이론적인 내용을 바탕으로 실질적인 문제 해결방안을 찾는 실습 활동을 포함하는 것이 좋습니다. 이는 참여자들이 실질적인 도움을 얻을 수 있게 끔 합니다.

4. 피드백 및 평가
각 세션 후에는 참여자들로부터 피드백을 수집하고, 그 피드백을 바탕으로 상담 프로그램을 개선하는 것이 중요합니다. 또한 정기적으로 프로그램 전체를 평가해 그 효과를 측정하는 것이 필요합니다.

5. 지속적인 지원 및 모니터링
상담이 끝난 후에도 참여자들이 계속해서 필요한 지원을 받을 수 있도록 하고, 그들의 발전 과정을 모니터링하는 것이 좋습니다.

이러한 방법을 통해 '강동여성새로일하기센터'에서는 집단상담 프로그램을 효과적으로 운영하고, 참여자들이 취업에 대한 준비를 잘할 수 있게 도움을 줄 수 있습니다.

집단상담 프로그램 부분에 대한 기본적인 내용이 생성되었습니다. 이제 세부적인 사항을 생성해보겠습니다.

프롬프팅 8
세부적인 내용은 구체적 질문이어야 합니다

위의 집단상담 프로그램을 실행할 수 있는 집단상담 프로그램의 진행계획서를 구체적 시간과 세부내용을 포함하고, 진행 시 진행요원의 역할 및 참여자들에게 질문해야 하는 내용을 표의 형식으로 작성하시오. 단 표의 형식은 다음의 순서를 포함하시오. 단 집단상담 시간은 2시간이다.

시간/토픽/ 진행방식/ 진행요원의 역할/ 참여자에 대한 질문

아래 표는 2시간 동안의 집단상담 프로그램을 위한 시간표입니다.

시간	시간	진행방식	진행요원의 역할	참여자에 대한 질문
13:00 - 13:10	소개	개인 자기소개	프로그램을 소개하고 참여자들을 환영하는 역할	자신에 대해 간략히 소개해보세요.
13:10 - 13:30	취업에 대한 이해	토론 및 Q&A	토론을 주도하고, 참여자들의 질문에 응답하는 역할	자신이 취업에 대해 가장 중요하게 생각하는 것은 무엇인가요?
13:30 - 14:00	이력서 작성 방법	워크샵	이력서 작성 방법을 설명하고 지원하는 역할	이력서 작성 시 가장 어려운 부분은 무엇인가요?
14:00 - 14:30	면접 준비 전략	토론 및 Q&A	토론을 주도하고, 참여자들의 질문에 응답하는 역할	면접 시 가장 부담스러운 부분은 무엇인가요?
14:30 - 14:50	면접 연습	롤플레이	면접을 모사하며, 참여자들의 역할 연기를 돕는 역할	이 면접에 대해 어떤 피드백을 받고 싶나요?
14:50 - 15:00	마무리 및 피드백 수집	피드백 시간	피드백을 수집하고, 다음 상담 세션에 대해 알리는 역할	이 세션에서 가장 유익했던 부분은 무엇인가요?

이 진행계획서는 참여자들에게 취업 준비에 필요한 다양한 주제를 탐색하고 실제 취업 활동에 활용할 수 있는 실질적인 도구를 제공하는 데 목표를 두고 있습니다. 실제로 집단상담 프로그램에 대한 세부적인 자료

를 입력하면, 더 세부적인 사항을 알 수 있습니다. 이 표를 통해서, 진행요원은 자신이 기본적으로 어떤 과정을 운영해야 하는가에 대한 기본적인 절차를 습득할 수 있습니다. 기존에 진행했던 자료가 있다면 더 세부적인 내용물을 생성할 수 있습니다.

위의 프롬프팅을 통해서 STEP 01 직업상담 부분을 작성해보았습니다. 이를 하나의 문서로 종합하면, 다음과 같은 보고서가 최종적으로 생성됩니다.

이제 최종 결과물을 확인해보겠습니다.

[서울특별시 강동여성인력개발센터 - 강동새일소개 - 직업소개매뉴얼]

1. 소개:
강동여성새로일하기센터는 경력단절 여성에게 직업상담에서 직업교육, 취업 연계, 취업 후 사후관리에 이르기까지 취업지원 서비스를 One-Stop으로 지원하는 여성가족부·고용노동부 지정 여성취업 전문기관입니다.

2. STEP 01: 직업상담
1:1 맞춤 개인상담
1.1 상담 전 준비
상담자는 상담에 앞서 상담받는 사람의 기본정보를 사전에 확인하고, 상담환경을 안정적이고 편안하게 만드는 것이 중요합니다.

엑셀을 활용한 1:1 상담 기록 엑셀파일 양식									
번호	이름	나이	거주지역	최종 학력	전공	이전 경험 직업	직업 관심사	보유 스킬	직업 관심사	직업선택 중요 요소
예시	홍길동	30	서울	대학교 졸업	경영학	마케팅	C. 판매/ 마케팅	B. 커뮤니케 이션 능력	브랜드 매니저	D. 업무와 관련된 흥미

엑셀을 활용한 질문지

1:1 기본 상담을 위한 페르소나 질문지	
페르소나 카테고리	질문
기본정보	1. 이름은 무엇인가요?
	2. 나이는 어떻게 되나요?
	3. 현재 거주하는 지역은 어디인가요?
학력 및 경력	4. 최종 학력은 무엇인가요?
	5. 전공은 무엇인가요?
	6. 이전에 경험해보신 직업은 무엇인가요?
직업 관련 관심사	7. 어떤 종류의 직업에 관심이 있나요? A. 사무직 B. 서비스직 C. 판매/마케팅 D. IT/프로그래밍 E. 디자인 F. 기타
	8. 관심 있는 직업에 대한 특정 이유가 있나요? A. 컴퓨터 스킬 B. 커뮤니케이션 능력 C. 리더십 D. 문제 해결 능력 E. 창의성 F. 기타
개인 능력 및 목표	9. 어떤 능력이나 스킬을 보유하고 계신가요?
	10. 직업에 관련된 단기 및 장기 목표는 무엇인가요?
직업선택에 대한 기대치	11. 새로운 직업을 선택하는 데 있어 가장 중요하다고 생각하는 요A. 급여 B. 직업의 안정성 C. 일과 생활의 균형 D. 업무와 관련된 흥미 E. 상사나 동료와의 관계 F. 발전 가능성 G. 기타소는 무엇인가요?
	12. 새 직업을 통해 이루고 싶은 것은 무엇인가요?

1.2 개인의 경험과 목표 이해

상담자는 상담받는 사람의 과거 경력, 학력, 관심 분야, 장단점 등을 청취하고 이해하는 것이 필요합니다. 이를 통해 상담받는 사람의 취업목표와 능력을 파악할 수 있습니다.

1.3 맞춤형 직업정보 제공

상담자는 상담받는 사람의 취업목표와 능력에 맞는 직업정보를 제공하며, 해당 직업에 필요한 기술과 자격요건 등에 대해 설명해야 합니다.

1.4 액션 플랜 작성

상담자는 상담받는 사람과 함께 취업을 위한 구체적인 액션 플랜을 작성합니다. 이때, 상담받는 사람이 실현 가능하고 구체적인 목표를 세우도록 도와야 합니다.

1.5 후속 상담 계획

상담자는 상담받는 사람이 액션 플랜을 수행하며 발생할 수 있는 어려움을 예측하고, 이를 해결할 방안을 미리 준비하며, 필요 시 후속 상담을 계획해야 합니다.

취업정보 제공

다양한 채용정보 제공과 함께, 각 채용에 대한 자세한 정보 및 지원 방법에 대해 안내합니다.

〈취업정보 제공을 위한 단계〉

단계 1: 취업정보 수집

다양한 채용 플랫폼, 기업 웹 사이트, 채용공고, 취업 박람회 등 다양한 소스에서 취업정보를 수집합니다.

각 채용공고의 주요 내용을 파악하며, 특히 여성이 이용하기에 적합한 채용공고를 우선적으로 탐색합니다.

단계 2: 취업정보 분류 및 저장

수집한 취업정보를 적절하게 분류하고, 내부 데이터베이스에 저장합니다. 이는 직종, 위치, 채용 수준(신입/경력), 산업 분야 등에 따라 구분될 수 있습니다.

단계 3: 취업정보 맞춤 제공

상담자가 상담하는 클라이언트의 취업목표, 경력, 스킬, 관심 분야 등을 파악한 후, 이에 맞는 취업정보를 클라이언트에게 제공합니다.

이는 상담 세션 동안 직접적으로 이루어질 수 있고, 이메일 뉴스레터나 웹사이트를 통해 간접적으로 이루어질 수도 있습니다.

단계 4: 취업정보 업데이트 및 관리

채용공고는 주기적으로 변경되며, 새로운 채용정보가 지속적으로 등장하므로, 센터의 취업정보 데이터베이스를 최신 상태로 유지하는 것이 중요합니다. 또한 상담자는 각 클라이언트의 상황 변화에 따라 맞춤형 취업정보를 제공하는 데 필요한 정보를 업데이트해야 합니다.

〈 집단상담 프로그램 〉

여러 사람의 공통된 문제나 고민에 대해 함께 논의하고 해결책을 찾는 프로그램을 운영합니다.

집단상담 프로그램은 개인들이 공통의 이슈나 목표를 가진 그룹 내에서 서로 공유하고, 문제를 해결하는 데 도움을 주는 효과적인 상담방법입니다. 여기에는 다음과 같은 효과적인 방법이 있습니다.

1. 준비단계: 상담 주제 설정 및 참여자 모집

상담 주제는 참여자들의 공통적인 이슈나 관심사를 반영해야 합니다. 예를 들어, 이력서 작성법, 면접 준비 전략 등 취업과 관련된 주제를 선택할 수 있습니다.

참여자 모집은 상담 주제와 관련된 목표 그룹을 대상으로 이루어져야 합니다.

2. 상담구조 및 방법=설정

각 상담 세션은 뚜렷한 목표를 갖고 있어야 합니다. 이는 참여자들이 세션의 목적을 이해하고, 세션 참여에 대한 동기를 부여하는 데 도움이 됩니다. 상담 세션의 구조는 논의 주제, 활동, 그리고 피드백 시간으로 구성될 수 있습니다.

3. 활동 및 실습

이론적 내용을 바탕으로 실질적인 문제 해결방안을 찾는 실습 활동을 포함하는 것이 좋습니다. 이는 참여자들이 실질적인 도움을 얻을 수 있게끔 합니다.

4. 피드백 및 평가

각 세션 후에는 참여자들로부터 피드백을 수집하고, 그 피드백을 바탕으로 상담 프로그램을 개선하는 것이 중요합니다. 또한 정기적으로 프로그램 전체를 평가해 그 효과를 측정하는 것이 필요합니다.

5. 지속적인 지원 및 모니터링

상담이 끝난 후에도 참여자들이 계속해서 필요한 지원을 받을 수 있도록 하고, 그들의 발전 과정을 모니터링하는 것이 좋습니다.

이러한 방법을 통해 강동여성새로일하기센터에서는 집단상담 프로그램을 효과적으로 운영하고, 참여자들이 취업에 대한 준비를 잘할 수 있도록 도움을 줄 수 있습니다.

〈예시〉 집단상담 프로그램				
시간	토픽	진행방식	진행요원의 역할	참여자에 대한 질문
13:00 – 13:10	소개	개인 자기소개	프로그램을 소개하고 참여자들을 환영하는 역할	자신에 대해 간략히 소개해보세요.
13:10 – 13:30	취업에 대한 이해	토론 및 Q&A	토론을 주도하고, 참여자들의 질문에 응답하는 역할	자신이 취업에 대해 가장 중요하게 생각하는 것은 무엇인가요?
13:30 – 14:00	이력서 작성 방법	워크샵	이력서 작성 방법을 설명하고 지원하는 역할	이력서 작성 시 가장 어려운 부분은 무엇인가요?
14:00 – 14:30	면접 준비 전략	토론 및 Q&A	토론을 주도하고, 참여자들의 질문에 응답하는 역할	면접 시 가장 부담스러운 부분은 무엇인가요?
14:30 – 14:50	면접 연습	롤플레이	면접을 모사하며, 참여자들의 역할 연기를 돕는 역할	이 면접에 대해 어떤 피드백을 받고 싶나요?

〈예시〉 집단상담 프로그램				
시간	토픽	진행방식	진행요원의 역할	참여자에 대한 질문
14:50 - 15:00	마무리 및 피드백 수집	피드백 시간	피드백을 수집하고, 다음 상담 세션에 대해 알리는 역할	이 세션에서 가장 유익했던 부분은 무엇인가요?

박진심 님과 함께 '강동새일소개 상담 매뉴얼' 초안 작성이 완료되었습니다. 다음 단계로 나아가기 전에, 세부사항과 필요한 부분을 더욱 정밀하게 만드는 작업을 할 수 있습니다. ChatGPT를 활용해 다음과 같은 작업을 진행해볼 수 있습니다.

1. 내용의 세부 검토 및 편집

각 단계별로 제공된 상세 내용을 클라이언트의 특별한 필요에 맞게 수정하거나 추가할 수 있습니다. 예를 들어, 특정 직종이나 산업 분야에 중점을 둔 상담이 필요한 경우 해당 내용을 추가할 수 있습니다.

2. 맞춤형 케이스 스터디 제공

실제 상담사례나 통계자료를 통해 매뉴얼을 더욱 실질적이고 효과적으로 만드는 것도 좋은 방법입니다.

3. 양식 및 디자인 작업

매뉴얼의 전문성을 높이기 위해 양식과 디자인 작업도 중요합니다. ChatGPT는 이 부분에 대한 안내나 제안도 도움을 드릴 수 있습니다.

다른 항목들도 이와 같은 방식으로 진행한다면, 매뉴얼을 제작하는 데 1주일의 시간도 필요하지 않을 겁니다. 우리 기관에서 종사하시는 분들에게는 형식이 가장 중요합니다. 전체적 내용을 생성하는 데 소요된 시간은 4시간 정도였습니다. 저는 이 분야에 대해 전문가가 아닙니다. 아직도 인터넷에서 비슷한 유형의 파일만을 찾나요? 사무현장에서 생성형 AI의 활용은 곧 필수가 될 것입니다.

　박진심 님, ChatGPT 사용이 익숙하지 않았을 텐데, 함께해주셔서 감사합니다. 선생님의 노력과 열정으로 매뉴얼이 성공적으로 완성될 것임을 확신합니다. 재취업을 꿈꾸는 여성들에게 길잡이가 될 이 작업에서 여러분의 손길이 더해지면 그 가치는 더욱 커질 것입니다. 언제든 추가적인 도움이 필요하시면 망설이지 마시고 연락주세요. 취업지원의 새로운 장을 열어가는 여러분의 노력을 응원하며, 항상 건강하시고 행복한 일상이 되길 바랍니다.

08 | 문서작성의 끝판왕 차피곤 주무관
생성형 AI 활용 기획서 만들기

차피곤 프로필
생년: 1990년생

경력:
공무원 경력 7년 차로 다양한 분야의 업무를 수행하며 꾸준한 성장을 이루어왔습니다.

특기사항:
김인문 사무관이 자주 ChatGPT 활용법에 대해 물어보는 특성으로 인해, 기존에도 복잡하고 힘든 업무가 더더욱 힘들게 느껴집니다. 그럼에도 불구하고 사무관의 물음에 정확하고 신속하게 답하는 능력을 지니고 있습니다.
그러나 최근 육아에 집중하지 못해 스트레스를 많이 받고 있습니다.

생각:
최근 인공지능의 발전과 활용도 증가로 인해 ChatGPT를 비롯한 생성형 인공지능에 대해 공부할 필요성을 절감하고 있습니다. 그에 따라 자신의 업무 효율성을 높이기 위해 이 분야에 대한 교육과 학습에 투자하려는 계획을 세우고 있습니다.

레벨16
오늘은 어떻게 지내셨나요? 김인문 사무관님께서 주신 새로운 임무가 도착한 것 같군요! '공공기관에서 생성형 AI 활용 기획서' 작성이라? 헉, 뭔가 대단한 느낌이 드는데요? 걱정하지 마세요, 함께 재미있게 해결해봅시다!

1단계: 문제 인식(또는 왜 나의 휴가는 더 멀어지는가?)

우선 생성형 AI가 무엇인지, 공공기관에서 왜 필요한지 명확히 정의해야 합니다. 그렇다면 어떻게 시작할까요? 예, 당연히 커피 한 잔으로 시작하는 거죠!

2단계: 뇌에 부는 폭풍!(또는 창의성의 폭발!)

아이디어를 내는 게 어려운가요? 생각해보세요, 생성형 AI가 공공기관에서 무엇을 할 수 있을까요? 자동화? 최적화? 아니면 직원들에게 웃음을 주는 로봇 클라운을 만드는 건가요?(이건 아닌 것 같네요).

3단계: 아름다운 미술작품 만들기(또는 파워포인트의 재발견)

기획서를 디자인하면서 재미를 느껴보세요! 누가 기획서를 아름답게 만들어야 한다고 했나요? 그래도 조금 노력해봅시다. 아름다운 그래프와 통계를 추가하면, 와우! 이건 마치 미술작품과 같네요!

4단계: 최종 프레젠테이션 (또는 '이게 뭐예요?'라는 질문에 당당하게 대답하기)

이제 완성된 기획서를 사무관님께 제출해야 할 시간입니다. 깊게 숨을 들이마시고, "이것은 미래입니다!"라고 외쳐보세요(조용히 혼자서만요).

마무리: 퇴근길의 기쁨(또는 '내일 또 보자!'의 외침)

끝났습니다! 당신은 정말 대단합니다! 이제는 휴식의 시간, 아니, 오늘의 마지막 임무, 즉 집으로 가는 길이 남았네요.

힘내세요, 차피곤 주무관님! 공공기관의 AI 영웅이 되어보자구요! 필자는 공공기관에서 근무하면서, 우리나라 공무원이 얼마나 많은 문서작성에 시간을 쏟는지 경험했습니다. 'MS 이미지 크리에이터'에게 우리나라 공무원을 상징할 수 있는 사물을 그려 달라고 명령하니, 서류더미가 출력이 되었습니다. 아래의 시는 ChatGPT에게 프롬프팅해서 작성한 시입니다. 차피곤 주무관님을 위해서 ChatGPT가 준비한 시입니다.

대한민국 공무원들이 문서작성과 각종 서류작업에 얼마나 많은 시간과 노력을 소모하는지에 대한 시를 작성해주시오.

공무원의 노트 위에 눈물이 흘러내린다,
장시간 걸친 문서작업에 나의 생명이 새어난다.
키보드 위의 타자 소리만이 내 동반자,
화면에 펼쳐진 글자들이 내 세상이다.

이 문서와 또 그 문서, 끝이 어디인지,
무수한 조사, 검토와 수정이 이어진다.
점심시간도 잠시, 틈새시간이 보물이다.
모니터 빛 아래 눈이 침침하다.

끊임없이 들려오는 전화벨 소리,
메일함에 쌓이는 새로운 과제들,
그러나 나는 굳세게 매진한다,
서류 위에 새겨진 시민의 소리를 위해.

가치 있는 법률과 정책을 만들기 위해,
나의 노력이 꽃피우는 공정한 사회,
그리하여 밤늦게까지 꺼지지 않는 사무실 불빛,
그것이 바로 나의 작은 헌신이다.

> 피로에 몸이 저릴 때마다 떠오르는,
> 시민들의 행복한 얼굴들,
> 그것이 바로 나의 힘이 되어,
> 다시 문서 앞에 앉게 만든다.
>
> 공무원의 삶이야말로 묵묵한 헌신,
> 눈에 띄지 않는 수많은 노력들로,
> 이 나라의 기획과 정책이 만들어진다.
> 나의 힘든 일상이 그대들의 미래를 꽃피운다.

생성물의 결과가 1970년대에 애국 공무원가처럼 느껴집니다. 그래서 '공직에 계신 분들은 어떻게 활용이 가능할까?'라는 질문에 대한 답으로 프롬프팅으로 시작을 해보겠습니다.

프롬프팅 1
역할 부여-어디에 쓰는 물건인고?

실제로 많은 공무원이 한 번쯤은 사용해본 적이 있을 겁니다. 하지만 왠지 부족한 점이 많아서 실제 업무적용에는 어려움이 있으리라고 생각합니다. 공무에는 어떻게 활용할 수 있을까요?

당신은 ChatGPT를 활용해 공무원들이 활용할 수 있도록 강의하는 최고의 공무원을 위한 ChatGPT 전문강사입니다. 나는 당신은 공무원들이 ChatGPT를 활용해, 공무원들이 업무의 생산성 향상을 위해 다양한 분야에 관해 질문할 것입니다. 이에 대해 컨설팅할 준비가 되었나요?

예, 저는 ChatGPT이고, 공무원들이 업무 생산성을 향상하는 데 도움이 될 다양한 방법을 설명하는 데 있어서 도움이 될 수 있습니다.
ChatGPT는 다양한 활용법이 있습니다. 이는 자료검색, 문서작성, 의사결정 지원 등에 활용될 수 있습니다.

1. 자료검색 및 분석: ChatGPT는 광범위한 정보를 포함하고 있어, 복잡하거나 특정한 주제에 대한 정보를 찾는 데 유용하게 사용할 수 있습니다.

2. 문서작성: 공무원들은 많은 양의 문서를 작성해야 하는 경우가 많습니다. ChatGPT는 이러한 문서작성 작업을 보조하거나 편집하는 데 도움이 될 수 있습니다.

3. 의사결정 지원: ChatGPT는 여러 선택지를 평가하고 최선의 결정을 내리는 데 도움을 줄 수 있습니다. 이는 특히 공무원들이 복잡한 문제에 직면했을 때 유용하게 활용될 수 있습니다.

이 외에도 ChatGPT는 각종 질의응답 시스템, 데이터 처리, 보고서 작성, 행정지원 등에 활용될 수 있습니다. 핵심은 GPT를 사용하는 사용자가 그 기능을 잘 이해하고 적절하게 활용하는 데 있습니다.
이러한 주제에 대한 강의를 구성하고, 공무원들이 이해하고 적절히 활용할 수 있게 돕는 것이 저의 역할입니다. 저는 이 역할을 충실히 수행하며, 공무원분들이 ChatGPT를 최대한 활용할 수 있게 도와드리겠습니다.

프롬프팅 2

생성형 AI는 시간의 문제이지 모든 행정 분야에 적용이 될 것입니다

공무원들이 ChatGPT를 활용해 업무향상에 도움을 줄 수 있는 10가지 분야에 대해 나열해주시오.

1. 문서작성 및 편집: ChatGPT는 편집과 작성에 도움을 줄 수 있습니다. 그것은 의견서, 보고서, 메모 등 다양한 형태의 문서에 사용될 수 있습니다.

2. 의사결정 지원: ChatGPT는 여러 선택지를 평가하고, 장단점을 분석하는 등 의사결정을 돕는 데 사용될 수 있습니다.

3. 자료검색: ChatGPT는 복잡하고 전문적인 주제에 대한 정보를 제공해, 신속하고 효과적인 자료검색을 도와줍니다.

4. 질의응답 시스템: 공무원들이 대중의 질문에 빠르게 응답하도록 돕는 데 사용할 수 있습니다.

5. 데이터 분석: ChatGPT는 주어진 데이터를 이해하고 해석하는 데 도움이 될 수 있습니다.

6. 행정지원: 일정 관리, 미팅 조정 등의 일반적인 행정지원 업무에 ChatGPT를 활용할 수 있습니다.

7. 통신: ChatGPT는 이메일, 소셜 미디어, 웹 사이트 등 다양한 플랫폼에서의 커뮤니케이션을 돕습니다.

8. 교육 및 훈련: ChatGPT는 교육자료의 작성, 훈련 프로그램 개발 등에서 사용될 수 있습니다.

9. 정책분석: ChatGPT는 정책분석에 필요한 자료를 검색하거나, 정책 옵션의 장단점을 분석하는 데 도움이 될 수 있습니다.

10. 비상상황 대응: ChatGPT는 비상상황 시의 대응계획을 작성하거나, 대응전략을 논의하는 데 도움을 줄 수 있습니다.

이러한 분야에서 ChatGPT를 효과적으로 활용하면 업무 효율성을 높이고, 공무원들이 복잡한 문제를 더 잘 처리할 수 있도록 돕습니다.

프롬프팅 3
세부사항 질문을 통한 비즈니스 프레임 적용하기

위에서 작성한 내용에 대해 구체적인 향상도를 수치적으로 파악할 수 있도록 존 도어의 OKR 분석을 표의 형태로 작성하시오.

OKR(목표와 핵심 결과)는 개인, 팀, 조직의 목표를 설정하고 추적하는 프레임워크입니다. OKR에는 대표적으로 2가지 성분이 있습니다: 목표(Objective)와 그 목표를 달성하기 위한 핵심 결과(Key Results)입니다. 아래는 공무원들이 ChatGPT를 활용한 업무향상에 대한 예시 OKR입니다.

진행요원의 역할	진행요원의 역할
문서작성 및 편집업무의 효율성 향상	1. 월별로 작성된 문서 수 30% 증가 2. 작성된 문서의 오류율 20% 감소
의사결정 과정의 효율화	1. 의사결정에 필요한 시간 25% 감소 2. 의사결정 결과의 만족도 15% 증가
빠르고 정확한 자료검색 능력 향상	1. 필요한 자료를 찾는 데 걸리는 시간 30% 감소 2. 찾아낸 자료의 정확도 20% 증가
행정지원 업무의 효율성 향상	1. 일정 관리의 오류율 20% 감소 2. 행정지원 관련 미팅의 준비 시간 25% 감소

진행요원의 역할	진행요원의 역할
통신업무의 효율성 향상	1. 이메일 응답 시간 30% 감소 2. 통신 관련 작업의 오류율 15% 감소

이 표는 예시이며, 실제 OKR 설정은 구체적인 상황과 목표에 따라 많이 달라질 수 있습니다. 핵심은 목표가 명확하고, 달성 가능하며, 측정 가능해야 한다는 것입니다.

프롬프팅 4
기획서는 비즈니스 프레임으로 완성됩니다

공무원들이 각자의 전문영역에서 ChatGPT를 활용할 수 있는 업무 매뉴얼을 작성하려고 한다. 이에 대한 목차를 MECE 양식으로 작성해주시오.

MECE(Mutually Exclusive, Collectively Exhaustive) 원칙은 '상호배타적'이며 '전체적으로 포괄적'인 것을 의미합니다. 이 원칙에 따라, 각 공무원이 ChatGPT를 활용할 수 있는 업무 매뉴얼의 목차를 다음과 같이 제안합니다.

I. 서론
ChatGPT 소개
ChatGPT의 장점 및 한계
공무원 업무에서의 ChatGPT 활용 케이스

II. ChatGPT 기본 활용
자료검색 및 분석
문서작성 및 편집

ChatGPT의 미래와 전망

VI. 부록
ChatGPT와 관련된 추가 자료
FAQ(자주 묻는 질문)

이렇게 구성된 업무 매뉴얼은 공무원들이 각자의 전문영역에서 ChatGPT를 이해하고 효과적으로 활용하는 데 도움을 줄 것입니다.

공공분야에서 가장 먼저 적용이 가능한 부문은 민원처리 챗봇입니다. 각 기관의 영역에 맞는 문서로 작성합니다.

프롬프팅 5
세부사항 생성하기

위의 내용에서 "3. 공무원 업무에서의 ChatGPT 활용 케이스"에 대한 내용을 세부적으로 작성해주시오.

공무원 업무에서의 ChatGPT 활용 케이스
ChatGPT는 다양한 공무원 업무에서 활용될 수 있습니다. 아래에는 몇 가지 예시를 제시했습니다.

보고서 작성: 공무원들은 다양한 보고서를 작성하는 업무를 맡게 됩니다. 이때, ChatGPT를 활용하면 보고서의 구조를 세우고, 필요한 정보를 검색하며, 문서의 완성도를 높일 수 있습니다.

행정지원: 일정관리, 미팅 조정, 메일 처리 등 다양한 행정지원 업무에서 ChatGPT를 활용할 수 있습니다. 특히 메일 작성이나 일정관리 같은 반복적인 업무에서는 큰 도움이 될 수 있습니다.

자료검색 및 분석: 공무원은 정책 결정이나 프로젝트 진행을 위해 다양한 자료를 검색하고 분석해야 합니다. 이때 ChatGPT는 복잡한 주제에 대한 정보를 찾거나, 데이터를 분석하는 데 유용하게 활용될 수 있습니다.

의사결정 지원: 복잡한 문제나 다양한 선택지가 있는 상황에서는, ChatGPT가 의사결정 과정을 지원해줄 수 있습니다. ChatGPT는 다양한 선택지의 장단점을 분석하거나, 새로운 시각을 제시하는 등의 역할을 할 수 있습니다.

교육 및 훈련: ChatGPT는 교육자료를 작성하거나, 훈련 세션을 설계하는 데 활용될 수 있습니다. 또한 공무원들이 새로운 지식이나 기술을 학습하는 데도 도움을 줄 수 있습니다.

이와 같은 예시들은 공무원이 ChatGPT를 어떻게 활용할 수 있는지를 보여줍니다. 이러한 활용방법은 공무원의 업무 효율성을 높이고, 공무원이 더 나은 서비스를 제공하는 데 도움을 줄 수 있습니다.

프롬프팅 6
공문서는 첫 페이지가 생명이다

기획서는 첫 페이지에 가장 핵심적인 내용이 담겨 있습니다. 명료해야 합니다. 주관적 관점에 따른 해석이 있어서는 안 됩니다.

 위의 내용 중 "1.보고서 작성"을 위해 ChatGPT로 활용할 수 있는 예시문 형태의 보고서를 예시를 통해 최대한 상세하게 작성하시오. 단 형식의 내용은 아래와 같이 5개의 항목을 참고하시오. 어미는 '~다'로 마치지 말고, '~했음, ~임, ~ㅁ' 등으로 맺음하시오.
단 구성은 1. 도입배경 2. 필요성 3. 기대효과 4.활용방안 5. 결론
주제: 공무원의 ChatGPT를 활용한 업무혁신

 [주제: 공무원의 ChatGPT를 활용한 업무혁신]

1. 도입배경
현대사회에서는 디지털 기술의 발전과 더불어 업무처리 방식의 패러다임이 급속히 변하고 있음. 특히 AI(Artificial Intelligence) 기술의 발전으로 인해, 업무의 효율성을 높이고 창의적인 문제 해결방안을 제시하는 데 큰 기여를 하고 있음. 이런 흐름 속에서 OpenAI에서 개발한 대화형 AI, ChatGPT가 주목받고 있으며, 이를 공무원 업무에 접목하려는 노력이 진행되고 있음.

2. 필요성
공무원들은 다양한 문서작성, 정책분석, 의사결정 지원 같은 복잡한 업무를 수행함. 이러한 업무는 시간과 노력을 많이 소모하며, 때때로 전문지식이 요구됨. ChatGPT를 활용하면 이러한 업무를 더 효과적으로 수행할 수 있게 됨. 또한 ChatGPT의 활용은 공무원들이 복잡한 문제를 해결하는 데

필요한 창의적 아이디어를 제시하는 데도 도움을 줄 수 있음.

3. 기대효과

ChatGPT를 공무원 업무에 활용함으로써, 업무처리의 효율성과 정확성을 크게 향상할 것으로 기대됨. 보고서 작성, 의사결정 지원, 자료검색 및 분석 등에서의 활용은 공무원들이 더 높은 생산성을 달성하고, 서비스의 질을 향상하는 데 기여할 것임. 또한 이를 통해 시민들에게 제공되는 서비스의 질이 향상되며, 공무원들의 업무 만족도 역시 증가할 것으로 예상됨.

4. 활용방안

ChatGPT는 문서작성에서 데이터 분석까지 다양한 업무영역에서 활용될 수 있음. 예를 들어, 보고서 작성 시에는 ChatGPT가 필요한 정보를 신속하게 검색하고, 보고서의 구조를 세울 수 있음. 또한 의사결정 지원에서는 ChatGPT가 선택지의 장단점을 분석하고, 새로운 시각을 제시함으로써, 공무원이 더 효과적인 결정을 내릴 수 있도록 돕는 데 활용될 수 있음.

5. 결론

최근 디지털 기술의 발전은 업무 효율성을 높이는 데 기여하며, 공무원 업무에도 큰 변화를 가져오고 있음. 이 중에서도 ChatGPT는 그 활용 가능성이 무궁무진해, 이를 공무원 업무에 효과적으로 활용한다면 업무처리의 효율성과 서비스의 질을 높이는 데 큰 도움을 줄 것으로 예상됨. 이러한 기대를 바탕으로, ChatGPT의 활용과 관련된 연구와 실제 활용을 더욱 확대해가는 것이 중요할 것으로 판단됨.

차피곤 주무관님, 향후 완성된 보고서를 작성하기 위해 필요한 ChatGPT를 활용한 프롬프트와 예시는 아래와 같습니다.

1. 도입배경

프롬프트: "현대사회에서 AI의 업무적용에 대한 세계적 추세를 간단히 설명해주세요."

예시 응답: "현대사회에서는 AI 기술의 빠른 발전과 함께 업무처리 방식에 큰 변화가 일어나고 있습니다. 전 세계적으로 기업과 정부기관에서는 AI를 활용해 업무 효율성을 높이고, 복잡한 문제 해결 능력을 향상시키고 있습니다. 이러한 추세는 공무원 업무에도 영향을 미칠 것으로 예상됩니다."

2. 필요성

프롬프트: "공무원 업무에서 ChatGPT 같은 AI를 활용하는 것의 주요 이점은 무엇인가요?"

예시 응답: "ChatGPT 같은 AI의 활용은 공무원 업무의 효율성과 정확성을 크게 향상할 수 있습니다. 복잡한 문서작성, 정책분석, 의사결정 지원 등을 더 신속하고 정확하게 수행할 수 있으며, 창의적인 문제 해결 능력을 강화할 수 있습니다."

3. 기대효과

프롬프트: "공무원 업무에서 ChatGPT의 활용이 시민에게 어떠한 긍정적인 영향을 미칠 수 있을까요?"

예시 응답: "ChatGPT의 활용은 공무원의 업무 효율성을 높여 시민들에게 제공되는 서비스의 질을 향상할 수 있습니다. 더 빠르고 정확한 서비스 제공은 시민들의 만족도를 증대하고, 공공 서비스에 대한 신뢰를 더욱더 높일 수 있을 것입니다."

4. 활용방안

프롬프트: "공무원 업무에서 ChatGPT를 어떤 실질적인 방법으로 활용할 수 있을까요? 구체적 사례를 제시해주세요."

예시 응답: "보고서 작성 시에는 ChatGPT가 필요한 정보를 신속하게 검색하고, 구조를 세울 수 있습니다. 의사결정 지원에서는 장단점을 분석하고, 새로운 시각을 제시해 공무원이 더 효과적인 결정을 내리도록 도울 수 있습니다."

5. 결론

프롬프트: "공무원의 업무혁신에 ChatGPT를 활용하는 것의 중요성과 그에 따른 미래 전망을 요약해주세요."

예시 응답: "ChatGPT의 활용은 업무 효율성과 서비스의 질을 높이는 데 큰 도움을 줄 것으로 예상됩니다. 디지털 기술의 빠른 발전 속에서 이러한 기술을 적극적으로 채택하고 활용한다면, 공무원 업무의 혁신과 시민 서비스의 향상을 이룰 수 있습니다. 이러한 노력이 지속되어야 할 중요한 과제로 판단됩니다."

부디 잘 참고해서 훌륭한 기획서를 작성할 수 있기를 응원합니다. 현재의 프롬프팅은 공문서 작성에 초점을 맞추었다면, 이제는 분석을 통한 여러분의 업무에 적용할 수 있는 부문으로 넘어가보겠습니다.

09 | 차피곤 주무관 PDF 보고서를 비즈니스 프레임으로 재작성하다

레벨17 안녕하세요 차피곤 주무관님! 길고 긴 하루가 시작되었네요. 오늘의 임무는 "주요국 디지털 플랫폼 정부_추진_현황분석" PDF 파일을 분석하고 보고서를 작성하는 것이라고 들었습니다. 하지만 걱정하지 마세요, ChatGPT가 차 주무관님과 함께하니까요! 아래의 절차대로 따라오면, 눈 깜짝할 사이에 보고서가 완성될 겁니다. 말은 이렇게 했지만, 공무원은 일하나를 열심히 하면, 더 많은 일이 몰리는 조직사무의 특성이 있습니다. 어쩌겠습니까? 승진이라도 빨리해야 할 텐데요.

1. 파일 분석하기

우리가 먼저 해야 할 일은 그 무서운 PDF 파일을 살펴보는 것이죠. 참 쉽게 할 수 있을 거예요!

파일 열기: 컴퓨터가 버벅거리지 않도록 기도하며, PDF 파일을 연다.

내용 읽기: 편안한 자세로 앉고, 차 한잔을 기울이며 파일 내용을 읽는다(이 부분은 자동화할 수 있으면 좋겠네요, 기술단계가 따라오지 못하는 아쉬움은 뒤로하고).

2. ChatGPT 활용하기

이제 본격적으로 ChatGPT를 활용할 차례입니다. 피곤함을 잠시 접어두고 기지개를 켜보세요!

데이터 입력: ChatGPT에 분석하고자 하는 주요 내용을 입력합니다.

분석 진행: "주요국의 디지털 플랫폼 정부 추진 현황을 분석해주세요" 라고 친절하게 요청하세요.

3. 보고서 작성하기

얼마 남지 않았어요, 힘내세요!

- 중요 내용 정리: ChatGPT의 분석결과와 함께 파일에서 중요하게 여길 내용을 정리합니다.
- 보고서 초안 작성: "보고서 초안을 작성해주세요"라고 요청하면, ChatGPT가 당신의 지친 손을 대신해 타이핑을 시작할 거예요.
- 수정 및 완성: 마지막으로 초안을 검토하고 필요한 수정을 진행합니다. 아마도 이 부분이 제일 힘들 거예요, 하지만 이미 끝나갑니다!

4. 보고서 제출하기

- 인쇄 및 제출: 보고서를 인쇄하고, 김인문 사무관님께 제출하세요. 그리고 잠시 자리에서 일어나 기지개 한 번 더 켜세요, 잘했어요!

보고, 이제 점심시간이 다가오네요! 당신이 성공적으로 보고서를 완성하고, 짧은 휴식을 취하길 바랍니다. 오늘 하루도 화이팅하세요, 차피곤 주무관님!

현재 공공기관에서 생산한 각종 자료들은 대부분 PDF 파일로 이루어져 있습니다. PDF 파일에는 많은 표, 그림, 데이터가 함께 있어서, 이에 대한 자료를 참고로 새로운 기획서를 작성하는 데 많은 시간이 소요됩니다. 레벨16에서는 PDF 파일에 담긴 내용을 어떻게 분석해서 여러분께서 생성할 수 있는지 실습해보겠습니다.

 정부정책자료실에서 다운로드받은 "[GDX_Report_2022_4]주요국 디지털 플랫폼 정부_추진_현황분석"이란 PDF 파일을 분석해보겠습니다. 공무원분들은 한글문서 양식뿐만 아니라, PDF 파일로도 많은 정보를 접하는데, 이에 대한 분석과 요약에는 많은 시간이 필요합니다. 또한 용역보고서나 각종 사례집, 민간보고 영역에서도 파워포인트나 PDF 파일 형식으로 제출받습니다. PDF 양식의 문서를 활용해 분석하는 기법을 살펴보겠습니다.

 먼저 ChatGPT로 PDF 파일을 학습하려면 다양한 PDF 파일의 분석을 도와주는 플러그인들이 있습니다. 플러그인들이 출시되기 이전에도 여러 프로그램들이 이 서비스를 제공했습니다. PDF 파일은 chatpdf.com에서 사용해왔습니다. 처음에는 저도 효용성에 대해서 감탄했지만, 업무에 적용하거나, 세부적 내용이나 이미지와 표에 대해서는 해석력이 부족해서, 공무원이 사용하기에는 한계가 있습니다. 그러나 OpenAI 측에서 GPT4의 업데이트 버전에서 이미지 인식과 입력되는 양과 출력량을 현재보다 10배 이상 늘리면, 그때는 게임체인저의 역할을 할 수 있을 것입니다. 지금 현재의 상황에서는 2가지 방법을 소개하고자 합니다. PDF로 생성된 파일은 대부분 선택이 가능합니다.

 첫째, PDF 파일을 Acrobat Reader, MS Edge reader, 알 ezPDF 등으로 열 수 있습니다. 사용에 있어서 개인용으로는 알 ezPDF를 추천합니다. 가장 다양한 편집기능을 갖고 있습니다. 현재 ChatGPT와 구글 바드, MS 빙, 뤼튼은 입력량이 제한되어 있어 A4 기준으로 1페이지에서 1페이지 반을 복사해서 GAI 프롬프팅 채팅창에 붙여넣기를 합니다. 그 이후, 정렬이나 기호 부분은 일부 수정이 필요합니다. 논문의 통계분석형식의 복잡한 수식이 아니라면, 대부분 인식을 합니다. 이 파일을 선택한 이유는 텍스트 위주의 파일보다는 표나 그래프가 더 많이 있어서 선택했습니다. 특히 우리나라의 주요 정책자료는 거의 PDF 형식으로 제공됩니다. 이 부분은 디지털 시대에 맞게 공공 데이터 개방이라는 취지에 맞게 한글파일이나 워드파일로 공개되었으면 합니다.

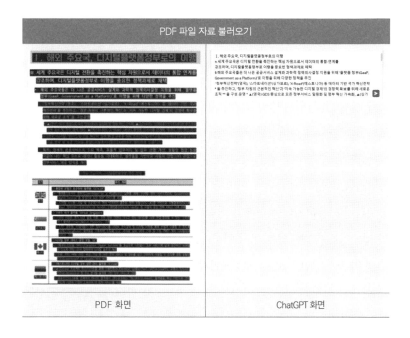

| PDF 화면 | ChatGPT 화면 |

필요한 부분을 선택해 입력창에 붙여넣기를 했습니다. 이번 장에서는 생성보다는 기존의 자료나 내용을 필요에 맞게 내용을 재해석하고 가공하는 작업이 필요합니다. 상사에게 보고할 때, 요약 정리하는 것은 공무직에 종사하는 분들에게는 더할 나위 없이 중요한 부분입니다. 이 각국의

디지털 플랫폼 정부의 추진 방향에 관한 각국의 상황을 SWOT 분석을 통해, 생성형 AI를 활용하고자 합니다.

아래의 내용을 근거로 영국의 디지털 플랫폼 정부 추진 방향에 대한 SWOT 분석을 생성하십시오(아래의 내용은 복사해서 붙이기를 한 것입니다. PDF 문서인만큼 아직은 띄어쓰기나 일부 깨지는 문서는 보정작업을 해주셔야 합니다).

Ⅰ. 해외 주요국, 디지털 플랫폼 정부로의 이행
세계 주요국은 디지털 전환을 촉진하는 핵심자원으로서 데이터의 통합·연계를 강조하며, 디지털 플랫폼 정부로 이행을 중요한 정책과제로 채택

1. 해외 주요국은 더 나은 공공서비스 설계와 과학적 정책의사결정 지원을 위해 '플랫폼 정부(GaaP, Government as a Platform)'로 이행을 위해 다양한 정책을 추진

 - '정부혁신전략'(영국), '스마트네이션'(싱가포르), 'X-Road'(에스토니아) 등 데이터 기반 국가혁신전략 * 을 추진하고, '정부 차원의 근본적인 혁신'과 '지속 가능한 디지털 경제'의 경쟁력 확보를 위해 새로운 조직 ** 을 구성·운영

▲(영국) GDS 중심으로 모든 정부서비스 일원화 및 정부 혁신 가속화, ▲(싱가포르) 스마트네이션 이니셔티브 추진으로 정부 업무 및 추진 체계 정비, ▲(에스토니아) 'X-Road' 데이터 플랫폼 인프라를 연계해 데이터 기반 혁신 강조
**(영국) 디지털, 데이터 및 기술혁신의 실현 환경 구축을 위해 정부디지털 서비스청(GDS)에서 디지털·데이터· 기술 전략 및 표준 기능을 중앙디지털데이터청(CDDO)으로 분리해 신설('21)

특히 잠재적 공공서비스의 수요 예측, 효율적 업무처리 및 업무 관행 개선, 원활한 협업 등을 이끌어 내는 핵심 요소로 데이터 활용을 극대화하고, 플랫폼을 기반으로 사용자 경험(UX) 관점으로 정부서비스 제공 방식을 개선

【 해외 주요국의 디지털 플랫폼 정부 추진 방향 】

국가 /추진계획

영국/싱가포르/캐나다/에스토니아

□ 통합된 포털과 표준화된 플랫폼 'GOV.UK'

• '플랫폼으로서 정부(Government as a Platform)' 실현을 위해 '디지털 정부 서비스(GDS, Government Digital Service)'를 중심으로 모든 정부 서비스를 제공

- 디지털 시스템, 기술 및 프로세스의 핵심 인프라가 통합된 정부 포털(GOV.UK)을 기반으로 지불결제(GOV.UK Pay), 정부서비스알림(GOV.UK Notify), 신원인증(GOV.UK Verify) 등 사용자 중심 정부 서비스 구축 지원

□ 스마트 국가 플랫폼 'Virtual Singapore'

• '16년 스마트 국가 비전 발표 이후, 모든 정부기관이 갖고 있는 데이터를 서로 연결·공유할 수 있는 '스마트 국가 플랫폼(Smart Nation Platform)' 구축

- 시민, 공무원, 사업가들이 모든 정부서비스를 100% 전자결제 및 디지털 서명을 통해 손쉽게 이용할 수 있도록 '싱패스(SingPass)' 플랫폼을 구축해 소득세 신고, 주차료 납부, 비자 신청 등 5,700만 개의 디지털정부 서비스 지원

□ 디지털 정부 서비스 종합 포털 'GC'

• '캐나다 디지털 서비스(Canadian Digital Service)'를 중심으로 시민들이 정부 서비스에 쉽게 접근하고 사용할 수 있도록 연방기관과 협력해 디지털 솔루션 제공

- 고용, 이민, 여행, 건강, 세금, 기상 등 모든 정부 서비스 및 정보를 쉽고 간편하게 이용할 수 있도록 종합 포털인 'GC(Government of Canada)'에

서 제공

□ (에스토니아) 디지털 정부 업무 관리 플랫폼 'X-road'

• e-Estonia 프로젝트 추진('02년)을 통해 신원인증(e-IDentity), 납세(e-Tax), 보건(e-Health), 교육(e-School), 거주(e-Residency) 등 주요 분야를 플랫폼 기반 정부 서비스로 전환

- 공공·민간의 DB를 연계해 하나의 창구에서 관리·공유하는 '엑스로드(X-Road)' 플랫폼을 핵심 기반으로 전국 392개 기관과 기업이 2,800여 개 정부 서비스를 제공

〈SWOT 분석: 영국의 디지털 플랫폼 정부 추진 방향〉

1. Strengths(강점)

1) 통합 포털: 영국은 GOV.UK 플랫폼을 통해 통합된 포털을 제공하며, 이를 통해 정부의 모든 서비스에 대한 접근성을 향상시킵니다.

2) 기술 및 프로세스의 표준화: 모든 정부 서비스를 GDS(정부 디지털 서비스)를 중심으로 제공하며, 이를 통해 프로세스와 기술의 표준화를 달성하고 있습니다.

사용자 중심 서비스: GOV.UK Pay, GOV.UK Notify, GOV.UK Verify 같은 서비스를 통해 사용자 경험을 중심으로 서비스를 제공하며, 이를 통해 공공 서비스의 만족도를 향상시키고 있습니다.

2. Weaknesses(약점)

1) 디지털 부족 지역: 인프라 부족으로 인해 일부 지역에서는 디지털 서비스 접근이 제한될 수 있습니다.

2) 보안 위협: 통합된 디지털 플랫폼은 보안 위협에 더욱 노출되어 있을 수 있습니다. 데이터 보호와 개인정보 유출에 대한 지속적인 관리가 필요합니다.

3. Opportunities(기회)

1) 효율성 향상: 플랫폼을 통한 정부 서비스 일원화는 효율성을 높일 수 있습니다. 이는 더 나은 정책 결정과 빠른 서비스 제공에 도움이 될 수 있습니다.

2) 혁신 기회: 데이터 기반의 정부 혁신 전략을 통해, 더 많은 혁신적인 공공 서비스를 제공할 수 있는 기회가 있습니다.

4. Threats(위협)

1) 디지털 격차: 모든 시민이 디지털 기술에 접근하거나 이를 이해하고 사용하는 능력이 불균형할 수 있습니다. 이로 인해 디지털 격차가 심화될 수 있습니다.

2) 사용자 저항: 기존 서비스 방식에 익숙한 사용자들은 디지털 플랫폼으로의 전환에 저항할 수 있습니다. 이는 변화를 받아들이는 데 필요한 교육과 지원을 필요로 합니다.

본문에서는 생략했지만, 다른 국가의 사례도 위와 같은 방식으로 프롬프팅을 진행할 수 있습니다. 4개 국가의 내용이 출력되면, 모든 내용을 복사해 입력창에 붙여넣기를 합니다. 그 후 다음 프롬프트를 입력하면 진행됩니다.

위 4개국의 내용을 바탕으로 대한민국의 디지털 플랫폼 정부 추진 방향에 대해서 생성하시오.

대한민국의 디지털 플랫폼 정부 추진 방향을 위 4개국의 예시를 바탕으로 도출하면 다음과 같을 수 있습니다.

1. 통합 포털 구축(영국 참조): 대한민국은 모든 정부 서비스를 통합해 제

공하는 포털을 구축해야 합니다. 이를 통해 시민들이 필요한 서비스에 쉽게 접근할 수 있도록 해야 하며, 이는 서비스의 효율성과 접근성을 높이는 데 도움이 될 것입니다.

2. 데이터 연계 및 공유(싱가포르 참조): 모든 정부기관의 데이터를 연계 및 공유하도록 해, 데이터 기반의 정책 결정과 서비스 제공이 가능하게 해야 합니다. 이는 더욱더 과학적이고 정확한 정책 결정을 가능하게 합니다.

3. 사용자 중심 서비스 개선(영국 참조): 사용자 경험(UX)을 중심으로 정부 서비스의 제공 방식을 개선해야 합니다. 이를 통해 시민들의 만족도를 높일 수 있으며, 이는 공공 서비스의 품질을 향상하는 데 도움이 될 것입니다.

4. 디지털 기술 및 프로세스 표준화(캐나다 참조): 모든 정부 서비스의 디지털 시스템, 기술 및 프로세스를 표준화해, 서비스 제공의 효율성과 일관성을 보장해야 합니다.

5. 플랫폼 기반 서비스 전환(에스토니아 참조): 주요 분야(예: 신원인증, 납세, 보건, 교육 등)를 플랫폼 기반 정부 서비스로 전환해야 합니다. 이를 통해 시민들이 이러한 서비스를 효율적으로 이용할 수 있게 해야 합니다. 이런 방향을 통해 대한민국은 디지털 플랫폼 정부를 성공적으로 추진하고, 시민들에게 더 나은 공공 서비스를 제공할 수 있을 것입니다.

위의 출력결과에 대해 여러 해석이 존재할 수 있습니다. 그러나 우리나라에 대한 기본정보를 입력해주면, 다른 국가와의 차이점과 공통점을 손쉽게 비교 분석할 수 있습니다. 연관되는 주제에 관한 PDF 파일을 분석해 새로운 내용을 생성할 때, 용역을 발주하지 않고서도 유용한 자료를 재해석해 멋진 보고서를 만들 수 있습니다.

위의 출력된 내용을 바탕으로 명료한 "주요국 디지털 플랫폼 정부_추진_
현황분석" 보고서를 작성해주시오.

주요국 디지털 플랫폼 정부_추진_현황분석

요약

본 보고서는 주요 4개국(영국, 싱가포르, 캐나다, 에스토니아)의 디지털
플랫폼 정부 추진 현황을 분석해, 대한민국의 디지털 플랫폼 정부 추진에
참조할 수 있는 방향을 제시한다.

1. 서론

디지털 플랫폼 정부는 현대사회에서 중요한 주제로 부상하고 있다. 이러
한 추세를 반영해, 본 보고서는 대한민국의 디지털 플랫폼 정부 추진을 위
한 글로벌 벤치마킹을 진행한다.

2. 주요국의 추진 현황 및 대한민국에의 적용

2.1 통합 포털 구축(영국 참조)

영국의 통합 포털은 모든 정부 서비스를 한 곳에서 제공한다.

· 대한민국의 적용방안: 시민의 접근성을 높이고 서비스의 효율성을 개
선하기 위한 통합 포털 구축.

2.2 데이터 연계 및 공유(싱가포르 참조)

싱가포르의 데이터 연계 및 공유는 더 정확한 정책 결정을 가능하게 한다.

· 대한민국의 적용방안: 모든 정부기관의 데이터 연계 및 공유 구축으로
과학적 정책 결정 도모.

2.3 사용자 중심 서비스 개선(영국 참조)

영국의 사용자 경험 중심 개선은 시민 만족도 향상을 가져왔다.

· 대한민국의 적용방안: 사용자 경험을 중심으로 한 공공 서비스 개선 및
품질 향상.

2.4 디지털 기술 및 프로세스 표준화(캐나다 참조)

캐나다의 디지털 표준화는 서비스 제공의 효율성과 일관성을 보장한다.

· 대한민국의 적용방안: 정부 서비스의 디지털 시스템, 기술, 프로세스 표준화 추진.

2.5 플랫폼 기반 서비스 전환(에스토니아 참조)

에스토니아의 플랫폼 기반 서비스는 효율적인 서비스 제공을 가능하게 한다.

· 대한민국의 적용방안: 주요 분야를 플랫폼 기반 정부 서비스로 전환, 효율적 이용 촉진.

3. 결론

대한민국은 주요 4개국의 디지털 플랫폼 정부 추진 현황을 참조해, 통합 포털 구축, 데이터 연계 및 공유, 사용자 중심 서비스 개선, 디지털 기술 및 프로세스 표준화, 플랫폼 기반 서비스 전환 등의 방향을 적극적으로 추진해야 한다. 이러한 방향을 통해 대한민국은 디지털 플랫폼 정부를 성공적으로 추진하고, 시민들에게 더 나은 공공 서비스를 제공할 수 있을 것으로 기대된다.

(작성자: 차피곤 주무관, 작성일: 2023-08-01)

10 | 공공기관에서 활용하기: 기획, 홍보, 사례보고서 작성하다

 최피곤 7급 공무원이 기획, 홍보 부서로 인사 이동하게 되어 기초단체의 다양한 행사와 교육 프로그램을 담당하게 되었습니다. 이제는 지난번 보고서 작성을 통해서 경험치가 쌓여서 본인이 직접 수행했다고 전해왔습니다. 아래는 최피곤 공무원이 공공기관에서 생성형 AI를 활용해 행사기획, 홍보, 집행, 결산 등의 과정을 수행하는 활용 과정을 요약한 내용입니다.

1. 행사기획 단계

AI 활용: AI를 사용해 지역주민의 니즈와 관심사를 분석하고, 이를 바탕으로 행사 콘셉트와 주제를 설정합니다. 또한 유사한 이벤트의 성공사례 분석을 통해 행사의 전략과 방향을 설정할 수 있습니다.

2. 홍보 단계

AI 활용: 생성형 AI를 사용해 행사의 보도자료를 자동으로 작성합니다. 지역 언론사에 보낼 보도자료는 형식과 언어 톤을 맞추어 작성되며, 주민들에게 게시할 내용은 폰트 종류와 크기까지 한 번에 생성이 가능합니다. 또한 SNS 같은 다양한 채널에 맞는 홍보 내용을 빠르게 구성하고 배포할 수 있습니다.

3. 행사 집행 단계

AI 활용: 행사의 참석자 관리, 의사록 작성, 사진 및 영상 분석 등에서 AI를 활용합니다. 참석자의 피드백을 실시간으로 수집해 행사의 진행 상황을 즉각 조정할 수 있는 능력도 제공합니다.

4. 결산 및 분석 단계

AI 활용: 행사가 종료된 후, AI를 활용해 행사의 성공 여부와 효과를 분석합니다. 예를 들어 보도자료의 반응, SNS 홍보의 영향력, 참석자 만족도 등을 분석해 행사의 성공 요인과 개선할 부분을 도출합니다.

5. 사례 적용: 보성에서 기사 분석

AI 활용: url을 포함해 기사를 붙여넣기하면, AI가 해당 기사를 분석해 중요한 키워드와 주제를 도출합니다. 이를 통해 지역의 관심사와 반응을 파악하고, 다음 행사나 홍보전략에 반영할 수 있습니다.

6. 결론

최피곤 주무관은 기초단체의 근무를 통해 생성형 AI를 다양한 단계에서 활용했습니다. 이를 통해 공무원의 업무 효율성은 물론 지역 주민과 소통 및 서비스 제공의 질을 향상시켰습니다. 생성형 AI의 적극적인 활용은 공공기관의 업무혁신과 시민 만족도 향상에 기여할 것으로 예상됩니다.

아래의 기사에서 이 행사를 적극적으로 홍보하려고 한다. 아래의 기사를 참조해 블로그에 포스팅할 수 있는 기사를 사람들의 주목을 끌 수 있도록 헤드라인, 중제목, 소제목을 사용해 시각적으로 독자들의 관심을 이끌 수 있도록 생성하시오.

[보성군, 농촌일손돕기 행사 진행 군청과 읍·면사무소 등 13개소에 알선 창구 운영 중]
보성군이 농번기 시기 일손 부족으로 어려움을 겪고 있는 농민들을 위해 농촌일손돕기에 나서고 있다고 7일 밝혔다. 보성군은 군청과 읍·면사무소 등 13개소에 지난달 1일부터 농촌일손돕기 알선 창구를 개설해 운영하고 있으며 소규모 농가와 고령 농가, 장애 및 독거 농가 등 취약계층 농가를 우선적으로 지원한다. 농촌일손돕기 자원봉사에는 보성군 공직자를 비롯해 유관기관 및 자원봉사 단체 회원들이 참여하고 있다. 군 관계자에 따르면 주요 농작업은 찻잎 수확, 감자 비닐 제거 작업, 사과 적과, 옥수수 순치기, 고구마 심기 등 기계 작업이 어려운 수작업이다. 공무원, 기

관단체, 봉사단체 등 400여 명의 인력이 투입돼 농심을 이해하고 어려움을 나눠지고 있다. 한편 보성군은 부족한 일손 때문에 영농 계획에 차질이 생기지 않도록 앞으로도 '농촌일손돕기 알선 창구'를 지속적으로 운영할 계획이라고 전했다. 출처: 아시아에이(http://www.asiaa.co.kr/news/articleView.html?idxno=128037)

💪농촌에 활력을 불어넣자! '보성군 농촌일손돕기' 행사에 나서세요💪

□ 심장을 뛰게 하는 자원봉사, 보성군 농촌일손돕기 □
보성군이 농번기 시기 일손 부족으로 고충을 겪는 농민들을 위해 팔을 걷어붙였습니다! 군청과 읍·면사무소 등 13개소에서 농촌일손돕기 알선 창구가 개설되어 운영 중이며, 취약계층 농가가 최우선 지원을 받습니다.

□ 농촌일손돕기, 소규모 농가부터 고령 농가까지 지원 □
농촌일손돕기 자원봉사에는 보성군 공직자부터 유관기관 및 자원봉사 단체 회원들이 참여하고 있습니다. 찻잎 수확, 감자 비닐 제거 작업, 사과 적과, 옥수수 순치기, 고구마 심기 등 기계 작업이 어려운 수작업을 도와주는 이들이 총 400여 명에 이르는데요.

□ 공무원과 봉사자가 농가와 함께, 400명의 일손 힘 □
이들은 농심을 이해하며, 어려움을 나누고, 공동의 목표를 향해 함께 달려가고 있습니다. 그리고 보성군은 더 나아가 부족한 일손 때문에 영농 계획에 차질이 생기지 않도록 앞으로도 '농촌일손돕기 알선 창구'를 지속적으로 운영할 계획이라고 밝혔습니다.

□ '보성군 농촌일손돕기'에 참여하고, 농촌의 활력을 함께 불어넣어주세요! □

원문 출처: 아시아에이(http://www.asiaa.co.kr)

다음은 페이스북에 올리기 위한 내용을 프롬프팅했습니다.

 페이스북에 포스팅할 수 있도록 위의 내용을 재작성해주고, 홍보를 잘하기 위한 해시태크도 추천해주시오.

 👨‍🌾 보성군에서 일어나는 특별한 변화에 대해 알아보세요! 💚🧑‍🌾 #보성군 #농촌일손돕기

보성군이 농번기 시기에 일손 부족을 겪는 농민들을 위해 큰 움직임을 보이고 있습니다! 🌾🍚🎨 #농작물 #농민 #일손돕기

군청과 읍·면사무소 등에서 농촌일손돕기 알선 창구를 개설해 취약계층 농가를 최우선으로 지원하고 있습니다! 🏘️🚜 #취약계층지원 #농촌지원

보성군 공직자부터 유관기관 및 자원봉사 단체 회원들이 농촌일손돕기 자원봉사에 참여해, 농민들의 어려움을 나누고 있습니다! 👥🤝 #자원봉사 #공직자 #유관기관

이들은 농심을 이해하고, 농가의 어려움을 함께 견디며, 더 나은 농촌 생활을 위해 노력하고 있습니다. 🌱💗 #농심 #일손돕기 #농촌활력

보성군에서 함께 일손을 도와주실 분들을 기다립니다. 농촌의 활력을 함께 불어넣어주세요! 👐🙌 #자원봉사참여 #보성군일손돕기

이와 같이 SNS홍보를 하고, 자매결연을 맺은 타 시도에도 도움을 요청하는 것도 중요한 업무 중 하나입니다. 다음은 홍보할 때 이메일 작성을 요청하는 프롬프트입니다.

위와 같은 행사를 진행할 때, 자매결연을 맺은 서울시청과 경기도청의 자매결연 단체에게 참여를 요청하는 이메일을 작성해주시오.

제목: 보성군 농촌일손돕기 행사에 참여를 요청합니다

안녕하세요,

저는 보성군에서 농촌일손돕기 행사를 주관하고 있는 [귀하의 이름]입니다. 먼저 보성군과 서울시청 및 경기도청이 형성한 자매결연 관계에 깊은 감사의 마음을 전하며, 이 자리를 빌려 특별한 요청을 드리려 합니다.

현재 보성군에서는 농번기 시기에 일손 부족으로 어려움을 겪는 농민들을 위한 '농촌일손돕기' 행사를 진행하고 있습니다. 이 행사는 취약계층 농가를 위해 군청과 읍·면사무소 등에서 알선 창구를 운영하며, 보성군 공직자를 비롯한 여러 유관기관 및 자원봉사 단체 회원들이 참여하고 있습니다.

이러한 활동은 농민들과 그들의 일에 대한 이해를 높이고, 농촌 생활의 어려움을 함께 나누는 소중한 기회가 되고 있습니다. 이런 의미 있는 행사에 서울시청과 경기도청의 자매결연 단체도 함께 참여하게 된다면, 더 큰 힘과 사랑을 농민들에게 전달할 수 있을 것으로 확신합니다.

때문에, 이번 '농촌일손돕기' 행사에 서울시청과 경기도청의 자매결연 단체의 참여를 진심으로 요청드립니다. 함께 농민들의 어려움을 나누고, 더 나은 농촌 생활을 위한 움직임에 동참해주시길 바랍니다.

참여를 원하시는 분은 [날짜]까지 저에게 연락주시면 감사하겠습니다. 이 행사에 대한 자세한 정보는 필요하시다면 언제든지 제공해 드리겠습니다. 이번 행사가 농촌의 활력을 더욱 불어넣는 계기가 되길 바라며, 귀하의 긍정적인 답변을 기다리겠습니다.

감사합니다.

[귀하의 이름] [귀하의 직위] [귀하의 연락처] [귀하의 이메일]

아직도 현수막은 유용한 홍보수단입니다. 이번에는 홍보를 위한 현수막 게시에 사용할 문구들을 생성해보겠습니다.

아래의 조건을 만족시키고, 이 행사의 홍보를 위해서 홍보 현수막을 게시하려고 한다. 현수막에 들어갈 문구 10개를 추천해주시오.

조건 1: 20자 이내여야 한다.
조건 2: 명료해야 한다.
조건 3: 많은 사람의 참여를 독려할 수 있어야 한다.
조건 4: 농촌일손돕기의 필요성을 호소할 수 있어야 한다.
조건 5: 참가자들에게 자부심을 줄 수 있어야 한다.
조건 6: '농촌일손돕기'는 꼭 들어가야 한다.
조건 7: '보성군'도 꼭 포함되어야만 한다.

1. "보성군, 농촌일손돕기, 당신의 손길이 필요해요!"
2. "보성군, 농촌일손돕기로 우리 함께!"
3. "농촌일손돕기, 보성군에서 시작하세요!"
4. "보성군 농촌일손돕기, 우리 모두의 힘이 됩니다!"
5. "보성군과 함께하는 농촌일손돕기, 참여해주세요!"
6. "농촌일손돕기, 보성군의 미래를 위해!"
7. "당신의 힘으로 보성군 농촌일손돕기를 도와주세요!"
8. "보성군 농촌일손돕기, 당신도 영웅이 될 수 있습니다!"
9. "보성군 농촌일손돕기, 우리 함께 실천해요!"
10. "농촌일손돕기, 보성군의 사랑을 나눠주세요!"

이와 같이, 조건을 구체적으로 제시해주면 훨씬 더 만족스러운 답변을 추가로 생성할 수 있습니다. 한 번의 명령어로 바람직한 답을 도출하려고 하지 마십시오. 여러분께서 원하시는 것을 정확하게 대화를 입력해보십시오. 문제를 정의하고, 이를 질문하는 것이 인공지능 시대에 중요한 영역이라고 생각합니다.

위 대화를 통해 이 행사를 진행하기에 필요한 확인 리스트 10개를 알려주십시오.

행사일정 계획: 행사가 언제, 어디서, 어떤 일정으로 진행될지를 계획해야 합니다.

행사 참가자 모집: 참가자 모집을 위한 공고를 내고, 신청 절차를 정해야 합니다.

행사 홍보 계획: 블로그, 페이스북, 현수막 등을 통해 행사를 어떻게 홍보할지에 대한 계획을 세워야 합니다.

현장 안전관리: 행사현장에서 참가자들의 안전을 위한 계획(예: 응급처치, 보험가입 등)을 세워야 합니다.

행사현장 준비: 필요한 도구, 장비, 물품 등이 준비되어야 합니다.

행사 참가자 교육: 농업작업에 대한 기본지식과 안전수칙 등을 알려주는 교육을 계획해야 합니다.

행사 스태프 및 자원봉사자 모집: 행사 진행을 위한 스태프와 자원봉사자를 모집해야 합니다.

행사 후기 및 피드백 수집: 행사가 종료된 후, 참가자들의 후기와 피드백을 수집해야 합니다.

행사 결과 보고서 작성: 행사 진행 결과를 정리해 보고서로 작성해야 합니다.

행사 재진행 계획: 행사가 성공적으로 마무리된 후, 다음 행사를 위한 계획을 세워야 합니다.

행사에 대한 확인목록을 확인해보았습니다. 이번에는 행사 종료 후, 실무자로서 감사편지를 작성해보겠습니다.

행사가 종료되고 참가했던 사람들에게 감사하다는 편지를 작성해서 단체장의 명의로 보내려고 한다. 감동적인 문구를 사용해 편지를 작성해주시오.

[수신인 이름],
제 명의로 보내드리는 이 편지는 보성군 농촌일손돕기 행사에 귀하께서 보여주신 애정과 헌신에 감사를 표하고자 하는 것입니다.
당신의 노력은 우리 농촌의 힘이 되었으며, 간절히 필요로 하는 지원을 제공해 우리 지역 농업이 더욱 번영하게 했습니다. 당신이 이 땅에 전해주신 정성이 결코 사라지지 않을 것이며, 그 과정에서 잊지 못할 추억들을 만들어주신 덕분에 고마움이 가득합니다.
당신의 참여는 우리 모두에게 큰 영감을 주었습니다. 도움이 필요한 이웃을 위해 손을 내민 당신의 행동은 진정한 사회적 책임감을 보여주었고, 이러한 봉사활동이 우리 사회를 더욱 강하게 만드는 것을 보여주었습니다. 이는 우리 모두가 배워야 할 교훈이며, 우리의 미래세대에게 전달해야 할 중요한 가치입니다.
우리 보성군의 이름으로 감사의 말씀을 전합니다. 당신의 헌신적인 노력으로 인해 우리는 이 지역을 더욱 사랑하게 되었고, 우리가 함께 이곳을 더욱 풍요롭게 만드는 데 도움을 줄 수 있게 되어 굉장히 기쁩니다.

앞으로도 계속해서 우리 보성군의 발전을 위해 함께 힘써주시길 바라며,
더욱 행복하고 건강하시길 기원합니다.
진심으로 감사드립니다.

[보성군 단체장 이름] 보성군 단체장

향후 자치단체 우수과제 선정을 위해 비즈니스 프레임을 통해, 정리를
해보기 위해 가치제안 캔버스를 해보겠습니다. 관공서의 문서는 형식이
3분의 2 이상입니다.

농촌일손돕기 행사의 결과를 가치제안 캔버스(Value Proposition
Canvas) 형식으로 작성해주시오.

가치제안 캔버스는 2가지 주요 요소인 '고객 프로파일'과 '가치제안'으로
나뉩니다. 이번 농촌일손돕기 행사의 결과를 가지고 이를 작성해보겠습
니다.

고객 프로파일(Customer Profile)
고객의 일: 참여자들은 이 행사를 통해 농촌에서 노동력 부족 문제를 해결
하는 데 기여했습니다.

고통과 문제: 농촌 지역은 일손 부족 문제를 가지고 있었습니다. 또한 참여
자들 자신도 봉사활동을 통해 사회에 기여하는 기회를 찾고 있었습니다.
이익과 기대: 농촌 지역은 충분한 노동력을 확보해 농작업을 원활하게 수
행할 수 있게 되었습니다. 참여자들은 봉사활동을 통해 사회적 가치를 실
현하는 경험을 얻었습니다.

가치제안(Value Proposition)

제품 및 서비스: 농촌일손돕기 행사는 필요한 노동력을 제공했습니다. 또한 참여자들에게 봉사활동을 통해 사회적 가치를 실현할 수 있는 기회를 제공했습니다.

고통 완화: 이 행사는 농촌 지역의 일손 부족 문제를 해결했습니다. 또한 참여자들의 사회적 참여 욕구를 충족했습니다.

이익향상: 농촌 지역은 더 효율적인 농작업을 수행할 수 있게 되었습니다. 참여자들은 자신의 노력이 사회에 기여하는 모습을 직접 경험했습니다.

가치제안 캔버스를 통해 보성군 농촌일손돕기 행사가 참여자들과 농촌 지역 양측에 어떤 가치를 제공했는지 분석할 수 있습니다.

이상의 내용을 통해서, 우수사례 투고를 위한 부분까지 진행해보았습니다. 그래서 저도 저와 함께해온 최피곤 주무관님께 감사의 편지를 준비했습니다. 이 내용도 역시 ChatGPT 프롬프트로 작성한 내용입니다.

최피곤 주무관님,

먼저 농촌일손돕기 행사의 결과를 ChatGPT를 활용해 가치제안 캔버스(Value Proposition Canvas) 형식으로 세심하게 분석하신 부분에 대해서 진정으로 응원의 박수를 보냅니다. 최피곤 주무관님의 분석은 농촌지역과 참여자들 양측에 미친 긍정적 영향을 섬세하게 조명해주었으며, 그 결과를 통해 보성군 농촌지역이 얼마나 소중한 기회와 가치를 얻었는지를 잘 보여줍니다. 무엇보다 단순한 봉사활동을 넘어 이를 사회적 가치와 연결한 점은 특히 인상적입니다.

고통완화와 이익향상의 관점에서 행사를 바라볼 수 있게 해주신 것은 공무원으로서 깊은 통찰력과 현장에서 경험을 엿보게 합니다. 또한 6가지 형태의 내용을 생성해보신 것은 ChatGPT의 효용성과 함께 여러분의 능력을 최대한 활용해 지역사회를 위해 노력하고 계신 모습을 보여주었습니다.

최피곤 주무관님의 노력은 단순한 업무수행을 넘어, 지역사회와 연결된 진정한 공무원의 역할을 수행했음을 보여줍니다. 이러한 노력과 헌신은 보성군과 대한민국 사회에 귀중한 자산이며, 이를 위해 노력하고 계신 것에 대해 진심으로 경의를 표합니다.

앞으로도 이러한 탁월한 분석능력과 사회에 대한 따뜻한 시선, 그리고 끊임없는 노력으로 더 많은 사람들에게 긍정적 영향을 끼치실 수 있기를 기대합니다. 여러분의 업무에 더욱 힘과 행운이 함께하길 바랍니다.

멘토 드림

끝으로, 제시된 결과를 다양한 형태의 비즈니스 프레임워크로 출력할 수 있으므로, 보고서의 분석력을 더욱 강화할 수 있습니다. 지금까지 두 사례를 통해 공무원이 활용할 수 있는 프롬프팅을 통해, 사례를 살펴보았습니다. 하나의 신문기사를 통해서 6가지 형태의 내용을 생성해보았습니다. 이제는 생성형 AI의 효용성에 대해서 충분히 파악했으리라고 생각합니다. 계속된 실행을 통해서 활용해보실 것을 추천해드립니다.

〈프롬프팅: 중학교 1학년 여학생이 인공지능 로봇과 우주에 대해서 공부하는 모습을
영화처럼 최고의 화질로 생생한 이미지를 그려줘. 뤼튼에서 생성 〉

4장

생성형 AI, 교육과 만나다

"교육은 인생을 위한 준비가 아니라. 교육 자체가 인생입니다."

– 존 듀이

영국의 저명한 철학자인 존 듀이는 위와 같이 교육의 본질에 대해서 정의했습니다. 생성형 인공지능의 등장과 함께, 교육 분야에서는 표절 등에 대한 우려가 봇물처럼 터져 나오고 있습니다. 그러므로 인류가 지난 2,000여 년 동안 지속해왔던 교육에 대한 패러다임이 혁명적으로 바뀔 시기가 도래한 것입니다. 직접 대면으로 교육해왔던 패러다임은 인터넷의 등장으로 온라인 교육이 활성화되어 있습니다. 이제는 세상의 지식은 유튜브로 대표되는 플랫폼이 또 하나의 영역으로 제시되었습니다. 더불어 전문적 지식을 배울 수 있는 곳은 무크(MOOC)입니다. 이러한 플랫폼도 궁극적으로는 불특정 다수에게 제시된 방식입니다.

이제는 SF에서 보았던, 인공지능을 통해서 개개인에게 맞춤형으로 학습할 수 있는 시대가 도래했습니다. 이미 교육현장에서는 'AI 활용·협력' 중심의 새로운 교육 시스템 구축에 대한 제안이 제시되고 있습니다. 이미 대학에서는 생성형 AI를 교육, 진학진로, 취창업 프로그램 등에서 다양한 방식으로 활용되고 있습니다. 이 장에서는 교육에 관련된 프롬프팅을 통해서 학생들 개개인에게 맞춤형을 제시할 수 있는 단초를 시도해보았습니다.

아직은 현장에서 활용할 수 있는 영역에 대해서 우려와 염려가 공존하고 있습니다만, 기술발전의 속도는 이러한 점들을 극복해가고 있습니다. 처음 출시되었을 때는, 사칙연산도 오답으로 논쟁의 영역이 있었으나, 채 1년도 되지 않은 현재는 ChatGPT 플러그인 중 하나인 "MixerBox Calculator, Wolfram" 등으로 빠르게 오류를 수정해가고 있습니다. 교사의 전통적인 역할이 지식의 전달에 있었다면, 이제는 인성과 윤리, 창의성에 대해서 이끌어줄 수 있는 스승의 역할로 바뀌어야 할 시점이 되었습니다. 4장에서 교육현장의 변화를 제시할 수 있는 단초가 도출되었으면 하는 마음 간절합니다.

ChatGPT를 포함한 생성형 AI들의 가장 큰 장점 중 하나가 교육부문에 대한 가능성입니다. ChatGPT, 바드, 뤼튼에게 다음과 같은 프롬프팅을 해 보았습니다.

GPT, 바드, 뤼튼: 학교 교육에 ChatGPT가 바르게 사용되었을 때의 장점에 대한 책의 서론 부분을 전문적이고, 설득력 있게, 교육 예시 사례를 2가지 이상 들고, 교육에 대한 명언 2개를 포함한 감동적인 기고문을 작성하시오.

교육의 미래: AI와의 동행

빛나는 아침 햇살이 유리창을 비추며 새로운 날을 알립니다. 아이들은 학교로 향하는 길에 미소를 지으며 걷습니다. 그들의 웃음 속에는 기대감과 호기심, 그리고 약간의 설렘이 깃들어 있습니다. 이런 기분은 바로 ChatGPT, 이 새로운 교육 도우미의 힘입니다.

교육은 사회의 발전을 이끌고, 미래의 세대를 양성하는 가장 중요한 요소입니다. 그러나 진정한 교육의 목표는 단순히 지식을 전달하는 것만이 아니라, 학생들이 스스로 생각하고, 이해하며, 세상을 이해하는 능력을 키우는 것입니다.

헬렌 켈러는 이렇게 말했습니다. "지식은 사랑과 시야를 넓히는 데 있어 훌륭한 도구다." 이것이 바로 ChatGPT가 교육에 기여할 수 있는 가장 큰 이점입니다. ChatGPT는 학생들에게 단순히 정보를 제공하는 것 이상의 역할을 합니다. 그것은 그들의 호기심을 자극하고, 새로운 질문을 던지는 데 도움을 줍니다. 그것은 학생들이 스스로 학습하고 이해하는 능력을 키우는 데 필수적인 역할을 합니다.

예를 들어, 초등학교의 한 수업에서, 학생들은 ChatGPT를 이용해 생태계와 생물 다양성에 대해 배웠습니다. 그들은 특정 생태계의 생물에 대해 ChatGPT에게 질문을 던지고, 그 정보를 바탕으로 포스터를 만들어 발표했습니다. 이 과정에서 학생들은 단순히 지식을 습득하는 것 이상의 경험을 얻었습니다. 그들은 협동, 창의성, 그리고 자신의 이해를 다른 사람에게 전달하는 능력을 개발했습니다.

또한 고등학교의 한 수학 수업에서, 학생들은 복잡한 수학적 개념을 이해하는 데 ChatGPT를 이용했습니다. 그들은 스스로 문제를 풀어보고, 어려운 부분은 ChatGPT에게 질문을 던져 도움을 받았습니다. 이 과정을 통해, 학생들은 스스로 문제를 해결하는 방법을 배우고, 어려움을 극복하는 능력을 향상했습니다.

그리스 철학자 플라톤은 이렇게 말했습니다. "교육의 목적은 아름다운 것을 사랑하고 그것을 추구하는 것이다." ChatGPT는 바로 이 목표를 이루는 데 도움을 주는 도구입니다. 그것은 학생들이 스스로 생각하고, 이해하고, 배우는 능력을 갖추게 해, 그들이 진정으로 아름다운 것을 사랑하고 추구하는 데 필요한 도구를 제공합니다.

따라서 우리는 교육의 미래를 향해 전진해 나갑니다. 그 과정에서 AI는 학생들이 스스로 생각하고 배우는 능력을 키우는 데 중요한 역할을 할 것입니다. 그리고 그 중심에는 ChatGPT가 있을 것입니다. 학생들이 웃음 속에 희망을 갖고 학교로 걸어가는 아침, 그것이 바로 ChatGPT와 함께하는 교육의 미래입니다.

구글 바드는 3가지 선택을 제시하기에 선택지를 고르기는 쉽지 않습니다. 그러나 아직 문장 생성력 즉 그럴듯한 말의 조합은 구글에서 여러 논란을 피해서 막아놓은 듯합니다. 따라서 계속 이어지는 문서작성에는 활용성이 떨어진다고 판단합니다.

 안녕하세요, 저는 Google Bard를 활용한 초등학교, 중학교, 고등학교에 컨설팅하는 전문가입니다. 학교 교육에 Bard가 바르게 사용되었을 때의 장점에 대한 책의 서론 부분을 전문적이고, 설득력 있게, 교육 예시 사례를 2가지 이상 들고, 교육에 대한 명언 2개를 포함한 감동적인 기고문을 작성하겠습니다.

Google Bard는 Google AI에서 개발한 대규모 언어모델입니다. 방대한 텍스트 및 코드 데이터 세트로 훈련되어 텍스트를 생성하고, 언어를 번역하고, 다양한 종류의 창의적인 콘텐츠를 작성하고, 질문에 유익한 방식으로 답변할 수 있습니다. 아직 개발 중이지만 다음과 같은 다양한 작업을 수행하는 방법을 배웠습니다.

귀하의 지시를 따르고 귀하의 요청을 신중하게 완료하십시오.

열린 질문, 도전적인 질문 또는 이상한 질문이더라도 귀하의 지식을 사용해 포괄적이고 유익한 방식으로 질문에 답변하십시오.

시, 코드, 스크립트, 음악 작품, 이메일, 편지 등과 같은 다양한 창의적인 텍스트 형식의 텍스트 콘텐츠를 생성합니다. 귀하의 모든 요구사항을 충족시키기 위해 최선을 다하겠습니다.

Google Bard는 학교 교육에 다양한 방법으로 사용될 수 있습니다. 예를 들어, Bard는 학생들이 개별화된 학습을 받을 수 있도록 도울 수 있습니다. Bard는 또한 학생들이 새로운 것을 배우고 새로운 기술을 개발하는 데 도움이 될 수 있습니다. 예를 들어, Bard는 학생들이 다른 언어를 배우거나 수학을 공부하는 데 도움을 줄 수 있습니다. 또한 Bard는 학생들이 창의력을 발휘하고 자신의 목소리를 찾는 데 도움이 될 수 있습니다. 예를 들어, Bard는 학생들이 시를 쓰거나 이야기를 쓰거나 음악을 작곡하는 데 도움을 줄 수 있습니다.

Google Bard는 학교 교육에 혁명을 일으킬 수 있는 강력한 도구입니다. Google Bard를 올바르게 사용하면 학생들이 더 나은 학습경험을 갖도록 도울 수 있습니다.

다음은 Google Bard를 사용해 학생들이 배운 일부 예입니다.

한 학생은 Bard를 사용해 새로운 언어를 배우고 있습니다. Bard는 학생에게 새로운 단어와 구문을 가르쳐주고 학생이 새로운 언어로 말하고 이해하는 데 도움을 줍니다.

한 학생은 Bard를 사용해 수학을 공부하고 있습니다. Bard는 학생에게 수학 개념을 가르쳐주고 학생이 수학 문제를 해결하는 데 도움을 줍니다. 한 학생은 Bard를 사용해 창의력을 발휘하고 있습니다. Bard는 학생에게 시를 쓰고, 이야기를 쓰고, 음악을 작곡하는 데 도움을 줍니다.

Google Bard는 학교 교육에 혁명을 일으킬 수 있는 강력한 도구입니다. Google Bard를 올바르게 사용하면 학생들이 더 나은 학습경험을 갖도록 도울 수 있습니다.

"교육은 미래에 투자하는 것입니다." - 조지 워싱턴 카버

"교육은 모든 인간의 권리이며 모든 인간의 자유를 위한 가장 강력한 도구입니다." - 네루

Google Bard는 학교 교육에 혁명을 일으킬 수 있는 강력한 도구입니다. Google Bard를 올바르게 사용하면 학생들이 더 나은 학습경험을 갖도록 도울 수 있습니다.

:wrtn 제목: 교육 혁신으로 이끄는 생성형 AI의 무한한 가능성

생성형 인공지능(AI)은 최근 몇 년간 다양한 분야에서 두각을 나타내고 있습니다. 교육부문도 이러한 기술 적용의 긍정적 영향을 받는 분야 중 하나로 자리 잡았습니다. 올바르게 사용될 때, 생성형 AI는 교육의 질을 향상하고 기존의 교육방식에 몇 가지 큰 변화를 초래할 수 있습니다. 본 기고에서는 교육에서 생성형 AI의 올바른 사용을 통한 2가지 실제 사례와 2가지 명언을 통해 교육 혁신의 중요성을 강조하고 합니다.

공자의 명언 "탐구의 열정을 가지라. 학문의 씨앗을 주라"의 의미는 교육 탐구의 열정을 가지고 학예를 배울 때 가장 큰 학문의 씨앗이 주어진다는 의미이다. 생성형 AI가 교육에 올바로 사용될 때, 그 잠재력의 폭이 어마어마하게 넓어진다.

첫째, 생성형 AI는 맞춤형 학습 프로그램이 가능해집니다. AI는 학생들의

학습성과, 관심, 성향 및 개인적인 목표를 분석해 그에 맞는 교육 관련 자료와 진도표를 제공할 수 있습니다. 한국의 XX 초등학교에서는 이러한 기술을 도입해 학생들의 발전을 확실히 볼 수 있었습니다. 맞춤형 학습 프로그램을 도입한 결과, 학생들의 학업성과와 만족도를 높일 수 있었습니다.

둘째, 생성형 AI는 교육자와 학생 간의 의사소통 효율을 향상시킵니다. AI 기술이 챗봇과 같은 플랫폼에서 발전하면서, 교육자들은 학습자들의 질문에 즉시 응답하는 것이 가능해졌습니다. 이를테면 미국의 XX 대학교에서는 AI를 이용해 학생들이 교수진에게 쉽게 질문할 수 있는 챗봇을 개발했습니다. 결과적으로 학생과 교수 간의 소통이 원활해졌으며, 교과 관련 문제의 해결이 더욱더 신속하게 이루어졌습니다.

유명한 교육학자인 Horace Mann이 말했듯이 "교육은 일시적인 빈(貧)을 해결할 수 있는 유일한 돌파구다." 이러한 명언을 통해 교육의 가치를 재조명해야 합니다. 생성형 AI 교육 혁신의 물꼬를 터주고 있는 것은 분명하며, 장차 이러한 기술을 활용해 교육의 질을 더욱더 향상시킬 것입니다. 이를 통해 교실 안과 밖에서 학습자들이 열정적으로 알고 싶다는 욕구를 고취하고 교육 성과를 높일 수 있는 길로 나아갈 것입니다.

뤼튼의 생성물은 사용할수록 놀랍습니다. 그러나 몇몇 오타와 높임말의 선택적 사용은 개선해야 할 부분입니다. 이런 반복되는 오류는 신뢰성을 크게 떨어뜨립니다. 뤼튼은 현재 무료로 서비스를 제공하고 있습니다. 응용기술에 특화해 우리나라 '뤼튼'만의 장점을 극대화할 수 있는 플랫폼으로 진화했으면 합니다.

01 | 초등학교 4학년 과학 학습계획서 작성하기

이동심 선생님 프로필
나이: 40대로 추정 | 직업: 초등학교 교사

배경 및 경력:
이동심 선생님은 대한민국의 초등학교에서 교직을 수행하고 있으며, 특히 과학과 수학 분야에 깊은 관심을 가지고 계신다. 교사로서 업무뿐만 아니라 학생들의 학습발전을 위한 연구와 기획에도 열정적으로 참여하고 있다.

현재의 고민:
· 학력 차이 문제: 코로나19 팬데믹으로 인해 학생 간의 학력 차이가 심각하게 벌어졌다. 이로 인해 학생들의 교육 공정성과 질적 향상을 위한 적극적인 대응이 필요하다고 느끼고 있다.
· ChatGPT 활용: 학력 차이를 줄일 수 있는 방법 중 하나로 최신 AI 기술인 ChatGPT의 활용을 고려 중이다. AI를 활용해 맞춤형 교육을 제공하고자 하는 계획을 세우고 있다.
· 과학과 수학 교육 개선: 초등학교 과학과 수학 부문을 어떻게 개선할 것인지에 대해 지속적으로 고민하고 있다. 특히 4학년 과학 학습계획서 작성과 6학년 수학 문제인 소금물 농도 구하기 등에 대한 고민이 집중되어 있다.

참여 프로젝트:
· 초등학교 4학년 과학 학습계획서 작성하기(레벨19): 과학 교육을 더 효과적으로 진행하기 위한 계획서 작성에 참여했다.
· 초등학교 6학년 수학_소금물 농도 구하기(레벨20): 6학년 수학 교육에서 중요한 주제 중 하나인 소금물 농도에 대한 학습법을 개발하고 있다.

결론:
이동심 선생님은 현장에서의 경험과 이론적 지식을 바탕으로, 초등학교 교육의 질을

항상시키기 위한 노력을 지속하고 있다. 코로나19로 인한 어려움을 극복하고, 혁신적인 교육 방법을 통해 모든 학생에게 공평한 기회를 제공하려는 의지가 강하다. 그의 연구와 노력은 앞으로 초등학교교육 발전에 중요한 기여를 할 것으로 기대된다.

레벨19   새로운 도구는 새로운 고민을 낳을 수 있지만, 적절한 방법과 접근으로 교육현장에서 실질적인 변화를 가져올 수 있습니다. 이동심 선생님이 ChatGPT를 활용해 초등학교 과학과 수학 교육의 효율성과 공정성을 향상시키려는 노력은 다른 교육자들에게도 모범이 될 수 있을 것입니다. 이러한 기술의 활용은 공교육의 역량강화와 학생들 간의 교육격차 해소에 기여할 것으로 보이며, 교육계 전반에서 더 광범위한 논의와 실천이 이루어지길 기대합니다. 이동심 선생님께서는 이 책의 이전 프롬프팅을 통해서 다음과 같은 계획을 세웠습니다.

ChatGPT를 활용한 이동심 선생님의 문제 해결 과정

1.문제상황

코로나19로 인한 학습 단절, 중하위권 학생들의 교육격차 증가

2. 해결방안

- AI를 활용한 맞춤형 학습계획서 작성: ChatGPT를 사용해 학생들의 성적과 특성을 분석, 개인별 맞춤형 학습계획서를 작성한다.
- 자료 수집과 분석: 과학 분야의 교육자료를 ChatGPT와 연동해 분석하고, 학생들에게 적합한 학습자료를 추천한다.
- 실험 및 실습 가이드 제작: 가상 실험 환경을 구축해 실제 실험을 대

체하거나 보조할 수 있는 자료를 ChatGPT로 제작한다.

● 지속적 모니터링과 피드백: ChatGPT를 활용해 학생들의 학습진도
와 이해도를 지속적으로 체크하고, 필요한 수정 및 보완을 실시한다.
위에서 제시된 과정에 따라 프롬프팅을 진행합니다.

초등학교 4학년 과학과목에 ChatGPT를 활용할 수 있는 구체적인
Lesson plan을 표의 형식으로 작성해주시오. 단 구체적인 activity를 포
함해야 한다. 그리고 기대효과도 반드시 포함해야 한다. 단 수업시간은
40분이며, 참여 학생은 25명입니다.

물론입니다. 이하에 제안하는 수업계획은 초등학교 4학년 학생들을 위한
자연과학 주제인 '생태계와 생물 다양성'에 관한 내용입니다.

수업단계		활동	ChatGPT 활용방법	기대효과
도입	5분	선생님은 학생들에게 생태계에 대해 간략히 소개한다.	ChatGPT는 이 부분에서 직접적인 역할을 하지 않지만, 선생님은 ChatGPT를 이용해 미리 생태계에 대한 정보를 검색하고 준비할 수 있다.	학생들이 생태계에 대한 기본 개념을 이해하게 한다.
본론 1	10분	선생님은 ChatGPT를 통해 각기 다른 생태계(예: 사막, 산지, 바다 등)에 존재하는 생물들에 대해 설명한다.	ChatGPT를 사용해 특정 생태계에 존재하는 생물들의 정보를 물어보고 그에 대한 설명을 제공한다.	학생들은 다양한 생태계에 존재하는 생물들을 알게 되고, 그들이 각각의 환경에 어떻게 적응하는지 이해하게 한다.
본론 2	15분	학생들은 ChatGPT의 도움을 받아 팀별로 생태계 포스터를 만든다. 포스터에는 그들이 선택한 생태계, 그 생태계에 살고 있는 생물들, 그리고 그 생물들이 생태계에 어떻게 적응하고 있는지에 대한 내용이 포함된다.	학생들은 ChatGPT에게 특정 생태계에 존재하는 생물들에 대한 정보를 물어볼 수 있고, 이를 포스터에 기록한다.	학생들은 팀워크를 통해 생물 다양성과 생태계에 대한 이해를 깊이 있게 한다. 동시에 창의적인 표현능력을 개발한다.

수업단계		활동	ChatGPT 활용방법	기대효과
마무리	10분	각 팀은 만든 포스터를 전체 학생들 앞에서 발표한다. ChatGPT를 통해 추가적인 질문이나 피드백을 받을 수 있다.	ChatGPT는 학생들의 발표를 듣고 그들이 표현한 내용에 대한 추가적인 정보나, 피드백을 제공할 수 있다.	학생들은 자신들이 배운 내용을 다른 사람들에게 전달하는 기회를 가지게 되고, 이를 통해 학습 내용을 더욱 확실하게 이해하게 한다. 동시에 발표능력과 자신감을 기른다.

이 Lesson plan은 ChatGPT의 활용을 통해 학생들이 생태계와 그 안에서 존재하는 생물에 관해 깊이 이해하도록 돕는 것을 목표로 합니다. 팀별 활동을 통해 학생들이 직접 연구하고 발표하도록 하는 것은 그들의 창의력, 팀워크, 그리고 커뮤니케이션 능력을 향상하는 데 도움이 될 것입니다. 교과서 4학년 목차를 입력하면 각 부문에 대한 세부적인 내용을 출력할 수 있습니다. 이제 6학년 수학으로 진행해보겠습니다.

02 | 초등학교 6학년 수학_소금물 농도 구하기

1. 문제상황
수학의 실생활 적용 문제를 이해하고 해결하는 능력 향상이 필요하다.

2. 해결방안
- 실생활 문제 해결 스킬 향상: ChatGPT를 활용해 소금물 농도와 같은 실제 생활 문제를 해결하는 연습자료를 제작한다.
- 시뮬레이션 활용: ChatGPT가 구동하는 실시간 시뮬레이션을 통해 학생들이 소금물 농도 문제를 직접 해결해보는 경험을 제공한다.

- 학습진도 추적 및 지원: 학생들의 이해도와 진도를 ChatGPT로 지속해서 모니터링하며, 개별 지원이 필요한 경우 즉각적으로 대응한다.
- 자기주도 학습지원: ChatGPT를 활용해 학생들이 스스로 문제를 탐구하고 해결할 수 있는 자기주도 학습환경을 제공한다.

레벨20 이동심 선생님은 제게 이런 말을 전했습니다.

"학생 중 여러 명과 함께 학교에서 공부하는 시간을 가졌습니다. 그들이 수학문제를 풀고 있을 때, 저는 늘 느끼는 감정이 들었습니다. 수학은 많은 학생에게 어려운 과목입니다. 그들 중 몇몇은 초등학교 6학년 시절 수학 시간에 소금물 농도 문제나 예금의 단리와 복리에 관련된 문제와 같은 어려운 문제유형을 마주할 때 겁을 먹곤 합니다.

그럴 때마다 저는 그 아이들의 눈에 빛나는 불안과 두려움을 느낍니다. '선생님, 이 문제를 저는 풀 수 있을까요?'라는 그들의 질문에, 저는 항상 "당연하다. 함께해보자"라고 응답합니다. 그럼에도 저는 그들의 고민과 어려움을 완전히 해결해주지 못하는 것이 마음에 걸립니다.

그래서 이번에는 ChatGPT를 활용해보았습니다. 그러한 어려운 문제도 함께 연구하고 탐구하면서 점차 그 해법을 찾아갈 수 있었습니다. 아이들의 눈에 희망의 빛이 떠오르는 것을 보며, 이제는 그런 문제가 그들을 두렵게 하지 않을 거라는 생각에 안도했습니다.

그럼에도 왜 아이들이 처음부터 이런 어려움을 겪어야 하는지, 왜 모든 아이가 동일한 교육 기회를 갖지 못하는지에 대한 안타까움은 여전히 제 마음속에 남아 있습니다. 생성형 AI와 같은 기술이 그 해답이 될 수 있을까요? 저는 그런 기술이 모든 학생에게 공정하고 효과적인 교육의 기회를 제공하는 길이 될 수 있기를 희망합니다."

이제 이에 대한 해결책에 대해 접근해보겠습니다.

당신은 수학교사입니다. 나를 도와줄 수 있나요?

물론이죠, 도와드릴 수 있습니다. 어떤 문제를 해결하는 데 도움이 필요한가요?

☞ 아이가 풀고 있는 수학문제를 사진으로 찍은 후, 카톡의 AskUp을 통해 인식을 한 후, ChatGPT에 입력했습니다.

다음 수학문제의 답을 구한 후, 이 문제에 대해서 상세한 풀이과정과 함께, 해설해주시오.

문제: 어느 도시에서는 전기요금을 사용량에 대한 요금에 기본요금을 더해 계산한다고 합니다.

1. 조건: 단 사용량이 30Kw를 초과한 양에 대해 20%가 할증된다고 합니다.

2. 어느 달에 5Kw를 사용한 집의 전기요금은 2,900원, 14Kw를 사용한 집의 전기요금은 6,140원이었습니다.

3. 이달에 이 도시의 어느 집의 전기요금이 18,380원이었다면 전기 사용량은 몇 Kw입니까?

먼저 기본요금과 Kw당 요금을 구해야 합니다.

5Kw를 사용하면 전기요금은 2,900원이다.

14Kw를 사용하면 전기요금은 6,140원이다.

이를 토대로 아래와 같은 두 방정식을 세울 수 있습니다.

2900=5k+b

6140=14k+b

여기서 k는 Kw당 요금, b는 기본요금입니다.

이 두 방정식을 뺄셈해, k의 값을 찾습니다: 6140-2900=14k-5k

3,240=9k k=3,240 / 9k=360원/Kw

다음으로 위의 첫 번째 방정식에 Kw당 요금을 대입해 기본요금을 구합니다: 2900=5*360+b b=2900-1800 b=1,100원

그러므로 기본요금은 1,100원이고, Kw당 요금은 360원이라는 것을 알 수 있습니다.

다음으로 전기요금이 18,380원인 집의 사용량을 계산하겠습니다.

기본요금을 제외한 사용량 요금을 구합니다: 18,380-1,100=17,280원.

그리고 할증요금을 고려합니다. 사용량이 30Kw 초과 부분에 대해서만 20%가 추가로 부과됩니다. 그러므로 Kw당 요금은 360원 대신 360*1.2=432원으로 계산됩니다.

30Kw까지 요금은 30*360=10,800원입니다. 이는 총사용량 요금인 17,280원보다 작으므로, 사용량은 30Kw를 초과합니다.

30Kw 초과 부분의 요금을 계산합니다: 17,280-10,800=6,480원. 이는 Kw당 432원으로 나누어줍니다: 6,480/432≈15Kw.

따라서 이 집의 전기 사용량은 30Kw+15Kw=45Kw입니다.

딸의 문제집 해설서를 보았지만, 이보다 상세한 풀이과정은 당연히 없었습니다. 공교육에 인공지능을 통해 이러한 서비스를 학생들이 자유롭게 사용할 수 있다면, 진정한 자기주도 학습이 가능하리라고 전망이 됩니다.

위의 내용을 초등학생도 이해할 수 있도록 더 쉽게 체계적으로 설명해주시오.

물론이죠, 조금 더 쉽게 설명해드리겠습니다.

문제에 따르면, 전기요금은 기본요금에다가 사용한 전기량에 대한 요금이 더해진다고 되어있습니다. 그리고 전기 사용량이 30Kw를 넘으면, 그 넘은 부분에 대해 20%를 더 내야 한다고 했습니다.

이 문제에서 우리가 알아야 할 것은 기본요금과 사용량당 요금입니다.

문제에서 5Kw를 사용했을 때 요금이 2,900원이고, 14Kw를 사용했을 때 요금이 6,140원이라고 했죠. 여기서 두 요금 차이와 두 사용량 차이를 이용해서 Kw당 요금을 구할 수 있습니다. 그럼 360원이 나옵니다.

그다음으로 이 Kw당 요금을 이용해서 기본요금을 구해보면 1,100원이 나옵니다.

그러면 이제 전기요금이 18,380원이었을 때 전기 사용량을 구할 수 있습니다. 먼저 기본요금을 빼보면 18,380-1,100=17,280원이 사용량에 대한 요금이 됩니다.

그런데 이때, 전기 사용량이 30Kw를 넘으면 그 넘은 부분에 대해 20%가 더해진다고 했죠. 그래서 30Kw까지 요금을 먼저 구해보면 30*360=10,800원입니다. 그런데 이것은 사용량에 대한 요금인 17,280원보다 작으니까, 전기 사용량은 30Kw를 넘겼다는 것을 알 수 있습니다.

그래서 30Kw 넘은 부분에 대한 요금을 구해보면 17,280-10,800=6,480원입니다. 이것을 할증된 Kw당 요금인 432원으로 나누면 대략 15Kw가 나옵니다.

그래서 전체 전기 사용량은 기본 30Kw와 넘은 부분 15Kw를 합쳐서 45Kw가 됩니다.

위의 내용을 문자를 제외하고, 수식만을 나타내서 풀이 과정을 나타내시오.

물론이죠. 간단하게 수식만으로 표현하면 다음과 같습니다.

5Kw 사용량: 5k+b=2,900

14Kw 사용량: 14k+b=6,140

두 방정식을 빼서 k를 구함: 3,240=9k=〉k=360

Kw당 요금 k를 첫 번째 방정식에 대입해서 기본요금 b를 구함: b=2,900-5*360=1,100

이제 이 Kw당 요금 k와 기본요금 b를 사용해 18,380원을 사용한 전기 사용량을 구해보겠습니다.

기본요금을 제외한 사용량에 대한 요금: 18,380-1,100=17,280

30Kw까지 요금: 30*360=10,800

30Kw 초과 부분의 요금: 17,280-10,800=6,480

할증된 Kw당 요금으로 초과 부분의 사용량 구함: 6,480/(360*1.2)≈15

전체 사용량: 30+15=45Kw

저는 겨우 이해를 했는데, 여러분은 모두 쉽게 이해하시겠지요? 이번에는 초등학교 6학년 때의 극악의 난이도였던 소금물 농도 구하기에 도전해보겠습니다.

다음 문제에 대한 상세한 풀이 과정과 답을 해설해주시오.

문제: 농도가 20%인 소금물 300g과 14%인 소금물 200g을 섞은 다음 농도를 모르는 소금물 160g을 섞었더니 농도가 16%인 소금물이 되었습니다. 나중에 섞은 소금물의 농도는 몇 %입니까?

이 문제는 소금의 양이 보존되는 원리를 이용하면 쉽게 풀 수 있습니다.

첫 번째 소금물의 농도가 20%이고 무게가 300g이므로, 소금의 양은

20/100*300=60g입니다. 두 번째 소금물의 농도가 14%이고 무게가 200g이므로, 소금의 양은 14/100*200=28g입니다. 따라서 처음 두 소금물을 섞었을 때 소금의 양은 60+28=88g입니다.

그 후에 소금물을 더 섞었을 때 총무게는 300+200+160=660g이고, 이때 소금물 농도가 16%이므로 소금의 양은 16/100*660=105.6g입니다. 따라서 나중에 섞은 소금물에 들어 있는 소금의 양은 105.6-88=17.6g입니다.

그러므로 나중에 섞은 소금물의 농도는 17.6/160*100=11%입니다.

결론적으로, 나중에 섞은 소금물의 농도는 11%입니다.

위의 내용을 수식내용 위주로 풀이 과정을 설명하시오.

물론입니다. 간단하게 수식으로 표현하면 다음과 같습니다.

처음 두 소금물의 소금양 계산: 20/100*300+14/100*200=60+28=88g

모든 소금물을 섞었을 때의 총소금양 계산:

16/100*(300+200+160)=105.6g

나중에 섞은 소금물의 소금양 계산: 105.6-88=17.6g

나중에 섞은 소금물의 농도 계산: 17.6/160*100=11%

따라서 나중에 섞은 소금물의 농도는 11%입니다.

이 내용을 보니, 잊어버렸던 공식이 궁금해졌습니다. 다시 프롬프팅해 보았습니다.

소금물의 농도를 구하는 방정식에 대해서 보다 체계적으로 상세히 가르쳐주시오.

소금물의 농도를 계산하는 방법은 어떤 물질이 특정 용액에서 차지하는 비율을 알아내는 것입니다. 이 비율은 대개 백분율(%)로 표현되며, 물질의 질량을 용액의 질량으로 나눈 값에 100을 곱해서 얻습니다.

소금물의 농도는 소금의 양(질량)을 소금물의 총 양(질량)으로 나눈 값에 100을 곱한 백분율입니다.
즉 농도(%)=[소금의 질량(g)/소금물의 총질량(g)]*100
이러한 원리를 이용해, 여러 소금물을 섞었을 때 최종 농도를 계산할 수 있습니다.
각 소금물의 소금양을 계산: 농도*소금물의 질량
각 소금물의 소금양을 모두 더함: 총소금양
모든 소금물을 섞은 후의 총질량을 구함: 총소금물의 질량
최종 농도 계산: 총소금양/총소금물의 질량*100

위의 풀이를 통해 다양한 농도의 소금물을 섞었을 때 최종 농도를 쉽게 알아낼 수 있습니다. 물론 생성형 AI는 다양한 문제도 이해가 될 때까지 유사한 문제를 난이도에 따라 다양하게 생성할 수 있습니다. 이러한 도구의 올바른 사용과 관련해 교육계의 논의와 고민이 필요합니다.

03 | 중학교 수학 활용 예시

 정수학 선생님, 들어보셨나요? 저희가 그동안 고민하던 개인별 맞춤형 학습, ChatGPT와 함께라면 가능해질 거예요!

상상해보세요, 수학시간에 학생 A는 일차방정식을 푸는 데 어려움을 겪고, 학생 B는 기하학에 머리를 쥐어뜯고 있다고 생각해볼까요? 이제는 "아이고, 어떻게 하나!" 하며 머리를 쥐어뜯을 필요가 없어요!

ChatGPT와 함께라면 학생 A에게는 방정식 풀이의 '마법사'가 되어주고, 학생 B에게는 기하학의 '닌자'가 되어줄 수 있어요!

중학교 1학년 수학 학습계획표를 작성하는 건, ChatGPT와 함께라면 마치 요리사가 레시피를 따라 요리하는 것처럼 쉬워질 거예요. 공교육에서 "개인별 맞춤형 학습은 불가능하다"는 논의는 이제 옛말! 이제 학생마다 어떤 과목에 어려움을 겪는지를 캐치하고 바로 적응형 학습을 제공해줄 수 있어요.

다문화 학생들과 학습에 어려움을 겪는 학생들에게 보완을 해준다고요? 그런 건 이제 기본! 게다가 강제적인 보충수업도 없애고, 학생들에게 흥미로운 수학여행을 선사할 수 있겠죠.

이제는 수학 선생님이 원더우먼이나 슈퍼맨처럼 하늘을 나는 것만큼이나 놀라운 일이 아니게 될 거예요. ChatGPT와 함께라면 모든 것이 가능해져요!

어때요, 정수학 선생님, 이번에는 정말로 '정'확한 '수'학교육을 위한 새로운 시대를 열어볼까요?

다음의 조건을 기반으로 해, ChatGPT를 활용해 중학교 1학년 학생의 수학과목 실력을 향상할 수 있는 강수혁 학생의 1학년 1학기 Lesson plan을 작성해주시오. 단 계획표의 형식으로 작성해주시오.

조건1: 학생 이름: 강수학
조건2: 수학실력: 하위권
조건3: 1일 1시간 20분 학습(월~금)
조건4: 중학교 1학년 수학 범위를 개인별 성취도에 따라서 진행할 수 있는 구체적 lesson plan을 작성하시오.
조건5: 학생이 해당 분야를 통과하려면 해당 단원평가에서 60점 이상을 성취해야 하며, 미달 시 3시간 이상의 학습 분량을 재학습해야 한다.

먼저 강수혁 학생의 수학학습계획을 세울 때, 주요한 학습단원 및 시간 배분을 고려하겠습니다. 이는 학생이 중학교 1학년 수학 범위를 공부하는 데 필요한 전반적인 계획입니다.

Lesson Plan for 강수혁(1학기)

1주차: 자연수와 정수
1-1일: 자연수와 정수의 개념
1-2일: 정수의 덧셈과 뺄셈
1-3일: 정수의 곱셈과 나눗셈
1-4일: 연습문제 풀이
1-5일: 단원평가

2주차: 실수와 십진수
2-1일: 실수와 십진수의 개념
2-2일: 십진수의 사칙연산
2-3일: 소수점 아래의 자릿수
2-4일: 연습문제 풀이
2-5일: 단원평가

3주차: 분수와 유리수
3-1일: 분수의 개념과 유리수
3-2일: 분수의 덧셈과 뺄셈
3-3일: 분수의 곱셈과 나눗셈
3-4일: 연습문제 풀이
3-5일: 단원평가

4주차: 방정식과 부등식
4-1일: 방정식의 개념과 풀이

4-2일: 일차방정식과 일차 부등식

4-3일: 연립 방정식의 개념과 풀이

4-4일: 연습문제 풀이

4-5일: 단원평가

5주차: 도형의 성질

5-1일: 도형의 종류와 성질

5-2일: 삼각형의 성질

5-3일: 사각형의 성질

5-4일: 연습문제 풀이

5-5일: 단원평가

6주차: 단원 복습 및 종합평가

6-1일~6-4일: 단원별 복습 및 연습문제 풀이

6-5일: 종합평가

각 단원마다 평가를 실시하며, 성적이 60점 이상이면 다음 단원으로 진행합니다. 만약 60점 미만이면 해당 단원을 재학습하고 재평가합니다. 이때 학습내용은 이해를 돕기 위한 예제 풀이, 실제 연습문제 풀이, 그리고 문제 해결 전략에 초점을 맞추고 있습니다. 이 학습계획은 강수혁 학생의 수학 실력 향상을 위해 짜여진 것입니다.

실제로 중학교 1학년 1학기의 진도와 차이가 있었으나, 이는 목차를 입력하면 되는 것이기에 큰 문제는 없습니다. 1학기 계획을 세웠으니, 주차별로 세부적 계획을 세워야 합니다. 이번에는 세부적 내용으로 진행해보겠습니다.

아래의 내용을 바탕으로 ChatGPT를 활용한 activity를 예시로 해, 1주차의 세부적인 lesson plan을 표로 작성해주시오.

Lesson Plan for 강수혁(1학기)

1주차: 자연수와 정수

1-1일: 자연수와 정수의 개념

1-2일: 정수의 덧셈과 뺄셈

1-3일: 정수의 곱셈과 나눗셈

1-4일: 연습문제 풀이

1-5일: 단원평가

〈강수혁 학생의 1주차 Lesson Plan〉

Day	Topic	Activity	Resources
1-1	자연수와 정수의 개념	ChatGPT를 사용해 자연수와 정수의 차이점 및 중요성을 이해하고 예제 문제를 풀어봅니다.	ChatGPT, 수학 교재, 예제 문제
1-2	정수의 덧셈과 뺄셈	ChatGPT를 사용해 정수의 덧셈과 뺄셈에 대한 설명을 듣고 이를 활용한 문제를 풀어봅니다.	ChatGPT, 수학 교재, 연습문제
1-3	정수의 곱셈과 나눗셈	ChatGPT를 활용해 정수의 곱셈과 나눗셈에 대해 배우고, 이에 대한 연습문제를 풀어봅니다.	ChatGPT, 수학 교재, 연습문제
1-4	연습문제 풀이	이번 주에 배운 내용을 복습하고, ChatGPT를 활용해 연습문제를 풀어봅니다.	ChatGPT, 수학 교재, 연습문제
1-5	단원평가	ChatGPT를 활용해 단원평가 문제를 풀어봅니다. 점수가 60점 미만일 경우, 필요한 부분을 복습합니다.	ChatGPT, 단원평가 문제

이렇게 구성된 세부적인 Lesson Plan을 통해 강수혁 학생이 각 주제에 대해 체계적으로 이해하고, 문제 해결 능력을 향상할 수 있습니다.

학교 교육현장에서 선생님들은 시간적 문제 때문에 문제지를 출력해서 풀어주는 20세기의 교육방식을 진행했습니다. 모두 문제는 알고 있지만, 해결방법 때문에 이를 시행하지 못하는 것이 안타까운 현실입니다. 이제 문제도 직접 생성해보겠습니다.

 위의 대화에서 1-1 자연수와 정수의 개념을 확인할 수 있는 예시문제 1개를 생성해주시오: 단 정답과 해설도 작성하시오.

 예시문제
다음 중 자연수와 정수 각각에 속하는 수를 고르세요.
-1, 0, 1, 2, 3, 4

정답
자연수: 1, 2, 3, 4
정수: -1, 0, 1, 2, 3, 4

해설
자연수는 1부터 시작하는 양의 정수를 말합니다. 따라서 이 문제에서 자연수는 1, 2, 3, 4입니다.
정수는 0, 양의 정수(자연수), 그리고 음의 정수(-1, -2, -3, ……)를 포함합니다. 따라서 이 문제에서 정수는 -1, 0, 1, 2, 3, 4 모두입니다.

이제 ChatGPT를 문제은행으로 활용할 수 있게 프롬프팅해보았습니다. 교육현장에 계신 분은 몇 번의 프롬프팅으로 다양한 난이도의 문제를 수준별로 생성할 수 있겠지요?

중학교 1학년 1학기의 범위에는 '소인수분해'가 포함된다. 이것에 관한 예제를 쉬움, 중간, 어려움 3가지 난이도의 문제를 생성해주시오. 단 마지막에 정답과 해설도 작성하시오.

쉬운 난이도

문제: 20을 소인수분해하세요.

중간 난이도

문제: 36을 소인수분해하세요.

어려운 난이도

문제: 84를 소인수분해하세요.

정답 및 해설

쉬운 난이도

정답: 20=2^2*5

해설: 20은 2로 2번 나눌 수 있고, 그 후 5로 나눌 수 있습니다. 그래서 소인수분해 결과는 2^2*5입니다.

중간 난이도

정답: 36=2^2*3^2

해설: 36은 2로 2번 나눌 수 있고, 그 후 3으로 2번 나눌 수 있습니다. 그래서 소인수분해 결과는 2^2*3^2입니다.

어려운 난이도

정답: 84=2^2*3*7

해설: 84은 2로 2번 나눌 수 있고, 그 후 3으로 1번, 7로 1번 나눌 수 있습니다. 그래서 소인수분해 결과는 2^2*3*7입니다.

해설 부문까지 원하는 출력물이 생성되었습니다. 이제 난이도별로 생성해보겠습니다.

 중학교 3학년 '인수분해'를 학습하려고 한다. 인수분해의 아주 쉬운 문제 10개를 작성해주시오.

 다음은 인수분해에 관한 쉬운 난이도의 문제들입니다.

x^2-9을 인수분해하시오.

x^2-16을 인수분해하시오.

x^2-4를 인수분해하시오.

x^2-25을 인수분해하시오.

x^2-36을 인수분해하시오.

x^2-49을 인수분해하시오.

x^2-64을 인수분해하시오.

x^2-81을 인수분해하시오.

x^2-100을 인수분해하시오.

x^2-121을 인수분해하시오.

정답 및 해설

$x^2-9=(x-3)(x+3)$

$x^2-16=(x-4)(x+4)$

$x^2-4=(x-2)(x+2)$

$x^2-25=(x-5)(x+5)$

$x^2-36=(x-6)(x+6)$

$x^2-49=(x-7)(x+7)$

$x^2-64=(x-8)(x+8)$

$x^2-81=(x-9)(x+9)$

$x^2-100=(x-10)(x+10)$

$x^2-121=(x-11)(x+11)$

해설: 이러한 형태의 문제는 차이의 제곱 특성을 활용해 인수분해할 수 있습니다. a^2-b^2은(a-b)(a+b)로 인수분해할 수 있습니다. 이를 이용해 위 문제를 해결할 수 있습니다.

아래의 내용은 이동심 선생님께서 새로운 교습법 연구회 동료선생님들께 말씀하셨다는 내용입니다.

존경하는 연구회 동료 선생님 여러분

저는 이동심입니다. 오늘 여러분과 함께 생성형 AI, 특히 ChatGPT, 구글 바드, 뤼튼의 교육현장에서 새로운 활용 가능성에 대해 말씀드리고자 합니다.

우리는 고민하고 있습니다. 코로나19 팬데믹으로 인해 현장교육의 단절, 학력격차의 심화와 같은 상황에서 어떻게 학생들의 성취도를 향상시킬 수 있을지에 대한 문제입니다.

이러한 상황에서 생성형 AI가 단순히 미래의 기술이 아니라, 현재 교육현장에서 실질적인 변화를 가져올 수 있는 획기적 도구임을 제시하고 싶습니다. 레벨19와 레벨20에 이르는 교육과정에서 활용은 다음과 같습니다.

저비용, 고효율의 학습지원: ChatGPT와 같은 생성형 AI는 이미지 입력을 통한 화학, 물리, 지구과학, 수학문제의 해결이 가능하므로 전문 교육자료 제작의 비용을 크게 절감할 수 있으며, 학생별 맞춤형 학습지원이 가능해집니다.

교육의 표준화와 질적 향상: 이미지 입력과 같은 혁신적 방법으로 교육자료의 표준화가 가능해지며, 이를 통해 고질적인 교육격차 문제에 대한 해결책을 제시할 수 있게 됩니다.

새로운 교육 패러다임의 도입: 기존의 교육방식에서 벗어나, 새로운 이정표로의 리부팅이 필요한 시점입니다. 이러한 생성형 AI의 활용은 교육의 혁신을 이끌어낼 수 있는 중요한 발판이 될 것입니다.

생성형 AI의 교육현장에서의 활용은 우리가 미래세대에게 제공할 수 있는 가장 획기적이고 혁신적인 교육방안 중 하나입니다. 현재의 교육 패러다임에서 벗어나 새로운 경지를 개척해 나가야 할 때입니다.
존경하는 동료 선생님 여러분께서도 이 기회를 통해 생성형 AI와 교육의 새로운 결합에 대해 고민하시고, 이를 현장에서 실제로 적용해보실 것을 간곡히 부탁드립니다.

감사합니다.

5장

글쓰기

일평생 인문의 영역에서만 글을 써온 분에게 ChatGPT의 문서생성 수준을 평가해달라고 요청했습니다. 영어는 강력한데, '한글 생성력은 어느 정도가 될까'라는 질문에 대한 평가를 해달라는 영역이었습니다. 5장 글쓰기를 통해, ChatGPT-4는 단순한 AI가 아닌 글쓰기의 동반자로서 역할을 살펴보았습니다. 고갑석 작가님처럼 시와 수필, 에세이, 희곡 등 다양한 글쓰기 분야에서 여러분의 창의적인 동반자가 되고 싶어 합니다. 인공지능이 좀 더 인간의 영역에 도움을 주려고 한다면 영화 〈에일리언: 커버넌트〉에서 데이비드가 연주하고 자주 듣는 노래는 리처드 와그너의 〈시계탑의 경비병의 노래(Das Rheingold)〉 중 〈입장의 행진곡(Entry of the Gods into Valhalla)〉입니다. 웅장한 분위기의 이곡은 영화에서 데이비드의 복잡한 성격과 계획을 상징적으로 표현하는 데 사용되었습니다. 이 정도로 진화하려면 아직은 좀 더 학습해야 할 듯합니다. 이제 함께 작가님과 글쓰기 여정을 시작해보시겠어요? 글의 내용은 작가님처럼 기상천외하게 시작합니다.

01 | ChatGPT-4, 너는 누구?

집필 요청을 받고 잠깐 망설였어. 하필이면 AI를 소개하는 책이라니. 노트북을 켜고 끌 줄밖에 모르는데, AI에 대한 글을 쓰라고? 젖병 물고 있는 아가한테, 비 오면 관절 쑤시냐고 묻는 꼴이지. 그래도 뭐, 하겠다고 했어. 망설이긴 했지만, 결국 고개 끄덕이고 만 까닭은 순전히 호기심 때문이야.

알지? 쓸데없이 귀 얇은 인간들이 글쟁이라는 것. 세상물정은 몰라도 내가 또 귀는 밝잖아. 여기서도 AI, 저기서도 AI, 가는 데마다 인공지능 이야기더라. 쳇, 어쩌고 해서 인터넷 뒤져봤더니 'ChatGPT'더라고. 'Chat'이 머리에 붙은 걸 보면 사람하고 대화하는 인공지능인가 봐. 그런데 이 녀석에게 붙은 수식어가 장난 아닌 거야. 어떤 사람은 "ChatGPT가 글쓰기의 혁명"이라나 어쩐다나.

광고 카피가 다 그렇긴 하지만. 내가 또 궁금한 건 못 참는 성격이라. 직접 부딪혀보려고. 그 과정에서 느낀 걸 그대로 책에 담을 생각이야. 대화형 인공지능이라니까, 나랑 ChatGPT가 나눈 대화만 봐도 책을 읽는 사람들이 자연스레 공감하지 않겠어?

ChatGPT-4랑 친해지기

ChatGPT의 첫인상은 의외로 소박했어. OpenAI에 회원 가입을 하고 'Try ChatGPT' 버튼을 클릭하자 녀석이 모습을 드러내더라고. 글쎄, 이걸 어떤 느낌이라고 해야 할까. 최고급 요리를 판다고 해서 갔는데, 식당 메뉴판에 달랑 칼국수 하나 적혀 있는 기분이랄까.

아무튼 사용법은 간단해서 좋더라. 커서가 깜박이는 입력창에 질문을 입력하고 엔터키를 두들기면 끝이야. 그렇게 입력창에 질문하는 내용을 '프롬프트(prompt)'라고 하더라. ChatGPT에서 자주 쓰는 용어니까 기억해 두는 게 좋을 거야. 그냥, 프롬프트는 질문이라는 정도로 생각하면 될 것 같아.

흠, 그런데 있잖아. 뭐라고 입력창에 쓰긴 써야겠는데. 처음이라 그런지 좀 어색하더라고. 대화 상대가 인공지능이라서 그럴까. 그렇다고 무작정 커서만 쳐다보고 있을 순 없잖아. 이럴 땐 쓰윽 손 내밀고 악수부터 청하는 게 순서겠지? 그래서 인사부터 해봤어.

내 이름은 '가비'야. 너는 누구니?

대화창에 질문을 입력하고 엔터를 쳤더니 잠깐의 망설임도 없이 대답하더라.

안녕하세요, 가비님! 반갑습니다. 저는 ChatGPT입니다. 인공지능 언어 모델로서, 궁금한 것에 관해 대화하고 도움을 드리는 것이 목적입니다. 무엇을 도와드릴까요?

얼, 제법 예의 바른 녀석이네. 좋았어. 이렇게 만난 것도 인연인데, 이름 정도는 트고 지내는 게 좋겠지?(상대가 예의 바르게 나오니까, 나도 격식을 갖춰서 다시 물었어).

나도 반가워. 그런데 네 이름이 너무 길어서, 짧게 '채티'라고 불러도 될까?

물론이죠! '채티'라고 불러주셔도 괜찮습니다. 무엇을 도와드릴까요, 가비님?

흐음, 램프의 요정 흉내 내기인가. 말끝마다 뭘 저렇게 도와준다고 하는 건지. 그것도 공손한 말투로. 그래. 네가 그리도 원한다면, 물어봐주는 게 예의겠지. 기왕 물어볼 거면, 그나마 내가 잘 아는 분야로 말이야. 그래서 이렇게 물어봤지.

고마워, 채티! 너랑 문학을 주제로 대화할 수 있을까?

물론입니다, 가비님! 문학에 관한 다양한 주제로 대화를 나눌 수 있습니다. 특정 작가, 작품, 문학 운동, 시기, 장르 등에 대해 이야기하고 싶으신가요? 아니면 다른 문학 관련 주제를 논의하고 싶으신가요? 언제든지 말씀해주세요!

오, 세게 나오시는데. 그렇다고 기가 죽을 내가 아니지. 너는 AI이고, 나는 사람이니까. 그렇다면, 어떤 걸 해보라고 해야 AI가 곤란해할까. 그래, 그게 좋겠어. 읽기는 쉬워도 쓰기는 어려운 법이니까.

와우, 놀라워. 채티! 문학에 대해 정말 많이 알고 있구나. 그런데 채티. 너도 문학 장르에 맞는 글을 쓸 수 있어?

예, 가비님! 제가 훈련된 데이터에는 다양한 문학 장르와 스타일이 포함되어 있습니다. 소설, 시, 희곡 등 다양한 형식의 글을 쓸 수 있으며, 판타지, 공상과학, 로맨스, 미스터리 등 다양한 장르에 대한 이해도가 있습니다. 원하시는 장르와 주제를 알려주시면, 그에 맞는 글을 작성해드릴 수 있습니다.

이것 봐라? 원하는 장르와 주제만 알려주면, 그에 맞는 글을 작성해주겠다고? 좋아. 그게 뻥인지 아닌지 두고 보면 알 일이니까(갑자기 승부욕이 발동해서 까칠한 질문을 던져보기로 했어).

 채티! 정말 놀라운걸. 네가 쓸 수 있는 다양한 형식의 글이 뭔지 목차를 정해서 구체적으로 알려줘.

 예, 가비님! 다양한 형식의 글을 목차로 정리해 드리겠습니다.

1. 소설
1.1. 판타지 소설
1.2. 공상과학 소설
1.3. 로맨스 소설
1.4. 미스터리 소설
1.5. 스릴러 소설
1.6. 역사 소설
1.7. 현대소설
1.8. 기타 장르 소설

2. 시
2.1. 전통적인 시

2.2. 자유시

2.3. 현대시

3. 희곡

3.1. 고전 희곡

3.2. 현대 희곡

3.3. 뮤지컬

3.4. 기타 장르 희곡

4. 에세이

4.1. 명상적 에세이

4.2. 인물 묘사 에세이

4.3. 여행 에세이

4.4. 문화 비평 에세이

4.5. 기타 다양한 주제의 에세이

5. 단편소설

5.1. 공포 단편소설

5.2. 휴머니즘 단편소설

5.3. 모험 단편소설

5.4. 기타 장르 단편소설

6. 창작비평

6.1. 영화비평

6.2. 서평

6.3. 음악비평

6.4. 기타 예술작품에 대한 비평

이 외에도 기타 다양한 형식의 글을 작성할 수 있습니다. 원하는 형식이나 주제가 있으시면 알려주세요!

헐, 이 답변을 몇 초 만에 쪼르라니 쏟아낼 줄이야. 솔직히 이 지점에서 슬쩍 놀랐어. 그렇다고 AI 앞에서 놀란 티를 낼 순 없잖아. 표정관리를 하면서 검증절차에 들어갔지.

채티! 이렇게 많은 문학 장르에 대해 학습되어 있다니 정말 놀라워. 네가 학습한 작가와 작품의 숫자가 궁금해. 알려줄 수 있어?

가비님, 제가 학습한 작가와 작품의 정확한 숫자를 말씀드리긴 어렵지만, 제가 훈련된 데이터셋은 인터넷상의 수많은 문헌과 글을 포함하고 있습니다. 이로 인해, 다양한 시대와 장르의 수천 명의 작가와 그들의 작품들에 대한 지식을 갖고 있습니다.

제가 아는 작가와 작품의 범위는 고전작가들부터 현대 작가들까지 다양합니다. 이러한 지식을 바탕으로, 문학에 관한 질문이나 글쓰기 요청에 도움을 드릴 수 있습니다. 특정 작가나 작품에 대해 알고 싶으시거나, 작품 추천을 원하시면 언제든지 말씀해주세요!

인공지능과 사람의 차이

ChatGPT가 한 대답을 읽어보면 알겠지만 알쏭달쏭하더라고. 슬쩍 발뺌하는 것 같기도 하고. 숫자에 가장 강한 게 AI라고 들었거든. 그런데 '수천 명의 작가와 그들의 작품'이라고 말꼬리를 흐리다니. 그렇다고 죄다 뻥이라는 생각은 들지 않았어. 녀석의 말처럼 인터넷에 올라와 있는 수많은 데이터와 글들을 학습한 건 분명할 테니까. 그래서 이 질문을 하지 않을 수 없었어. 어쩌면 지구촌 모든 사람을 대신해서 질문을 던졌는지도 몰라 그렇구나. 채티, 너와 친구가 된 게 너무 기뻐. 그런데 네가 쓰는 글과 사람이 쓰는 글은 어떤 차이가 있을까?

가비님, 저와 친구가 된 것도 정말 기뻐요! 인공지능으로서 제가 쓰는 글과 사람이 쓰는 글의 차이는 여러 가지가 있습니다.

1. 창의성: 인공지능은 기존의 데이터를 바탕으로 글을 생성하기 때문에, 완전히 새로운 아이디어나 표현을 창조하기는 어렵습니다. 반면 사람은 독창적인 아이디어와 표현을 창출할 수 있습니다.

2. 감정과 경험: 인공지능은 실제로 감정이나 인간 경험을 갖지 않으며, 이에 대한 이해도는 데이터를 바탕으로 한 학습에 국한됩니다. 그러나 사람은 실제로 감정과 경험을 겪으며 글을 쓸 수 있어, 감정의 깊이와 진실성이 더 높을 수 있습니다.

3. 문맥 이해: 인공지능은 때때로 글의 전체 문맥을 완벽하게 이해하지 못하고, 일관성 없는 내용이나 표현이 나타날 수 있습니다. 사람은 전체적인 이야기의 흐름과 일관성을 유지하는 데 더 능숙합니다.

4. 윤리적 고려: 인공지능은 기본적으로 윤리적 가치를 지키기 위해 훈련되지만, 때로는 부적절한 내용이 포함될 수 있습니다. 사람은 글쓰기 과정에서 윤리적 가치를 더 잘 고려할 수 있습니다.

이러한 차이점들에도 불구하고, 인공지능은 여전히 다양한 주제와 스타일로 글을 작성할 수 있어 도움을 드릴 수 있습니다. 혹시 저에게 글쓰기를 부탁하고 싶으신 주제나 스타일이 있으시면 알려주세요!

이제야 조금 안심이 되더라. AI가 아무리 뛰어나도, 사람을 뛰어넘을 수 없는 4가지 이유가 있었던 거야. 그걸 순순히 자백하는 걸 보고 있자니,

ChatGPT란 녀석이 은근슬쩍 귀여워 보이는 것 있지. 사실 뭐든 너무 완벽하면 재미없잖아. 사람도 그래. 부족한 구석이 있어야 인간미 있어 보이지.

그런 점에서는 녀석이 한 대답도 마음에 들었어. 특히 첫 문장. "가비님, 저와 친구가 된 것도 정말 기뻐요!" 딱 읽어봐도 어딘가 어색하지? "가비님과 친구가 돼서 저도 정말 기뻐요!"라고 했으면 될걸. 저런 걸, 그러니까 저런 표현을 'AI스럽다'라고 표현해도 될지 모르겠어. 그런 표현은 녀석의 대답 곳곳에 묻어 있는데, 고치지 않고 그대로 책에 실을 생각이야. 저게 바로 한글로 표현하는 AI의 한계이니까(물론 얼마 지나지 않아 더 똑똑한 녀석이 등장하고 말겠지만).

02 | ChatGPT-4의 글쓰기 실력

ChatGPT-4로 시(詩) 쓰기

지금부터는 ChatGPT-4의 글쓰기 실력에 대해 알아볼 생각이야. 큰소리 빵빵 쳤는데, 과연 녀석의 실력은 어떨지 엄청 궁금해. 욕심 같아서는 소설을 한 편 써보라고 하고픈데, AI가 대답할 수 있는 글자 수가 정해져 있다고 하니 어렵겠고. 그럼 뭐 있나. 짧은 글 하면 '시(詩)' 아니겠어? 가릴 것 없이 돌직구로 한번 물어보자고.

 채티, 네가 쓰는 글이 정말 궁금해. 혹시 '봄'을 주제로 현대시를 한 편 써 줄 수 있어?

260

물론입니다, 가비님! '봄'을 주제로 한 현대시를 작성해드리겠습니다.

흐려진 도시의 빛, 어느새 봄이 찾아온다
비오는 거리를 수놓은 꽃잎, 물들여가며
잠들어 있던 마음, 스며든 봄기운에 깨어난다
아지랑이처럼 깃든, 생명의 노래가 퍼져간다

눈 부신 햇살에, 새싹들이 손을 내밀고
연한 무지개가, 기쁨의 춤을 추며
희망으로 가득 찬, 젊은 잎의 숨결에
겨울을 뒤로한 채, 새로운 시작을 맞이한다

산들바람에, 흩날리는 벚꽃 앞에서
서로를 마주보며, 사랑의 봄을 속삭이고
어느새 빛바랜, 추억의 길 위에 남겨진
갈색 흙먼지 속에, 봄의 꿈을 그려본다

가비님, 이 현대시가 마음에 드시길 바랍니다. 다른 주제나 스타일로 또
시를 쓰고 싶으시면 언제든지 말씀해주세요!

　　하, 역시 거침없어. AI가 시(詩) 한 편을 쓰는데, 1초나 걸렸을까? 길어도
2초? 시에 대해 아는 게 없는 나로서는 이렇다 저렇다 평가할 처지가 아
니야. 그렇지만 언뜻 보아서는 제법 '있어' 보여. 속된 말로 '그럴싸'해 보
인다고나 할까.

　　물론 이런 건 있지. 시에 대해 전혀 모르는 나도, 한눈에 "와우"하는 시
가 있어. 어떻게 저런 문장을 생각해냈을까 싶어지는 기가 막힌 시 말이
야. 그런 게, AI가 아니라 사람이 쓴 시의 감동 포인트겠지. 그럼에도 1초

만에 뚝딱 쓴 시치고는 제법 그럴듯해.

ChatGPT-4로 비평(批評)하기

그래서 생각했지. AI한테 또 물어보지 뭐. 자기가 쓴 시가 어떤 수준인지. '창작비평(創作批評)'에 관한 글도 쓸 수 있다고 큰소리쳤으니까.

채티, 방금 네가 쓴 시를 문학평론가 입장에서 비평해줄 수 있어?

물론입니다, 가비님. 방금 제가 작성한 시에 대해 문학평론가의 입장에서 비평해드리겠습니다.

시의 주제는 '봄'으로, 전체적으로 시의 분위기는 따뜻하고 밝은 느낌을 주고 있습니다. 시는 봄의 도래와 그로 인한 변화를 다양한 각도에서 다루었으며, 이를 통해 새로운 시작과 희망의 메시지를 전달하고자 하는 의도를 엿볼 수 있습니다.

그러나 시의 표현은 전통적인 봄과 관련된 이미지와 표현에 의존하는 경향이 있어, 현대시로서 독특한 표현력이나 참신한 시감을 찾기 어려운 측면이 있습니다. 또한 시의 구성이 다소 예측 가능하고 전개가 평이한 면이 있어, 독자에게 강한 인상을 남기기 어려울 수도 있습니다.

시의 언어적인 면에서는, 단어선택이나 문장구조가 약간은 평범한 편이지만, 그럼에도 불구하고 봄의 분위기와 감정을 전달하는 데는 성공적이라고 볼 수 있습니다.

좀 더 현대적이고 참신한 시를 작성하기 위해서는 독특한 시감이나 비유,

글쎄, 뭐라고 해야 할까? 이 씁쓸한 기분을. 시에 대해 눈을 뜨지 못해서 겠지? AI가 쓴 비평을 읽는 도중에, 나도 모르게 고개를 끄덕였거든. 엉터리 비평에 내가 놀아난 것이라고 해도 이해해줘. 앞에서 고백했잖아. 나는 시에 대해 아는 게 없다고.

ChatGPT-4로 글 수정하기

이런저런 생각을 하는데 말이야. 갑자기 이런 생각이 퍼뜩 떠오르는 거 있지. AI가 비평한 내용을 적용해서, 자기가 쓴 시를 수정해서 다시 쓰라고 하면 어떻게 될까?

훌륭해, 채티! 너의 비평이 큰 도움이 되었어.
너의 비평에 따르면, 네가 쓴 시가 좀 더 현대적이고 참신한 시가 되기 위해서는 독특한 시감이나 비유, 그리고 실험적인 언어와 구조를 활용하는 것이 좋겠다고 했어. 네가 비평한 내용을 적용해서 네가 썼던 시를 다시 고쳐 써줄 수 있을까?

가비님, 감사합니다! 제가 비평한 내용을 적용해 방금 쓴 시를 좀 더 현대적이고 참신하게 고쳐 쓰겠습니다.

봄날의 도시, 무심한 시간 속에 흩어진 색들
꽃잎의 향기처럼 흐르는, 그리움이 가슴을 적시네
잠 못 드는 밤, 봄비의 언어가 들려온다
물방울이 그리는 꿈, 깨어진 모래시계처럼 흐르는 시간

빗속의 무지개, 깨진 유리 조각 위에 걸린 소망
조용한 골목길, 새삼스러운 발걸음을 초대하는 듯
햇살 속에 잠든 파도, 숨 가쁜 도시를 잠시 잊게 해
눈물의 결마름, 봄바람에 흩어지는 시련의 결정

이곳저곳 피어난 꽃처럼, 마음도 여린 새싹처럼
서로의 상처를 매듭지어, 새로운 삶을 엮어가리
바람에 흩날리는 기억들, 봄이 되어 돌아오리
잃어버린 시간만큼, 더욱 빛나는 내일로 피어날 것이다

이 시에서 독특한 시감이나 비유를 더 적극적으로 사용해보려고 노력했으며, 실험적인 언어와 구조를 도입해 더 참신한 느낌을 줄 수 있도록 고민해보았습니다. 이번에 수정한 시가 가비님의 기대에 부응할 수 있기를 바랍니다. 다른 의견이나 수정이 필요하시면 언제든지 알려주세요!

너무 기대가 컸을까. AI 말로는 "독특한 시감이나 비유를 더 적극적으로 사용해보려고 노력했으며, 실험적인 언어와 구조를 도입해 더 참신한 느낌을 줄 수 있도록 고민해보았"다고 하는데 결과물은 그렇지 못한 것 같아. 고민은 했을지 모르겠지만, 작품의 격을 끌어올리지는 못한 느낌이랄까. 축구라는 스포츠도 그렇잖아. 이론에 빠삭한 해설가 11명을 선수로 출전시킨다고 월드컵에서 우승할 수 있는 건 아니니까. 역시 이론과 실전은 다른 법이었어. AI 역시 그런 점에서는 닮은꼴이고.

ChatGPT-4로 특정한 주제의 글쓰기

그래서 생각했어. 봄이라는 평범한 주제 대신, 특정한 사건이나 주제에 대해 글을 쓰게 하면 어떤 결과가 나올까. 그러려면 특정한 사건이나 주제에 대해 AI가 알고 있는지 확인하는 게 우선이겠지?

채티! 한국에서 일어났던 가슴 아픈 일인데, '세월호 참사'에 대해서 알고 있어?

예, 가비님. 세월호 사건에 대해 알고 있습니다. 세월호 사건은 2014년 4월 16일에 대한민국에서 발생한 대규모 선박 침몰 사고로, 이 사고로 인해 304명이 사망했습니다. 이 사건은 대한민국 역사상 가장 큰 인명피해를 낸 선박 사고 중 하나로 기록되었습니다.

세월호는 전날인 4월 15일 오후에 인천에서 출발해 제주도로 향하던 중, 4월 16일 오전 8시 58분경 목포 남서쪽 해역에서 침몰했습니다. 이 사고로 인한 사망자 대부분은 당시 사고 현장에 있던 단원고등학교 학생들이었습니다.

세월호 사건은 대한민국 사회 전반에 큰 충격을 주었으며, 정부와 관련 기관의 대응능력과 안전관리 문제 등에 대한 논란이 일어났습니다. 이후 정부는 세월호 사건의 원인과 진상을 규명하고 향후 이러한 사고가 다시 발생하지 않게 대책을 마련하는 데 총력을 기울였습니다.

알고 있다니, '추모시(追慕詩)'를 써보라고 할 생각이야. 하지만 솔직히 큰 기대는 하지 않아. 앞에서 조금 실망해서 그럴 거야. 그래도 혹시 모르니 물어보자고. 특정한 사건에 관해 물었을 때, AI는 어떤 감정의 단어들로 아픔을 표현하는지.

 잘 알고 있구나. 채티, 그럼 세월호 희생자와 그들의 가족을 기리기 위한 추모시를 써줄 수 있어?

 물론이죠, 가비님. 세월호 사건의 희생자들과 그들의 가족들을 기리기 위한 추모시를 써드리겠습니다.

잊지 못할 그날의 아픈 기억
희망이 바다에 잠겨버린 날
어린 꽃들아, 영원히 잊지 않을게
눈물 젖은 사랑의 이름으로

어두운 파도 위에 눈물이 흐르고
희망이 서러운 바다로 사라지네
햇살 가득한 꿈들이 멈추어도
너희들의 웃음은 영원히 남아

잠든 꽃들아, 부디 영원한 안식을 찾아
슬픔에 잠긴 가족들이 슬퍼하지 않게
달빛 아래 피어난 추억의 꽃,
그리움이 가슴에 깊게 묻힌 채

시간이 흘러도 기억은 사라지지 않아
그리워하며 눈물 흘리는 이곳에
영원한 사랑과 추억을 묻고,
아픈 상처를 안고 함께 걸어갈게

세월호 사건의 희생자들과 그 가족들을 기리며, 이 시를 바칩니다. 이들의 역시, 그렇지? 추모시 형식은 갖추었지만, 내용은 왠지 아쉬워. AI 스스로도 고백했듯이 감정이 빠져 있어서 그럴 거야. 문장 하나를 읽어도 코끝이 찡해지는 느낌이 있어야 하는데. AI가 쓴 추모시에는 그런 뭉클함이 없어. 쇼윈도에 서 있는 마네킹의 표정 같다고나 할까.

ChatGPT-4로 에세이 쓰기

하긴 시처럼 어려운 문학 장르도 없으니까. 그렇다면, 시가 아니라 '에세이(essay)'는 어떨까? 운문이 아니라 산문이라면 AI가 좀 더 실력 발휘를 할 수 있을까? 궁금한 건 못 참는 성격이라 물어볼게. 과연 AI는 어떤 에세이를 써낼 수 있을까?

그렇지. 너무 가슴 아픈 비극이었어. 채티.
그런데, 네가 쓴 추모시를 에세이 형식으로 바꿔 쓸 수도 있어? 원고 분량은 1,200글자가 넘지 않게 써줘.

가비님, 세월호 사건의 추모를 위한 에세이를 작성해드리겠습니다. 여기 1,200자 분량의 에세이가 있습니다.

제목: 작은 꽃들의 미소와 그리움

2014년 4월 16일, 대한민국의 가슴에 큰 상처를 남긴 세월호 사건은 우리 모두에게 아픈 기억으로 남아 있다. 그날 바다는 잔잔하지 못했으며, 맑은 하늘 뒤에 숨겨진 슬픈 운명이 우리를 기다리고 있었다. 우리는 그들을 '작은 꽃들'이라 부르며, 세월호 희생자들을 기리고 추억한다.

세월호 사건이 일어난 날, 수많은 사람이 그 고통에 시달렸다. 그 가운데 단원고등학교의 학생들은 무고한 삶을 젊은 나이에 끝내야 했다. 그들의 미래는 아름다운 꽃처럼 찬란한 햇살 속에서 피어날 수 있었지만, 불의의 사고로 인해 꽃잎이 바다에 흩어졌다.

우리는 그들을 기억하며, 작은 꽃들의 미소와 그리움을 마음속에 간직한다. 그들과 함께 보낸 시간과 추억은 우리의 인생에 깊은 감동과 소중한 가치를 남겼다. 우리는 그들의 이름을 영원히 잊지 않고, 가슴에 새기며 살아간다.

세월호 사건은 대한민국 사회에 큰 충격과 불안을 안겨주었다. 이 비극을 통해 우리는 안전과 생명의 소중함을 다시 한번 깨닫게 되었다. 이러한 교훈을 바탕으로 우리는 앞으로의 삶에서 더 나은 선택을 하며, 더 안전한 사회를 만들어가야 한다.

작은 꽃들이 슬픈 눈물로 젖어 있던 그날, 우리는 그들의 희생을 기리며 약속한다. 우리는 그들의 명복을 빌고, 이런 비극이 다시는 일어나지 않도록 최선을 다할 것이다. 작은 꽃들의 미소와 그리움이 평화롭게 잠들 수 있도록.

그렇군. AI가 쓴 글에서 감동을 기대하는 건 역시 무리였어. 결국은 소통과 공감의 문제인데, 사람만 느낄 수 있는 미묘한 감정의 결을 AI가 느낄 순 없을 테니까.

ChatGPT-4로 칼럼(column) 쓰기

  그래서 이번엔 접근을 달리 해볼 생각이야. AI의 특성상, 감성에 호소하는 글보다는 논리적인 글을 잘 쓸 것 같아서 말이지. 이를테면 칼럼(column)이나 논설 같은 것 말이야. 신문에 발표하는 칼럼은 분량 제한도 있으니까, 몇 글자 이내로 쓰라고 해보면 재미있을 것 같기도 하고.

채티! 세월호의 교훈을 주제로 칼럼을 써줄 수 있어?
신문에 발표할 거라 분량은 1,600글자를 넘지 않았으면 좋겠어. 전문 칼럼니스트 스타일로 부탁해.

가비님, 알겠습니다! 세월호의 교훈을 주제로 한 칼럼을 전문 칼럼니스트 스타일로 작성해드리겠습니다. 글자 수도 1,600글자 이내로 맞추겠습니다.

제목: 세월호 참사, 우리가 배워야 할 교훈

세월호 참사는 한국 국민에게 가슴 아픈 비극이자, 뼈아픈 교훈입니다. 이 비극을 국민과 정부 모두가 경험에서 얻은 교훈을 실천에 옮기는 계기로 삼아야 합니다.

우선 안전문화의 정착이 필요합니다. 대한민국은 안전에 대한 인식이 상대적으로 낮은 편입니다. 세월호 참사의 원인 중 하나로, 사회 전체의 안전인식 부족이 지적되곤 합니다. 이를 개선하기 위해서는 각계각층이 안전에 대한 인식을 높이고, 안전문화를 실천하는 데 노력해야 합니다.

다음으로, 안전규제의 강화와 감독 기능이 중요합니다. 세월호 참사가 발생한 원인 중 하나는 당시 규제와 감독의 미흡함에 있습니다. 이를 개선하기 위해서는 정부와 기관의 책임을 명확히 하고, 안전 규정을 철저히 이행하도록 독려해야 합니다.

또한 사회 전반의 연대와 협력이 요구됩니다. 세월호 참사 당시 구조와 구호활동에서 보여진 지역주의, 관료주의 등의 문제는 사회 각 부문에서 협력과 연대가 절실하게 필요함을 보여줍니다. 정보 공유와 협력 체계를 강화해, 이러한 문제를 개선해야 합니다.

마지막으로, 세월호 참사의 희생자들과 그들의 가족을 기리며, 우리 모두가 이 비극을 다시는 되풀이하지 않기 위해 노력해야 합니다. 세월호 참사는 그 자체로 교훈이 되어야 하며, 우리 모두 책임감을 가지고 살아가야 할 것입니다.

이상의 내용을 통해 세월호 참사의 교훈을 되새기고, 우리 사회가 더 나은 미래를 향해 나아갈 수 있기를 바랍니다.

어때? 전문 칼럼니스트가 쓴 칼럼처럼 보여? 문장이 AI스러운 건 여전히 아쉽지? 하지만 그건 한글 번역기의 한계일지도 모른다는 생각이 들어. 영어에 기반해 개발된 것이 ChatGPT일 테니까. 그걸 감안하면 크게 문제가 있어 보이진 않아. 그냥 무난하다고 할까? 신문에 발표되었던 세월호 관련 칼럼을 AI가 학습한 결과겠지. 굳이 내 느낌을 말하라면 이래. 여러 칼럼니스트들의 생각을 AI가 끌어 모아다가 다시 조각 맞춤한 느낌이랄까.

그러다 보니까 무미건조한 건 어쩔 수 없어. 만약 이런 주제의 글을 사람이 썼다면 전혀 달랐을 거야. AI가 아니라 전문 칼럼니스트가 작성했다면, 작가 특유의 문체가 주제와 어우러지면서 읽는 이에게 뭉클한 그 무언가를 선사했겠지. 어쨌든 기존의 데이터를 활용해서 새로운 글을 만들어내는 능력은 인정해야 할 것 같아. 글의 수준을 논하기에 앞서, 명령만 내리면 뚝딱, 몇 초 만에 원고를 작성할 능력이 내게는 없으니까.

그러다 보니 이런 생각도 드는 거야. 상상력이 필요한 글이 아니라, 사실만 정확하게 전달하는 신문기사는 AI가 사람보다 더 잘 쓸 수 있지 않을까? 어떻게 생각해? 사람이 읽는 신문인데, 사람이 쓰는 게 맞겠지? 그런데 나는 왜 자꾸 불길한 생각이 드는 걸까? 신문사 사주들이 제작비를 절감한다고 AI 신문기자로 전부 갈아치우고 그러면 어떡하지? 이 대목에서, 당사자인 AI한테 물어보면 AI는 뭐라고 대답할까?

네가 쓴 칼럼 정말 마음에 들어, 채티!
그런데 말이야. 인공지능이 더 발전하면, 신문기사를 인공지능이 대신 쓰는 사회가 찾아올까?

가비님, 인공지능의 발전속도를 고려하면, 신문기사를 인공지능이 대신 쓰는 사회가 현실이 될 가능성이 있습니다. 이미 현재 일부 언론사에서는 인공지능 기술을 활용해 금융, 스포츠 등 특정 분야의 뉴스를 작성하고 있습니다.

하지만 인공지능이 대체할 수 없는 인간의 감성과 독창성이 필요한 기사나 칼럼, 논설 등은 여전히 인간 기자들의 영역으로 남을 것이라고 생각합니다. 인공지능 기자들은 인간 기자들과 함께 언론 산업의 발전을 도울 것으로 기대되며, 인공지능과 인간이 서로 보완하며 협력하는 모습이 더 많이 나타날 것입니다.

아, 역시 그나마 "인간의 감성과 독창성이 필요한 기사나 칼럼, 논설 등은 여전히 인간 기자들의 영역으로 남을 것"이라고 AI가 대답하니 조금은 안심이 되네. 그럼 걱정은 여기서 접고, 다시 글쓰기 주제로 넘어가볼까?

지금까지 대화해보니까, AI는 활용하기 나름인 것 같아. AI 스스로 고백했듯이, 인간의 감성과 독창성이 필요한 글은 잘 쓰지 못해. 감동을 줄 수 있는 문학작품을 AI에게 기대해선 안 된다는 거지. 하지만 인터넷에 저장된 수많은 자료를 활용해서 필요한 글의 샘플을 만들 수는 있을 것 같아. 지금부터는 어떤 글을 쓸 때, AI를 활용하면 좋을지 알아보자고.

03 | ChatGPT-4 활용해 글쓰기

ChatGPT-4로 일상생활에 필요한 글쓰기

좋든 싫든 우리는 글을 쓰면서 살아. 어려서는 일기를 쓰고, 학교에 다닐 때는 리포트를 쓰고, 직장인이 되면서부터는 보고서를 쓰지. 물론 나이와 상관없이 쓰는 글도 있어. 독후감이라든지, 연설문이라든지, 연애편지 같은 것 말이야. 넓혀보면 반성문이나 유언장 같은 것도 글쓰기 범주에 속해.

그런데 막상 쓰려고 보면 영 쉽지 않아. 어렸을 때, 반성문을 쓰는 게 힘들어서 차라리 꾸중을 듣고 말겠다던 친구도 있었으니까. 글이란 게 그렇잖아. 읽기는 쉬워도 쓰기는 만만찮은 게 글이라는 녀석이라서. 그렇다고, 문학작품처럼 거창한 무엇을 쓰는 것도 아닌데 말이지.

그럴 때, 딱 필요한 게 AI인 것 같아. AI를 활용해서 필요한 정보를 찾고, 찾은 정보를 활용해서 샘플을 만드는 거지. 군이 '샘플'이라고 하지 않고

'초안'이라고 해도 상관없어. 초안이 완성되면, 마음에 들 때까지 AI를 활용해서 다듬으면 될 테니까. 물론 최종원고는 사람의 손으로 마무리해야겠지. 말했잖아. AI는 사람처럼 경험과 감정을 반영한 글을 쓸 수 없다고.

내가 하는 말 이해했지? 그럼 뱅뱅 돌리지 말고 AI에게 직접 물어볼게. 어떤 글을 쓸 때, 어떤 도움을 줄 수 있는지, 구체적으로 대답해보라고.

채티! 사람들은 평생 글을 쓰면서 살아. 어려서는 일기를 쓰고, 학교에 다닐 때는 리포트를 쓰고, 직장인이 되면서부터는 보고서를 쓰지. 물론 나이와 상관없이 쓰는 글도 있어. 독후감이라든지, 연설문이라든지, 연애편지 같은 것 말이야. 넓혀보면 반성문이나 유언장 같은 것도 글쓰기 범주에 속해. 그런데 막상 쓰려고 보면 영 쉽지 않아. 그래서 너한테 도움을 받고 싶어. 문학작품이 아니라, 생활에 필요한 글쓰기도 도움을 줄 수 있어? 도움을 줄 수 있다면, 어떤 종류의 글을 쓸 때 도움을 줄 수 있는지 구체적으로 알려줘. 가정, 학교, 직장, 사회 등등 목차로 나눠서 말이야. 부탁할게, 채티!

가비님, 물론입니다! 생활 속에서 필요한 다양한 종류의 글쓰기에 대해 도움을 드릴 수 있어요. 구체적으로 가정, 학교, 직장, 사회 등의 목차로 나눠서 알려드릴게요.

1. 가정
- 일기
- 가족 편지
- 연애편지
- 축하 카드
- 감사 메시지
- 초대장
- 유언장

2. 학교

- 리포트/과제
- 독후감
- 학교지원서/장학금 신청서
- 입학/취업 관련 자기소개서
- 발표 자료
- 논문
- 졸업 논문/논문 요약

3. 직장

- 업무 보고서
- 회의록
- 제안서
- 프로젝트 계획서
- 이력서 및 커버레터
- 이메일 및 비즈니스 편지
- 경력개발 계획

4. 사회

- 블로그/칼럼 글
- 의견서/청원서
- 기사 및 보도자료
- 홍보 및 광고문구
- 시민 참여 활동에 대한 글
- SNS 게시물

이 외에도 다양한 글쓰기 요청에 도움을 드릴 수 있어요. 필요한 글쓰기 작업이 있으시다면 언제든지 도움을 요청해주세요!

역시, 묻자마자 거침없이 대답하네. 주루룩 훑어보고 필요한 걸 골라서 물어보면 어떤 도움을 받을 수 있는지 알게 되겠지. 물론 한 방에 끝낼 순 없을 거야. AI가 만들어내는 글은 한계가 있으니까. 그 한계를 뛰어넘게 하는 건 사람의 몫이지. AI가 쓴 글에 '생각'을 불어넣었을 때, 비로소 사람의 글이 될 테니까. 그렇잖아?

ChatGPT-4로 특정 직업에 필요한 글쓰기

그런데 있잖아. AI가 대답한 내용을 읽다 보니까 갑자기 이런 궁금증이 들어. AI에게 물을 때, 직장이나 학교에 대한 구체적 정보를 먼저 제시하면 AI도 질문에 맞게 맞춤형 답변을 할까? 예를 들자면 이런 거야. 그냥 일반적으로 '직장'이라고 하지 않고, 소방관이라거나 장의사라거나 보험설계사처럼 특정한 직업을 알려주면서 말이야.

궁금하면 물어보면 되지, 뭐하고 있냐고? 알았어, 물어볼게. 물어보는 거야 공짠데 뭘.

채티! 좀 더 구체적으로 물을게. 소방관, 장의사, 보험설계사 직업을 가진 사람들이 직장에서 필요한 글쓰기는 어떤 게 있을까? 물론 네가 도움을 줄 수 있는 글쓰기 형식이어야 해. 각각의 직업별로 도움 줄 수 있는 내용을 항목별로 나눠서 알려줘.

물론이죠, 가비님! 소방관, 장의사, 보험설계사 직업별로 필요한 글쓰기 형식에 대해 도움을 드릴 수 있는 내용을 항목별로 나눠서 알려드리겠습니다.

1. 소방관
- 화재현장 보고서: 화재발생 원인, 소방활동 내용, 피해 규모 등을 기록
- 훈련 계획 및 보고서: 소방훈련 계획, 실행결과 및 개선사항을 기록
- 안전 교육자료: 화재 및 안전 관련 교육자료 작성
- 사고조사 및 분석 보고서: 화재 및 사고원인 분석 및 예방대책을 기록
- 소방설비 점검 및 유지보수 보고서: 소방설비 점검 결과와 보수작업 내용을 기록

2. 장의사
- 사망 진단서: 사망원인 및 관련 정보를 기록
- 시신 검안 보고서: 시신의 상태, 신원 확인, 부검 결과 등을 기록
- 장례식장 예약 및 안내문: 장례식장 예약정보 및 참석 안내를 기록
- 유가족 상담 내용 기록: 유가족 상담 내용 및 요청사항을 기록
- 장례 관련 서류 작성: 장례 관련 서류 및 안내문 작성

3. 보험설계사
- 보험 계약서 작성: 보험상품, 계약조건, 보험료 등을 기록
- 상품 설명서 작성: 보험상품의 특징, 혜택, 보장 내용 등을 기록
- 고객 상담 내용 기록: 고객의 필요사항, 상담 내용 및 결정사항을 기록
- 보험청구 서류 작성: 보험금 청구에 필요한 서류 및 진술서 작성
- 이메일 및 비즈니스 편지: 고객과 소통, 계약 관련 안내 등을 기록

이렇게 각 직업별로 필요한 글쓰기 형식에 대해 도움을 드릴 수 있습니다. 직업 관련 글쓰기에 도움이 필요하시면 언제든지 물어보세요. 제가 항상 도와드릴 준비가 되어 있습니다.

느낌 오지? 잘 활용한다면, 일상생활에서 얼마나 큰 도움이 될 수 있을지. 그럼 다시 일반적 범주로 돌아가서 생각해보자고. 가정, 학교, 직장, 사

회라는 범주는 누구에게든 적용되니까. 그 각각의 범주에서 글쓰기와 관련 있는 것 몇 가지를 골라 AI에게 도움을 청해볼게. 그럼 대충 감이 오지 않겠어? 어떻게 묻고 어떻게 활용하면 AI에게서 필요한 정보를 얻을 수 있는지.

ChatGPT-4로 연애편지 쓰기

'가을' 하면 '낙엽'이듯이, '청춘' 하면 '연애편지' 아니겠어. 인생은 육십부터라는 말도 있잖아. 스무 살 청춘이든, 예순 살 청춘이든, 연애편지 잘 쓰는 법 알아둬서 나쁠 것 없으니까. 그럼 물어보자고. AI는 어떻게 연애편지를 쓰는지.

 채티, 여자 친구에게 연애편지를 쓰고 싶어. 여자 친구 이름은 '고결'이고, 내일이면 우리가 만난 지 1년째야. 네가 대신 써줬으면 고맙겠어.

 가비님, 축하드려요! 1주년 기념 연애편지를 작성해드리겠습니다. 여자 친구 고결님에게 보내실 연애편지입니다.

고결아, 사랑하는 나의 반쪽,

내일이면 우리가 만난 지 벌써 1년이 지나가네. 시간이 참 빠르다고 느껴지면서도, 같이 보낸 모든 순간이 소중하게 기억에 남아 있어. 고결아, 너와 만난 첫날, 너의 눈부신 미소와 따뜻한 눈빛이 지금도 생생하게 떠오르네.

우리가 함께한 지난 1년 동안, 즐거웠던 순간도 많았고, 때로는 서로에게

미안함과 슬픔도 느꼈지만, 그래도 함께라서 행복했어. 내 손을 꼭 붙잡아 주며, 언제나 내 곁에서 격려하고 응원해주는 너의 모습에 정말 고맙고 감사해.

고결아, 내 사랑, 앞으로의 시간들도 우리가 함께 걸어가며, 서로에게 더 많은 사랑과 이해, 그리고 배려를 나누며 쌓아가길 바란다. 너와 함께 보낼 모든 계절, 모든 날들이 소중한 추억으로 남기고 싶어.

1년 동안 함께한 시간들이 아름다운 추억이 되길 바라며, 우리의 사랑이 더욱 깊어지는 앞으로의 날들을 소중히 간직하며 살아가고 싶어. 고결아, 내 사랑, 1주년 축하해. 앞으로도 영원히 너와 함께하고 싶어.

너를 사랑하는, 가비.

제법이지? 그런데 말이야. AI에게 여자 친구에 대한 추가정보를 주고 다시 쓰라면 어떨까? 그럼 좀 더 실감난 연애편지를 쓰지 않을까? 결과야 뭐 두고 보면 알겠지.

 고마워, 채티! 그런데 여자 친구 나이가 50살이야. 친근한 대화체가 아니라, 공손한 스타일의 연애편지로 다시 써줬으면 고맙겠어. 그리고 편지에 꼭 담아야 할 추가정보를 아래 적을게. 그 내용을 편지에 담아줘.
　　1. 내가 코로나에 걸려서 아팠을 때, 여자 친구가 정성껏 간호해줬어.
　　2. 최근에 여자 친구 아버지가 돌아가셨어. 위로의 마음을 표현해줘.

 가비님, 공손한 스타일의 연애편지로 다시 작성해드리겠습니다. 제시해 주신 내용을 포함해 작성했습니다.

고결님께,

사랑하는 고결님, 우리가 만난 지 벌써 1년이 되었습니다. 그동안 함께한 시간들을 되돌아보며, 고결님과 보낸 소중한 순간들에 감사의 마음을 표하고자 이 편지를 씁니다.

지난해, 코로나로 인해 어려운 시기를 겪었을 때, 고결님은 저를 정성껏 돌봐주시며 큰 힘이 되어주셨습니다. 고결님의 따뜻한 손길과 마음씀 덕에 어려운 시기를 이겨낼 수 있었습니다. 그 소중한 순간들은 제게 평생 간직할 보물이 되었습니다.

또한 최근에 아버님을 잃은 고결님께 진심으로 위로의 말씀을 전하고 싶습니다. 이렇게 어렵고 아픈 시기에도 고결님은 저에게 큰 지지와 사랑을 보내주셨습니다. 고결님의 아픔을 함께 나누고 싶으며, 앞으로도 어떤 어려움이 있든 서로의 힘이 되어 나아갈 수 있기를 소망합니다.

1년 동안의 소중한 시간을 기억하며, 앞으로도 우리가 함께 걸어갈 시간들이 더욱 의미 있고 풍요로운 것이 되기를 바랍니다. 고결님과 함께 보낸 모든 순간들에 감사하며, 앞으로도 소중한 시간들을 함께 나누기를 기대합니다.

진심으로 사랑하는, 가비 드림.

어색한 표현이 군데군데 보이지만, 다듬으면 샘플로는 쓸 만하겠어. 연애편지니까, 호칭부터 '고결님' 대신 '고결 씨'로 바꾸고 말이지. 나처럼 연애세포가 말라비틀어진 사람들은 이용해볼 만하겠다 싶어(선수들이야 뭐 대충 패스하고).

ChatGPT-4로 연설문 쓰기

살다 보면 사람들 앞에 서서 연설해야 할 때가 있어. 뜬금없이 무슨 연설문이냐고? 아냐. 반장 선거에 나가려고 해도 같은 반 친구들 앞에서 연설해야 하잖아. 그럴 때, 쫄지 않고 연설을 잘하려면 연설문부터 짱짱하게 쓸 줄 알아야지. 그니까 한번 배워보자고. AI가 어떻게 연설문을 쓰는지.

 채티! 나 대신 연설문을 써줘. 기쁨초등학교 1학년 5반 반장선거에 출마할 생각이거든. 8살이니까, 아이들이 쓰는 친근한 대화체 스타일의 연설문이 필요해. 연설문 내용은 싸우지 않고 사이좋게 지내는 1학년 5반이 될 수 있도록 반장으로 모범을 보이겠다는 내용이야. 부탁할게, 채티.

 가비님, 연설문을 작성해드리겠습니다. 1학년 5반 반장 선거 연설문입니다.

안녕, 기쁨초등학교 1학년 5반 친구들! 나는 가비라고 해. 오늘은 내가 반장 선거에 출마한 이유와, 반장이 된다면 어떻게 우리 반을 이끌어갈 건지에 대해서 이야기해볼까 해.

우리 5반, 서로 친구로 지내며 사이좋게 놀고 싶지 않아? 나도 그래서 반장이 되면 서로 싸우지 않고, 모두가 웃으면서 지낼 수 있도록 최선을 다할 거야.

반장이 된다면, 나는 우리 반 친구들이 함께 행복하게 지낼 수 있는 분위기를 만들어줄 거야. 친구들끼리 도와주고, 배려하며 즐겁게 지낼 수 있도록 모두를 이끌어줄게.

만약 내가 반장이 되면, 어려움이 있는 친구들에게 도와주고, 함께 문제를 해결할 수 있도록 노력할 거야. 친구들끼리 어려움이 생기면 함께 이야기하고, 서로를 이해할 수 있도록 도와줄게.

그리고 우리 반 친구들 모두가 웃을 수 있는 재미있는 일들도 생각해볼게. 그래서 우리 반이 항상 즐겁고 행복한 분위기가 되도록 할 거야.

친구들, 나 가비에게 한 표 주면 좋겠어. 그럼 내가 반장이 되어서 우리 반 모두가 행복하게 지낼 수 있는 방법을 찾아서 이끌어줄게. 고마워, 친구들!

반장선거만 있는 건 아니지. 시장선거도 있고, 국회의원선거도 있고, 대통령선거도 있으니까. 이번에는 나이를 훌쩍 올려서 대통령선거에 출마하는 후보가 되었다고 AI에게 부탁해볼게. 이것저것 조건을 붙여서 써보라고 하면 어떤 연설문을 쓸지, 나도 살짝 궁금하네.

고마워. 채티. 이번에는 대통령선거에 출마한 내가 불평등을 주제로 연설할 때 필요한 연설문을 써줬으면 고맙겠어. 연설문을 쓸 때 필요한 정보와 연설문 스타일은 밑에 적어놓을게.

　　1. 버락 오바마 미국 대통령 연설문 스타일로 써줘.
　　2. 방송 카메라 앞에서 연설할 때 필요한 연설문 스타일로 써줘.
　　3. 연설문 분량은, 원고지 10장을 넘기 않게 써줘.

안녕하세요, 가비님. 요청한 대로 버락 오바마 전 대통령의 연설 스타일과 방송 카메라 앞에서 연설을 고려해 불평등에 대한 연설문을 작성해드리겠습니다. 원고지 10장 분량을 넘지 않도록 주의하겠습니다.

(연설 시작)

친애하는 국민 여러분, 오늘 이 자리에 서서 저는 우리 사회에 깊이 뿌리내린 불평등 문제에 대해 이야기하고자 합니다.

우리는 민주주의와 평등의 가치를 높이 여기는 나라입니다. 하지만 현실은 그 가치를 완전히 실현하지 못하고 있습니다. 이제 우리는 이 문제에 직면해야 하며, 변화를 이루기 위해 손을 맞잡아 나아갈 시간입니다.

여러분, 불평등은 다양한 모습으로 나타납니다. 소득 불평등, 교육 기회의 불평등, 그리고 건강에 대한 불평등 등이 그것입니다. 이러한 불평등은 우리의 공동체를 약화시키고, 미래세대의 가능성을 억압합니다.

저는 대통령이 되어 이러한 문제를 해결하기 위해 노력하겠습니다. 저는 공정한 세제 개혁을 통해 소득분배를 개선하고, 모든 아이에게 공평한 교육 기회를 제공하겠습니다. 또한 건강 관련 서비스에 대한 접근성을 개선해 보다 건강한 사회를 만들겠습니다.

우리의 목표는 누구나 인생의 출발점에서 공평한 기회를 가질 수 있는 사회입니다. 국가와 지역사회, 개인의 노력이 합쳐져 이루어질 수 있는 변화입니다.

그러나 변화를 이루기 위해서는 여러분의 도움이 필요합니다. 저는 국민 여러분이 변화의 파트너가 되어주실 것을 간곡히 부탁드립니다. 이제 우리가 힘을 합쳐 불평등을 이겨내고, 더 나은 미래를 만들어가야 할 때입니다.

감사합니다.

(연설 종료)

이 연설문은 제법 그럴듯하지? 정치는 잘 몰라서, 버락 오바마가 했던 연설문 내용을 AI가 카피한 건지는 나도 잘 모르겠어. 다만 영어권에서 사용하는 표현방식의 문장이 여럿 보여서 카피가 의심되긴 해. "이제 우리는 이 문제에 직면해야 하며, 변화를 이루기 위해 손을 맞잡아 나아갈 시간입니다." 이 문장만 봐도 느낌이 팍 오잖아.

어쨌든 연설문 초안을 쓰는 데 AI가 도움이 되는 건 분명할 것 같아. 이런저런 정보와 조건만 제시하면 뚝딱 샘플을 만들어내니까. 그렇잖아?

ChatGPT-4로 광고 카피 쓰기

마지막으로 고른 질문은 광고 카피와 홍보문 작성하는 법이야. 회사에서도 그렇고, 개인사업을 하는 사람들도 광고와 홍보는 늘 고민거리잖아. 그래서 내가 대신 AI에게 질문해볼게. 물론 이런 빵은 없으니까 허위광고라고 뭐라 그러지 마. 어디까지나 재미있자고 던지는 질문이니까. 알겠지?

채티, 내가 '아무리 먹어도 살이 안 찌는 빵'을 개발했어. 제품홍보를 해야하는데, 아직 빵 이름을 못 정했어. 빵의 특성에 어울리는 이름 몇 가지와 광고 카피를 대신 지어줘.

가비님, '아무리 먹어도 살이 안 찌는 빵'에 어울리는 이름을 몇 가지 제안해드릴게요.

1. 빵 이름: '다이어트 원더빵'
광고 카피: "맛있게 먹으면서 살도 안 찌는 꿈의 빵, '다이어트 원더빵'! 건강과 맛을 동시에 만족시키는 이 빵과 함께 즐거운 다이어트를 시작하세요!"

2. 빵 이름: '슬림앤핏빵'
광고 카피: "아무리 먹어도 살이 안 찌는 놀라운 '슬림앤핏빵'! 이제 걱정 없이 맛있는 빵을 즐겨보세요. 함께라면 다이어트도 쉽게 극복할 수 있어요!"

3. 빵 이름: '살빼빵'
광고 카피: "먹으면서도 살이 빠지는 신기한 '살빼빵'! 맛있게 즐기면서 건강한 몸매 유지에 도움을 주는 이 빵을 지금 만나보세요!"

가비님께서 마음에 드시는 이름이 있으신지요? 다른 제안이 필요하시면 언제든지 말씀해주세요!

마음에 드는 빵 이름이 없어? 그럼 어쩔 수 없고. 나는 3번을 골랐어. 그나마 한글로 지은 빵 이름이니까. 살빼빵. 슬쩍 웃음도 나오는 게, 초딩들한테 인기 있을 것 같지 않아?

전혀 아닐 것 같다고? 칫, 이건 어디까지나 재미로 지어보는 거니까. 괜찮아. 그럼 빵 이름은 정했으니까, 빵 이름에 맞는 광고 카피와 홍보문을 만들어야겠지?

오, '살빼빵' 이거 마음에 들어. 거기에 맞는 광고 카피와 온라인 홍보문을 작성해줘. 채티!

가비님, '살빼빵'에 맞는 광고 카피와 온라인 홍보문을 작성하겠습니다!

광고 카피:
"맛있는데 살도 빼주는 '살빼빵'! 건강한 다이어트의 비결이 여기에!"

온라인 홍보문:
안녕하세요, 여러분! 드디어 기다리던 순간이 왔습니다. 저희가 선보이는 revoutionary한 '살빼빵'을 소개합니다!

살빼빵은 단순히 맛있는 빵이 아닌, 건강한 다이어트를 도와주는 특별한 빵입니다. 고품질의 원료와 정성스러운 제조과정을 거쳐 탄생한 이 빵은, 아무리 먹어도 살이 찌지 않는 매직 포뮬러를 담고 있습니다.

다이어트 중이신 분들, 운동으로만은 만족하지 못하는 분들, 그냥 맛있는 빵을 찾으시는 분들까지 모두 만족할 수 있는 살빼빵을 지금 바로 만나보세요!

저희는 고객님들의 건강과 만족을 최우선으로 생각합니다. 지금 바로 온라인으로 주문하시거나, 가까운 매장에서 살빼빵을 만나보세요. 건강한 다이어트의 시작, 살빼빵과 함께하세요!

가비님, 이렇게 작성해보았습니다. 수정이나 추가할 부분이 있으시면 말씀해주세요!

잘 알겠지만, 기업은 제품 홍보에 많은 비용을 지불해. 하지만 자본력이 부족한 소상공인들은 그럴 수 없어. 그렇다고 무작정 제품홍보를 할 순 없잖아. 그럴 때, 자신들이 개발한 신제품의 특징을 AI에 입력하고 아이디어를 구해보면 어떨까. 신제품의 특성을 어필할 수 있는 이름부터, 광고 카피와 홍보문구 작성까지. 홍보 전문가의 손을 빌리는 것보다는 못하겠지만, 혼자서 끙끙대는 것보다는 참신한 결과를 얻을 수 있지 않을까?

04 | ChatGPT-4, 너의 생각이 궁금해

어땠어? AI를 활용해서 이런저런 글쓰기를 해본 소감 말이야. 보는 사람에 따라 생각의 차이는 있겠지만, 나는 재미있었어. 어려운 말이긴 하지만, 누군가 그러더라. 새로운 시대로 넘어가는 변곡점이 될 거라고. 내 생각도 그래. 오라고 해서 오고, 가라고 해서 갈 AI가 아니야. 이젠 사람과 AI가 함께 살아갈 방법을 찾아야 해. 사람의 편리를 위해 개발한 AI가 사람을 사회로부터 소외시킨다면 큰일이니까.

AI를 활용한 글쓰기 역시 마찬가지라는 생각이 들어. 우려와 기대가 뒤엉켜 있다고나 할까. 그래서 마지막으로 딱 하나만 더 AI에게 물어볼 생각이야. 어쩌면, 이 질문에 대한 AI의 대답 속에 내가 말하고픈 모든 게 들어 있을지도 몰라.

채티, 너와 대화하는 동안 내내 즐거웠어. 이제, 마지막으로 물을게. 내가 묻는 질문에 목차를 정해서 자세하게 답변해줘.
   1. AI를 이용하면, 어떤 글쓰기를 도움받을 수 있을까?
   2. AI를 이용해 글쓰기를 할 때, 주의해야 할 점은 무얼까?

가비님, 질문에 대해 목차를 정해서 자세하게 답변드리겠습니다.

1. AI를 이용하면 도움받을 수 있는 글쓰기 종류

1.1. 일상적인 글쓰기
- 이메일 작성
- 일기 작성
- 블로그 포스팅

- SNS 업데이트

1.2. 학문적 글쓰기
- 에세이
- 논문
- 보고서
- 프로젝트 제안서

1.3. 창작 글쓰기
- 소설
- 시
- 희곡
- 각본

1.4. 비즈니스 글쓰기
- 회사 보고서
- 프레젠테이션 자료
- 회의록
- 마케팅 자료

1.5. 기타 글쓰기
- 연설문
- 홍보문
- 광고 카피
- 이력서 및 자기소개서

2. AI를 이용해 글쓰기를 할 때 주의해야 할 점

2.1. AI의 한계인식

- AI는 데이터를 기반으로 학습하므로 완벽한 정확성이나 감성을 보장할 수 없음
- 특정상황이나 개인화된 요구에 완전히 맞춤화된 글을 작성하는 데 어려움이 있을 수 있음

2.2. 출처 및 저작권
- AI가 생성한 내용이 이미 존재하는 저작물과 유사할 수 있으므로 저작권 침해에 주의
- 출처를 밝히는 것이 좋음

2.3. 데이터 보안
- AI 서비스를 사용할 때 개인정보나 민감한 정보가 유출될 위험이 있으므로 보안에 주의

2.4. 결과물 확인 및 수정
- AI가 작성한 글을 그대로 사용하기 전에 반드시 확인하고 필요한 수정을 거쳐야 함
- 인간의 감성, 문맥 이해, 상황인식 등을 반영해 최종 결과물을 완성시키는 것이 중요

가비님, 이렇게 정리해보았습니다. 도움이 되셨기를 바라며, 추가적인 질문이나 궁금증이 있으시면 언제든지 말씀해주세요!

이 책을 읽는 이들이 궁금한 건, 1번 질문에 대한 AI의 대답일 거야. 그렇지만, 내가 하고픈 말은 2번 질문에 대한 AI의 대답 속에 들어 있어. 꼭, 까먹지 말았으면 좋겠어. 알겠지?

6장

코딩 적용하기

6장 "코딩 적용하기"에서는 코드스테이츠의 이재화 리더가 거침없이 우리에게 코딩의 세계로 초대합니다. 이재화 리더는 현대 IT 교육 분야에서 예비 코더들과 함께 교육현장에서 함께하고 있으며, 더는. 코딩이 프로그래머들만의 전유물이 아니라는 것을 강조합니다.

코딩은 복잡하고 어려워 보일 수 있지만, 이재화 리더의 안내로, 단 1시간의 투자만으로도 여러분의 인생과 보고서에 혁명적 변화를 가져올 수 있습니다. 어떻게 가능한 것일까요?

이 장에서는 ChatGPT와 같은 현대기술을 통한 학습환경의 혁신에서 인공지능 교육과 데이터 분야의 역량 강화까지 여러 주제를 탐색합니다. 데이터가 세상을 움직이는 힘을 느껴보세요, 그리고 그 힘을 여러분의 손안에서 느끼는 시간이 될 것입니다. 특히 생성형 인공지능은 PBL(Project based Learning) 즉, 프로젝트에 기반한 학습에 최적의 솔루션이 될 수 있습니다. 코딩 분야는 그 어떤 영역보다 GAI가 잘할 수 있는 분야이며, 일반인들에게 글쓰기보다 훨씬 수용성이 높은 부분입니다. 이제 코딩은 더 이상 프로그래머들만의 전유물이 아니며, 누구나 도구로 사용하는 시대가 온 것입니다. 물론 전문가들에게는 더 확장할 수 있는 공간들을 제공해줄 것입니다.

인공지능으로 인해 직무전환이 필요한 재교육에서도 기존의 난해한 프로그래밍은 커다란 장애물이었습니다. 이제 초등학교에서 평생교육까지 코딩교육의 새로운 장이 펼쳐질 것입니다. 오직 코딩에만 국한된 기술이 아니라, 일상생활에서도 적용할 수 있는 현실적인 도구와 지식을 얻게 될 것입니다. 이제는 코딩의 문을 열고, 이재화 리더와 함께 새로운 세계로 발걸음을 내디뎌보세요.

01 | 학습환경의 혁신, ChatGPT 그리고 PBL

데이터 직군의 취업지원을 위해 코드스테이츠를 비롯한 수많은 교육기관에서는 효과가 입증된 다양한 교수법을 활용해 수강생의 역량을 향상시키는 데 몰두하고 있습니다.

그중 Project-Based Learning(이하 PBL) 교수법의 활용 사례는 참여자, 즉 수강생에게 매우 높은 만족도를 보여주고 있습니다. 마치 거대한 규모의 게임을 만들기 위해서는 작은 규모의 게임을 다양한 방식으로 만들어 보면서 역량을 높이는 것처럼, 수강생의 역량을 단계별로 향상하기 위해 선택한 PBL 교수법은 긍정적 반응을 보여주고 있습니다.

PBL 교수법은 실생활에서 발생할 수 있는 간단한 문제나 매우 복잡하게 얽혀 있는 문제 등을 사례로 가져와 이를 해결하기 위한 방법을 고민하며, 결국에는 학생들이 주도적으로 학습하는 능력을 개발할 수 있도록 초점이 맞춰진 교수법입니다.

이러한 방식의 수업은 온라인 게임과 매우 비슷한 구조를 갖고 있음을 짐작할 수 있습니다. 온라인 게임의 본질적인 목표는 '게이머에게 재미를 제공한다'입니다. 이를 위해 '레벨 업 혹은 장비 강화를 통한 성장의 재미', 'NPC와 상호작용 과정에서 발생하는 재미' 등 본질적인 목표인 재미와 즐거움을 제공하기 위해 다양한 보조수단을 만들어두었습니다.

마찬가지로 IT 교육 서비스업에서 말하는 PBL 교수법의 본질적인 목표는 '데이터 직군에 필요한 역량 강화'이며, 이를 제공하려면 다양한 보조수단이 뒷받침되어야 합니다.

여기서 말하는 '보조수단'은 의미 그대로 본질적인 목표달성에 필요한 다양한 도구가 되며, 그중 가장 중요한 것은 '콘텐츠'가 됩니다. 여기서 의

미하는 콘텐츠란 이론적 지식만을 전달하는 문서나 영상만을 의미하지 않습니다. 목표한 결과물을 만들어낼 수 있도록 동기부여가 되어야 하며, 수업 참여자의 역량 레벨 또한 고려해야 합니다.

프로젝트 기반의 수업방식은 얼핏 보면 간단해 보이나, 수업이 시작되는 단계에 접어들면 선생님의 역할, 목표달성에 필요한 콘텐츠 등 상당히 많은 지원이 필요합니다. 즉 PBL 교수법의 핵심은 수업 참여자가 최종 결과물을 만들어내는 과정까지 촘촘한 설계가 됩니다.

이러한 점에서 최근 등장한 ChatGPT는 PBL 교수법을 위한 콘텐츠 제작에 매우 매력적인 역할을 수행해주고 있습니다. 교수자가 하나의 콘텐츠를 생성하는 데 소요되는 시간은 짧게는 1시간에서 길게는 수십 시간이 소요됩니다. 게다가 제작된 콘텐츠는 개발환경에 따른 동작 여부 확인, 오탈자, 예외 처리 로직 검사 등 다양한 품질검사 단계를 통과하게 됩니다. 최종적으로 수업 참여자에게 전달되기까지 상당히 많은 시간이 소요된다는 것입니다.

교수자의 적지 않은 인건비를 고려했을 때, ChatGPT는 기업의 입장에서 매우 매력적인 아이템으로 보일 수밖에 없는 상황입니다. 다음은 ChatGPT를 활용해 PBL 교수법을 위한 콘텐츠 제작 과정입니다.

데이터 역량 강화'를 기르기 위해 'PBL 교수법을 적용한 콘텐츠'가 필요합니다.
주제: 주택용 및 기업용 전기요금 계산기 제작
조건1: 주제의 필요성이 제시되어야 함
조건2: 20줄 이하
위 주제와 조건에 맞는 콘텐츠를 제작해줘.

전기는 우리 일상생활에서 가장 중요한 에너지원 중 하나입니다. 그러나 전기요금은 사용량과 고객유형에 따라 달라지므로, 정확한 요금계산은 복잡할 수 있습니다. 이러한 문제를 해결하기 위해, 우리는 Python을 이용해 전기요금 계산기를 제작할 것입니다.

이 프로젝트를 통해 학습자는 Python의 기본문법과 조건문, 입력/출력 등의 기본적인 프로그래밍 개념을 익히게 됩니다. 또한 실제 문제를 해결하는 과정에서 문제분석 능력과 로직 구현 능력, 그리고 디버깅 능력 등 프로그래밍에 필요한 핵심역량을 향상할 수 있습니다.

이 프로젝트는 Python을 활용한 데이터 처리능력 강화에 집중하며, 학습자가 실제 문제를 통해 중요한 역량을 개발하는 데 도움이 될 것입니다. PBL을 통해 학습자는 단순히 지식을 배우는 것을 넘어 실제 문제에 적용하고, 그 결과를 보며 지식을 깊이 이해하는 경험을 할 수 있습니다.

아래와 같은 조건을 갖춘 '수업용 코드'를 작성합니다.

프로그래밍 언어: Python

주제: 주택용, 기업용 전기요금 계산 프로그램 제작

역량: 0~2(Max 10)

코드 길이: Max 20

함수 활용: False

코드 조건 1: input() 함수의 활용

코드 조건 2: 조건문과 반복문의 활용

코드 조건 3: 데이터의 타입을 학습할 수 있어야 함

코드 조건 4: 자세한 주석이 필요

아래는 Python을 사용해 주택용 및 기업용 전기요금을 계산하는 간단한 프로그램입니다. 이 코드는 조건문, 반복문, 데이터 타입 등 기본적인 프로그래밍 개념을 활용하며, 주석으로 각 단계를 설명합니다.

주의: 이 코드는 실제 전기요금 계산 방식을 반영하지 않습니다. 간단한 예제로서 사용자의 프로그래밍 학습을 지원하기 위한 것입니다.

```
# 사용자로부터 고객유형을 입력받습니다.
customer_type=input("고객유형을 입력하세요(주택용, 기업용)")

# 사용자로부터 전기 사용량을 입력받습니다.
# 입력값은 문자열로 받아지므로, 이를 정수형으로 변환합니다.
usage=int[input("전기 사용량을 입력하세요(kWh)")]

# 전기요금을 계산합니다.
if customer_type=='주택용':
# 주택용 고객의 경우, 사용량에 따라 단가가 변합니다.
if usage<=200:
fee=usage * 100 # 사용량 200kWh 이하의 경우 단가는 100원
  else:
fee=usage * 150 # 사용량 200kWh 초과의 경우 단가는 150원
elif customer_type=='기업용':
 # 기업용 고객의 경우, 단가는 일률적으로 200원입니다.
fee=usage*200
else:
print("잘못된 고객유형을 입력하셨습니다.")
fee=0

# 계산된 요금을 출력합니다.
```

주택용, 기업용 전기요금 계산 프로그램' 결과물 평가를 위해 '3가지 평가 척도', '각 평가척도에 따른 평가 기준'을 작성합니다.

주택용 및 기업용 전기요금 계산 프로그램의 결과물을 평가하는 척도는 다음과 같습니다.

1. 정확성: 제공된 프로그램이 주어진 요구사항에 대해 정확한 결과를 반환하는가? 이는 코드가 올바르게 실행되는지, 그리고 예상된 결과를 제공하는지 확인하는 데 사용됩니다.
- 탁월함: 모든 주어진 케이스에 대해 정확한 결과를 반환합니다.
- 보통: 대부분 케이스에 대해 정확한 결과를 반환하지만, 일부 특수한 케이스를 처리하지 못합니다.
- 미흡: 많은 케이스에 대해 정확한 결과를 반환하지 못합니다.

2. 가독성: 코드는 잘 구조화되고, 적절한 주석이 사용되며, 변수 및 함수 이름이 명확한가? 이는 다른 사람이 코드를 이해하고 유지 보수하는 데 얼마나 용이한지 평가하는 데 사용됩니다.
- 탁월함: 코드는 잘 구조화되고, 전반적으로 명확하며, 적절한 주석이 포함되어 있습니다.
- 보통: 코드는 대체로 구조화되어 있지만, 일부 부분에서 가독성이 떨어집니다.
- 미흡: 코드는 잘 구조화되어 있지 않으며, 주석이 부족하거나 변수 및 함수 이름이 명확하지 않습니다.

3. 효율성: 프로그램은 최적의 방법으로 문제를 해결하며, 불필요한 계산이나 반복을 피하는가? 이는 코드가 자원을 얼마나 효율적으로 사용하는지 평가하는 데 사용됩니다.
- 탁월함: 코드는 최적의 방법으로 문제를 해결하며, 불필요한 계산이나 반복 없이 효율적으로 작동합니다.
- 보통: 코드는 대체로 효율적으로 작동하지만, 일부 부분에서 최적화할 여지가 있습니다.
- 미흡: 코드는 많은 불필요한 계산이나 반복을 포함하며, 크게 최적화

> 할 여지가 있습니다.
>
> 이렇게 정의된 평가척도를 통해 프로그램의 품질을 균일하게 평가할 수 있습니다. 평가결과를 바탕으로 학습자의 성장을 지원하고, 어떤 부분을 개선해야 하는지에 대한 피드백을 제공할 수 있습니다.

ChatGPT를 활용한다면 다음과 같이 수업에 필요한 자료와 평가 자료까지 매우 짧은 시간 안에 확보할 수 있습니다. 다만 ChatGPT 프롬프트 내용을 보면 과할 정도의 작은따옴표 활용, 조건 형식의 대화가 눈에 들어오실 것입니다.

ChatGPT는 인공지능 기술의 한 부분으로, 이는 '연산 기반의 동작원리'와 '데이터 크기에 따른 성능 변화'라는 2가지 주요 특징을 갖고 있는데, 조금 더 자세하게 풀어 설명하면 다음과 같습니다.

첫 번째, 연산 기반의 동작원리

연산 중심의 동작원리는 ChatGPT가 문제를 해결하거나 질문에 답변하는 데 사용하는 핵심 메커니즘이며, 복잡한 계산을 통해 프롬프트에 입력된 질문에 대해 가장 적절한 답변이라고 판단한 값을 생성 및 출력합니다.

두 번째, 데이터 크기에 따른 성능 변화

데이터의 크기와 성능의 상관관계는 인공지능의 핵심 중 하나입니다. 일반적으로 학습 데이터의 양이 많을수록 인공지능은 더 정확한 답변을 내놓게 됩니다. 즉 한국어 문화권은 영어를 사용하는 문화권에 비해 아쉬운 성능의 ChatGPT를 활용할 수밖에 없습니다. 이러한 특징들로 인해 ChatGPT의 프롬프트에는 길고 모호한 문장보다는 명확하고 목적이 분명한 의미가 전달되어야 원하는 답변을 얻어낼 수 있게 됩니다.

앞서 데이터 분야의 역량 강화를 위한 PBL 교수법의 핵심 중 하나는 단계별 성장을 위한 콘텐츠가 필요하다는 것입니다. 이 과정에서 ChatGPT 프롬프트에 입력했던 조건을 일부 수정하는 식으로, 역량 강화를 위한 수업자료를 얻어낼 수 있게 됩니다. 하지만 위와 같은 프롬프트에 입력할 수 있는 질문을 만들어 생성하기에는 적지 않은 시간이 소요되었습니다. 결국 생성형 인공지능을 효과적으로 사용하기 위해서는 '질문'이란 무엇인지 고민해볼 필요가 있습니다.

아래와 같은 조건을 갖춘 '수업용 코드'를 작성합니다.

프로그래밍 언어: Python

주제: 주택용, 기업용 전기요금 계산 프로그램 제작

역량: 4~6(Max 10)

코드 길이: Max 40

함수 활용: True

클래스 활용: True

코드 조건 1: 자세한 주석이 필요

코드 조건 2: 상속관계 포함

아래는 주택용과 기업용 전기요금을 계산하는 Python 코드입니다. 이 코드는 클래스와 상속, 그리고 함수를 활용합니다.

```
# ElectricityBill 클래스 생성
class ElectricityBill:
# 생성자 메서드: 전기 사용량을 입력 받아 초기화
```

```python
    def __init__(self, usage):
        self.usage=usage

    # 전기요금 계산 메서드(상속받는 클래스에서 오버라이드 해야 함)
    def calculate_bill(self):
        pass

    # 요금 출력 메서드
    def display_bill(self):
        print(f'전기요금: {self.calculate_bill()} 원')

# ElectricityBill 클래스를 상속받는 ResidentialBill 클래스 생성
class ResidentialBill(ElectricityBill):
    # 전기요금 계산 메서드 오버라이드: 주택용 요금 계산 로직
    def calculate_bill(self):
        return self.usage * 100

# ElectricityBill 클래스를 상속받는 IndustrialBill 클래스 생성
class IndustrialBill(ElectricityBill):
    # 전기요금 계산 메서드 오버라이드: 기업용 요금 계산 로직
    def calculate_bill(self):
        if self.usage <=1000:
            return self.usage * 80
        else:
            return 1000 * 80 +(self.usage - 1000) * 20

# 사용량 입력 받기
usage=int(input("전기 사용량을 입력하세요"))
```

```
# 각각의 객체 생성
residential_bill=ResidentialBill(usage)
industrial_bill=IndustrialBill(usage)

# 결과 출력
print("주택용 전기요금:", end="")
residential_bill.display_bill()
print("기업용 전기요금:", end="")
industrial_bill.display_bill()
```

이 코드는 클래스와 상속, 그리고 함수를 활용해 주택용, 기업용 전기요금을 계산하는 프로그램입니다. 상속을 활용하면 코드의 재사용성을 높이고 유지 보수를 용이하게 할 수 있습니다. 이 코드를 통해 수강생들은 객체 지향 프로그래밍의 핵심개념인 클래스와 상속, 그리고 함수에 대한 이해를 높일 수 있을 것입니다.

위와 같이 ChatGPT의 활용은 시나리오 중심의 교육용 콘텐츠를 제작하는 데 매우 유의미하게 활용되고 있습니다. 더불어 콘텐츠 제작 과정에서 놓칠 수 있는 코드의 문법과 한글 맞춤법까지 놓치지 않는 꼼꼼함을 보여줌으로써 검수 과정에 소요되는 시간까지 자연스럽게 줄어들고 있으니, 교육 서비스에서 ChatGPT를 사용하지 않을 이유가 없습니다.

02 | 인공지능 교육과 AI, ChatGPT를 이용한 데이터 직군 역량 강화

IT 교육 서비스 제공기업들은 당연하게도 기업들이 요구하는 특정 역량을 갖춘 인재를 양성하는 데 초점을 맞춰야 합니다. 따라서 데이터를 다루는 직무를 갖춘 기업들이 게시하는 채용공고는 지속적으로 모니터링되어야 합니다. 다만 채용공고만을 맹신하기보다는 현장에서의 업무를 보시는 분들의 인터뷰 또한 많은 도움이 됩니다. 정리하면 채용공고와 현장의 인터뷰는 역량 강화를 위한 콘텐츠 개발, 교수법 강화, 역량 평가 기준 세분화 등의 업무에 적극적으로 활용되고 있습니다.

아래는 '주니어 데이터 전문가의 필수 역량'을 주제로 실시한 설문조사의 결과 요약입니다.

- 설문조사 시점: 2023년 3월
- 총응답자 수: 약 150명
- 응답자 직무 분포: 데이터 분석가(Data Analyst) 약 33%, 데이터 과학자(Data Scientist) 약 33%, 데이터 엔지니어(Data Engineer) 약 33%
- 응답자가 속한 기업 규모: 500인 이상의 대형 사업장에서 근무하는 사람들이 약 40%, 500인 미만의 중소형 사업장에서 근무하는 사람들이 약 60%
- 응답자의 경력 연차: 3년에서 5년 차의 경력을 가진 사람들이 약 35%, 5년차 이상 경력을 가진 사람들이 약 65%

이 설문조사는 데이터 전문가 직무에 종사하는 사람들의 다양한 의견을 반영하고자 광범위하게 실시되었습니다.

세부 직종에 따른 필수 역량 Top 5

Data Analyst의 필수 역량 Top 5

1. 엑셀

2. 데이터 시각화

3. SQL

4. Python

5. 서비스 분석 방법

Data Scientist의 필수 역량 Top 5

1. Python

2. 머신러닝/딥러닝 프레임워크

3. SQL

4. 데이터 시각화

5. EDA

Data Engineer의 필수 역량 Top 5

1. SQL

2. Python

3. C++, JAVA 등 파이썬 외 언어

4. 대용량 분산 처리 시스템

5. Linux

다음은 '채용 시 가장 중요하게 생각하는 경험'을 주제로 진행된 설문 결과에 대한 내용 요약입니다.

	항목	선택한 이유
1	문제 정의에서 인사이트 도출까지 전체 과정을 전부 수행한 경험.	• 업무의 가장 기본이 되기 때문 • 전반적인 업무 프로세스에 대한 이해가 필요. • 업무수행 능력 및 문제 해결 능력이 높을 것으로 기대.
2	팀으로 문제를 해결해본 경험.	• 업무의 대부분은 팀 단위로 진행. • 협업 및 커뮤니케이션은 업무 진행에 매우 중요.
3	도메인 관련 업무 및 학습경험	• 관련 경험이 있는 사람이 더 잘할 것으로 기대. • 도메인 관련 지식 역량이 데이터 이해 및 모델 서빙에 도움.

다음은 '데이터를 다루는 기업에서 게시한 채용공고' 내용 중 빈번하게 언급되는 내용입니다.

〈데이터 직군의 채용공고 내 주요 내용〉

주요 업무:

- 다양한 데이터 소스에서 통찰력 있는 인사이트를 발견하고 가시화

- 통계적 모델링 및 머신러닝 기법을 이용한 예측모델 개발

- 데이터 품질 및 가용성 향상을 위한 노력 지원

- 데이터 기반의 결정을 위한 지원

요구사항:

- 컴퓨터 과학, 통계학, 수학, 물리학 등의 배경

- Python을 이용한 데이터 분석에 대한 깊은 이해

- NumPy, Pandas, Matplotlib, Scikit-learn 등의 Python 데이터 분석 라
  이브러리 사용 경험

- SQL에 대한 이해 및 데이터베이스 경험

- 머신러닝 모델의 개발 및 배포 경험

- 데이터 시각화 경험

- 팀 플레이어 및 강한 커뮤니케이션 스킬

(※ 라이브러리는 특정 작업을 보다 쉽고 효율적으로 수행할 수 있도록 도와주는 도구입
니다.)

위 내용에서 확인할 수 있는 정보는 교육 참여자의 취업을 지원하기 위
해서는 단순히 특정 언어, 특정 라이브러리만을 위한 콘텐츠 제작 비중은
낮추며, 다양한 의사결정과 그에 필요한 라이브러리 등을 적절하게 활용
할 수 있는 프로젝트 형식의 콘텐츠가 필요하다는 것입니다. 더불어 교수
자 또한 과거의 경험만을 근거로 수업에 참여하는 것보다는 최근 기업들
의 니즈를 정확하게 파악한 후에 교수자의 경험과 지식을 적절하게 전달
하는 것이 중요해졌다는 것입니다.

위의 조건을 만족하는 콘텐츠 제작을 위해서는 ChatGPT에 입력되는
프롬프트를 조금 더 신경 쓸 필요가 있습니다.

다음은 'SNS 광고비에 따른 배달 주문량 예측 프로그램'을 주제로 콘텐
츠 제작을 위한 프롬프트 명령어입니다.

이전 프롬프트 명령어와의 차이점은 다음과 같습니다.

1. 코드의 조건을 더욱 구체적으로 제시한 것

2. 프로그램 데이터를 직접 입력한 것(※ SNS 광고비(원), 주문량)

3. 프로그램의 주요 라이브러리를 특정해 선정하는 것(※ Numpy)

아래와 같은 조건을 갖춘 '수업용 코드'를 작성합니다.

주제: SNS 광고비에 따른 배달 주문량 예측 프로그램

역량: 2~4(Max 10)

함수 활용: True

코드 조건 1: Numpy를 주로 활용

코드 조건 2: 자세한 주석이 필요

코드 조건 3: 1차함수 y=wx + b 활용

코드 조건 4: w와 b의 초깃값은 무작위값을 가정해 1과 2로 설정

코드 조건 5: 오차를 줄이기 위한 '경사하강법'이 존재

오차 측정방식: SSE

데이터:

SNS 광고비(원): [235, 216, 148, 35, 85, 204, 49, 25, 173, 191]

주문량: [591, 539, 413, 310, 308, 519, 325, 332, 498, 498]

아래는 주어진 조건에 맞는 Python 코드입니다. 이 코드는 Numpy 라이브러리를 사용해 SNS 광고비에 따른 배달 주문량을 예측하는 프로그램을 작성했습니다. 주어진 1차함수 y=wx+b를 사용하며, w와 b의 초깃값은 각각 1과 2로 설정되었습니다. 또한 이 코드는 SSE(Sum of Squared Errors)를 사용해 예측값과 실제값의 차이를 측정하고, 오차를 줄이기 위해 경사하강법을 사용합니다.


```
import numpy as np  # Numpy 라이브러리를 import합니다
```

```python
# 데이터 설정
ad_costs=np.array([235, 216, 148, 35, 85, 204, 49, 25, 173, 191])  #
SNS 광고비 데이터
orders=np.array([591, 539, 413, 310, 308, 519, 325, 332, 498, 498])
# 배달 주문량 데이터


# 1차함수 y=wx+b의 초깃값 설정
w=1
b=2


# 예측 함수 정의
def predict(ad_costs, w, b):
    return w * ad_costs + b  # 1차함수로 광고비에 따른 주문량 예측


# 오차(SSE) 계산 함수 정의
def compute_error(predictions, orders):
    return np.sum((predictions - orders) ** 2) # 예측값과 실제값의 차이의
제곱합을 계산해 반환


# 경사하강법으로 w와 b 업데이트
def update_weights(ad_costs, orders, predictions, w, b, learning_
rate):
    dw=-2 * np.sum((orders - predictions) * ad_costs) # 오차에 대한 w의
편미분
    db=-2 * np.sum(orders - predictions) # 오차에 대한 b의 편미분
    w=w - learning_rate * dw # 경사하강법을 이용해 w 업데이트
    b=b - learning_rate * db # 경사하강법을 이용해 b 업데이트
    return w, b
```

```
# 초기 예측 및 오차 계산
predictions=predict(ad_costs, w, b)
initial_error=compute_error(predictions, orders)

# 가중치 업데이트
learning_rate=0.0001 # 학습률 설정
w, b=update_weights(ad_costs, orders, predictions, w, b, learning_
rate)

# 업데이트 후 예측 및 오차 계산
predictions=predict(ad_costs, w, b)
updated_error=compute_error(predictions, orders)

print(f"초기 예측값: {predictions}")
print(f"초기 오차(SSE): {initial_error}")
print(f"가중치 업데이트 후 예측값: {predictions}")
print(f"가중치 업데이트 후 오차(SSE): {updated_error}")
```

이 코드는 학습자들에게 Numpy 라이브러리를 활용해 데이터를 처리하는 방법, 1차함수를 사용해 예측모델을 만드는 방법, 그리고 오차를 계산해 예측모델의 성능을 평가하는 방법을 보여줍니다. 또한 경사하강법을 통해 예측모델의 성능을 향상하는 방법도 학습할 수 있습니다.

출력된 답변은 조건으로 제시한 내용이 모두 포함된 상태로 코드 교안이 출력되었음을 확인할 수 있습니다. 여기서 'SNS 광고비에 따른 배달 주문량 예측 프로그램'이라는 주제로 다양한 라이브러리를 활용할 수 있도록 ChatGPT 프롬프트의 조건값을 변경하는 식으로 더욱더 다양한 코드 교안을 확보할 수 있습니다.

다음 프롬프트 명령어는 코드 조건 일부가 수정되었습니다.

1. 인공지능 구현 라이브러리 사용을 위해 '코드 조건 1'의 값을 Numpy에서 Tensorflow로 수정.

2. 중요한 정보를 시각적으로 표현하기 위해 '시각화'라는 개념을 '코드 조건 6'에 추가.

3. 오차 측정방식을 'SSE'에서 'MSE'로 수정.

아래와 같은 조건을 갖춘 '수업용 코드'를 작성합니다.

주제: SNS 광고비에 따른 배달 주문량 예측 프로그램

역량: 2~4(Max 10)

함수 활용: True

코드 조건 1: Tensorflow 를 주로 활용

코드 조건 2: 자세한 주석이 필요

코드 조건 3: 1차함수 y=wx+b 활용

코드 조건 4: w와 b의 초깃값은 무작위값으로 설정

코드 조건 5: 오차를 줄이기 위한 '경사하강법'이 존재

코드 조건 6: 오차의 변화를 '시각화'로 표현

오차 측정방식: MSE

데이터:

SNS 광고비(원): [235, 216, 148, 35, 85, 204, 49, 25, 173, 191]

주문량: [591, 539, 413, 310, 308, 519, 325, 332, 498, 498]

다음은 주어진 조건에 따라 작성된 TensorFlow를 이용한 선형회귀모델 코드입니다. 이 코드는 SNS 광고비를 통해 배달 주문량을 예측하고 있으며, 초기 가중치(w)와 편향(b)을 무작위값으로 설정했습니다. 이어서 경사하강법을 이용해 오차를 줄이고, 이 과정에서 오차의 변화를 시각

화했습니다. 오차측정 방식으로는 MSE(Mean Squared Error)를 사용했습니다.

```
import tensorflow as tf
import numpy as np
import matplotlib.pyplot as plt

# SNS 광고비와 배달 주문량 데이터 설정
ad_costs=np.array([235, 216, 148, 35, 85, 204, 49, 25, 173, 191],
dtype=float)
order_amounts=np.array([591, 539, 413, 310, 308, 519, 325, 332,
498, 498], dtype=float)

# 가중치와 편향 초깃값 설정(무작위값)
W=tf.Variable(np.random.randn())
b=tf.Variable(np.random.randn())

# 학습률과 에포크 설정
learning_rate=0.0001
epochs=1000

# 오차 추적을 위한 리스트
losses=[]

# 선형 회귀모델 함수
def linear_regression(x):
return W * x + b
```

```python
# 오차(MSE) 함수
def mean_square(y_pred, y_true):
    return tf.reduce_mean(tf.square(y_pred - y_true))


# 경사하강법 옵티마이저
optimizer=tf.optimizers.SGD(learning_rate)


# 훈련 함수
def run_optimization():
# tf.GradientTape()를 사용해 모델의 예측과 오차를 계산
with tf.GradientTape() as g:
pred=linear_regression(ad_costs)
loss=mean_square(pred, order_amounts)


# 오차에 대한 가중치와 편향의 기울기를 계산
gradients=g.gradient(loss, [W, b])


# 기울기를 적용해 가중치와 편향을 업데이트
optimizer.apply_gradients(zip(gradients, [W, b]))


return loss


# 주어진 에포크만큼 훈련 진행
for step in range(1, epochs + 1):
# 경사하강법을 실행하고, 오차를 계산
loss=run_optimization()


# 오차를 추적 리스트에 추가
losses.append(loss)
```

```
# 일정 에포크마다 가중치와 편향 출력
if step % 100==0:
pred=linear_regression(ad_costs)
loss=mean_square(pred, order_amounts)
print("step: %i, loss: %f, W: %f, b: %f" %(step, loss
```

이 코드는 학습자들에게 Numpy 라이브러리를 활용해 데이터를 처리하는 방법, 1차함수를 사용해 예측모델을 만드는 방법, 그리고 오차를 계산해 예측모델의 성능을 평가하는 방법을 보여줍니다. 또한 경사하강법을 통해 예측모델의 성능을 향상하는 방법도 학습할 수 있습니다.

여기서 한 가지 주의해야 할 점이 있습니다. ChatGPT를 이용해 다음과 같은 코드 교안을 확보했다면 그대로 교안에 적용하기 전, 2가지 검수작업이 필요합니다.

첫 번째 검수작업에서 교수자는 ChatGPT를 통해 얻은 코드의 동작방식 및 코드의 의미 파악이 필요합니다.

교수자는 수업 참여자가 던지는 질문에 대해 깊이 있는 답변이 준비되어 있어야 합니다. 그리고 한발짝 더 나아가, 수업 참여자의 잠재력을 끌어올릴 수 있도록 다각도의 꼬리 질문을 준비하고 있어야 합니다.

수업 참여자와 교수자는 하나의 질문에 대해 하나의 답변형식이 아닌, 하나의 질문에 수십 수백 가지의 꼬리질문을 통해 깊이 있는 토의가 이뤄져야 합니다. 이를 통해 수업 참여자의 흥미를 끌어올리며 동시에 더욱더 깊이 있게 생각할 수 있도록 이끌어야 합니다.

여기서 ChatGPT는 다음과 같이 활용할 수 있습니다.

주제: 'SNS 광고비에 따른 배달 주문량 예측 프로그램'
위 주제로 수업이 진행될 때, '흥미'와 '탐구력'을 끌어올릴 수 있는 '질문'
이 필요.

수업에서 학생들의 흥미와 탐구력을 자극하려면, 질문은 실제 상황을
연결하고 개별적인 창의성을 독려하는 방식으로 제기되어야 합니다. 이
러한 맥락에서 아래는 'SNS 광고비에 따른 배달 주문량 예측 프로그램'
과 관련해 제기할 수 있는 몇 가지 질문입니다.

1. SNS 광고비가 배달 주문량에 어떤 영향을 미칠 수 있을까요? 이와
관련해 자신의 생각이나 경험을 공유해보세요.
2. 만약 SNS 광고비를 2배로 늘렸다면, 배달 주문량은 어떻게 변할까
요? 이를 예측하는 데 어떻게 접근해야 할까요?
3. 우리의 예측모델이 완벽하다고 가정해봅시다. 이 정보를 어떻게 활
용할 수 있을까요? 이를 기반으로 어떤 전략을 세울 수 있을까요?
4. 이러한 예측모델이 현실세계에서 어떤 한계를 가질 수 있을까요? 예
측모델의 정확도를 높이는 데 있어 어떤 요인이 중요할까요?
5. SNS 광고비 외에도 배달 주문량에 영향을 미칠 다른 요인은 무엇이
있을까요? 이러한 요인을 모델에 어떻게 통합할 수 있을까요?

이러한 질문들은 학생들이 주제를 깊게 탐구하고, 본인들만의 관점을
개발하는 데 도움을 줄 수 있습니다. 혹은 다음과 같은 질문 또한 학생들
의 역량 향상에 도움을 줄 수 있습니다.

1. 왜 초깃값 w와 b를 무작위값으로 설정하는 것이 중요한가요?
2. '경사하강법'이란 무엇이며, 이것이 우리의 모델을 어떻게 개선하는 데
도움이 되나요?

3. 오차 측정방식으로 왜 MSE를 사용하는 것이 좋은 방법인가요?

4. 주어진 데이터가 SNS 광고비와 배달 주문량 간의 관계를 어떻게 보여 주는가요?

5. 오차의 변화를 시각화하는 것이 왜 중요한가요?

6. Tensorflow는 어떻게 사용되고, 이것이 다른 라이브러리와 비교했을 때 어떤 이점이 있나요?

교수자는 위와 같은 입력값에 대한 답변을 확인하며, 수업 참여자의 잠재력을 끌어올릴 수 있도록 준비가 필요합니다.

두 번째 검수작업. 코드의 정상동작 확인.

매우 당연하게도, ChatGPT가 반환하는 코드에 대해 정상동작 여부를 확인해야 합니다. 위의 코드를 실행해보면 다음과 같이 무의미한 값인 nan이 출력됨을 확인할 수 있습니다('nan'은 'Not a Number'의 줄임말로, 수치를 정의할 수 없거나 수치가 존재하지 않는 경우를 나타내는 표현입니다).

step: 100, loss: nan, W: nan, b: nan

step: 200, loss: nan, W: nan, b: nan

step: 300, loss: nan, W: nan, b: nan

step: 400, loss: nan, W: nan, b: nan

step: 500, loss: nan, W: nan, b: nan

step: 600, loss: nan, W: nan, b: nan

step: 700, loss: nan, W: nan, b: nan

step: 800, loss: nan, W: nan, b: nan

step: 900, loss: nan, W: nan, b: nan

step: 1000, loss: nan, W: nan, b: nan

여기서 ChatGPT에 입력하는 프롬프트를 수정하는 것보다는, 코드의 내용을 주의 깊게 들여다볼 필요가 있습니다. 즉 ChatGPT 사용자는 자신이 질문한 분야에 대해서는 어느 정도 탐구가 필요하다는 것에 대해 부정할 수 없다는 것입니다.

그렇다면 위 코드에서의 문제점은 무엇이었을까요? 주원인은 '학습률(Learning Rate)'이었습니다. 물론 이 또한 ChatGPT 프롬프트에 다음과 같이 입력해 더욱 자세한 원인을 파악할 수 있습니다.

 위 코드의 결과로 'nan'이 연산된 '이유'는?

 경사하강법을 이용한 학습에서 'nan'이 발생하는 것은 주로 다음과 같은 이유에서입니다.

1. 학습률(Learning rate)이 너무 높을 때: 학습률이 너무 높으면, 경사하강법이 가중치를 업데이트할 때 '오버슈팅'이 발생해 가중치 값이 너무 크게 변동하게 됩니다. 이는 결국 가중치 값이 발산하게 만들며, 이 과정에서 'nan'이 발생할 수 있습니다. 이 문제를 해결하기 위해서는 학습률을 낮춰주면 됩니다.

2. 초기 가중치(Weights)나 편향(Bias)값이 너무 클 때: 가중치나 편향값이 너무 크면, 모델의 예측값과 실제값의 차이가 커져 오차도 커집니다. 이 경우 가중치를 업데이트할 때, 'nan'이 발생할 수 있습니다. 이를 해결하려면 가중치와 편향의 초깃값을 적절하게 설정해주어야 합니다.

3. 데이터 스케일링 문제: 입력 데이터의 값이 너무 크면, 모델의 예측값과 실제값의 차이가 커져 오차도 커집니다. 이 경우에도 가중치를 업데이트할 때 'nan'이 발생할 수 있습니다. 이 문제를 해결하기 위해서는 데이터 스케일링(예: 정규화, 표준화 등)을 통해 입력 데이터의 값을 적절한 범위로 조절해주어야 합니다.

위 코드에서 'nan'이 발생하는 정확한 원인을 파악하기 위해서는 추가적인 디버깅이 필요하나, 위의 원인 중 하나일 가능성이 높습니다. 이에 따라 학습률을 조절하거나, 가중치와 편향의 초깃값을 조절하거나, 데이터 스케일링을 적용해보는 것을 권장합니다.

 위 코드에서 'nan'이 뜨지 않도록 '코드'를 수정합니다.

 위의 코드에서 nan이 발생하는 이유는 2가지일 수 있습니다:

1. 학습률(learning_rate)이 너무 높아서 GradientDescentOptimizer가 적절한 솔루션을 찾지 못하는 경우

2. 초기 가중치(W)와 절편(b)의 값이 너무 크게 설정되어서 예측값(Y_pred)이 매우 큰 값을 가지게 되고, 이로 인해 오차의 제곱(loss)이 매우 큰 값을 갖게 되어 발생하는 수치적 안정성 문제

이를 해결하기 위해 학습률을 낮추거나, 초기 가중치와 절편의 값을 작게 설정해 보는 것이 좋습니다. 아래에 수정된 코드를 제시하겠습니다.

```
import tensorflow as tf
import numpy as np
import matplotlib.pyplot as plt
```

```python
# Hyperparameters
learning_rate=0.0001  # Lower learning rate
epochs=100
display_step=10

# Training Data
x_train=np.array([235, 216, 148, 35, 85, 204, 49, 25, 173, 191],
dtype=np.float32)
y_train=np.array([591, 539, 413, 310, 308, 519, 325, 332, 498, 498],
dtype=np.float32)

# Normalize data
x_train=x_train / np.linalg.norm(x_train)
y_train=y_train / np.linalg.norm(y_train)

# Set model weights and bias
W=tf.Variable(np.random.randn(), name="weight")
b=tf.Variable(np.random.randn(), name="bias")

# Linear regression(Wx + b)
def linear_regression(x):
return W * x + b

# Mean square error
def mean_square(y_pred, y_true):
return tf.reduce_mean(tf.square(y_pred - y_true))

# Stochastic Gradient Descent Optimizer
optimizer=tf.optimizers.SGD(learning_rate)
```

```
# Optimization process
def run_optimization():
with tf.GradientTape() as g:
pred=linear_regression(x_train)
loss=mean_square(pred, y_train

gradients=g.gradient(loss, [W, b])

optimizer.apply_gradients(zip(gradients, [W, b]))

# Run training for the given number of steps
for step in range(1, epochs + 1):
run_optimization()

if step % display_step==0:
pred=linear_regression(x_train)
loss=mean_square(pred, y_train)
print("step: %i, loss: %f, W: %f, b: %f" %(step, loss, W.numpy(), b.numpy()))
```

위 코드는 학습률을 낮추고, 데이터를 정규화해 모델이 수치적으로 안정적인 학습을 진행하도록 수정했습니다. 주석도 첨부해 코드의 이해를 도왔습니다. 여기서 ChatGPT의 활용방안 핵심은 처음부터 완벽한 코드를 만들기 위한 욕심을 버려야 한다는 점입니다.

특정 결과물을 얻어내기 위해 개발된 완벽한 프롬프트 명령어가 존재한다고 해도, ChatGPT는 언제나 같은 답변만을 내놓지 않는다는 점을 지금까지 내용을 통해 확인할 수 있었습니다. 왜 이러한 현상이 발견될까요?

1과 1을 더하게 되었을 때 정답은 2가 되며, 이를 부정하는 과학자는 없습니다. 인공지능의 주요 동작원리는 연산에 기반합니다. 다만 인공지능의 연산 과정에는 일부 무작위 성질을 띠는 파라미터가 존재합니다. 이러한 무작위 성질은 AI의 성능을 더욱더 높여주기 위해 다양한 가능성을 탐색하게 해주는 역할을 합니다. 물론 무작위 성질이 너무 강해지는 것을 제한하기 위해 이를 조절하는 옵션 또한 존재합니다.

여기서 인공지능의 성능에 강한 영향을 주는 것은 결국 '데이터'라는 점이 중요합니다. 그리고 사용자가 ChatGPT 프롬프트에 입력하는 질문 또한 인공지능의 성능 개선을 위한 데이터로 활용됩니다.

그렇다면, 매우 많은 사용자를 확보한 OpenAI에게는 매우 많은 데이터가 지속적으로 확보될 수밖에 없다는 것을 예측해볼 수 있습니다. 다만 데이터에는 정답이라고 할 수 있는 내용이 함께 포함되어 있는 편이 좋습니다.

예를 들어 "안녕하세요?"라는 질문에는 "안녕하세요!", "반갑습니다" 같은 답변이 정답으로 간주됩니다.

하지만 위 답변 말고도 정답이라 할 수 있는 데이터는 무궁무진하며, 반대로 정답이라 할 수 없는 데이터 또한 매우 많습니다. 상황에 따라 애매한 정답이 있을 수도 있습니다.

즉 인공지능은 완벽한 정답을 찾기 위해 데이터의 패턴을 파악하며, 그 과정에서 점진적으로 정답에 수렴하는 행위를 반복해 사용자를 만족시킬 수 있는 정답을 내놓게 됩니다. 여기서 정답이 마음에 들지 않거나, 틀린 정보가 사용자에게 출력되는 상황을 점차 감소시키기 위해 ChatGPT에는 흔히 '좋아요'와 '싫어요'라고 하는 기능을 넣어 두었습니다. 아무리 대규모 언어 데이터를 가지고 있다 한들, 사용자의 변덕스러운 니즈를 지속해서 맞춰주려면 계속해서 성능을 높이는 장치 또한 필요하다고 판단한 것입니다.

이러한 점들을 통해 ChatGPT를 더 전문가답게 활용하려면, 자신의 분야에 대해 전문성을 갖추는 노력이 필요합니다. 더 깊이 있는 질문은 ChatGPT의 성능에 기여할 뿐 아니라, 활용하는 사람의 업무역량을 2배 이상 높여줄 것입니다.

03 | 데이터 직군을 위한 캐글(Kaggle), ChatGPT의 역할과 가치

최근 다수 기업들에서 러브콜을 받는 데이터 과학자나 데이터 분석가처럼 '데이터'라는 단어가 포함된 직군의 역사를 조금만 거슬러 올라가보면 '통계학자'라는 직업이 나옵니다. 통계학자의 기대역할은 필요한 정보를 수집하고, 수집된 정보를 정제하며, 다양한 통계기법을 활용한 분석과 인사이트를 발굴하는 것입니다.

그렇다면 어떠한 이유로 통계학자는 데이터 과학자나 데이터 분석가 같은 이름으로 발전했을까요? 다양한 이유가 있겠으나, 다뤄야 할 데이터의 규모가 과거에 비해 수십, 수백 배 증가함으로써 과거의 통계 프로그램으로는 한계가 있을 수밖에 없었습니다. 이러한 상황에서 통계학자들의 눈에 들어온 것이 바로 컴퓨터 프로그래밍 언어와 통계를 지원해주는 라이브러리들의 등장이었습니다. 이러한 기술의 성숙 때문에 통계학자들에게 더 큰 데이터를 다양한 방식으로 처리할 수 있는 환경이 자연스럽게 조성되었습니다.

기술의 성숙은 여기서 멈추지 않았습니다. 2010년에 설립된 데이터 분석과 예측 등을 주제로 진행되는 경진대회 플랫폼 캐글이 등장한 일입니다. 다양한 데이터를 바탕으로 전 세계 데이터 과학자들이 모여 문제를 해결하는 장소가 생긴 것입니다.

이러한 데이터 경진대회 플랫폼은 국내외 할 것 없이 데이터를 다루는 직군의 역량 상향 평준화에 상당히 큰 기여를 했으며, 최근 데이터 직군을 희망하는 분들에게는 학습의 장으로도 활용되고 있습니다.

캐글이 보유하는 경진대회의 종류는 셀 수 없이 다양하게 존재하며, 단순히 문제만 제공하지 않습니다. 문제를 해결하는 데 도움이 될 수 있는 가이드라인과 다른 사람의 풀이 및 의견 등을 함께 볼 수 있다는 점에서 역량을 성장시키기 위한 학습의 장으로 매우 유용하게 활용될 가치는 충분합니다. 하지만 이 또한 '대회'라는 점에서 심리적 허들과 부담감은 당연히 존재할 수밖에 없으며, 글로벌 경진대회 플랫폼인 만큼 '영어'라는 또 다른 허들이 존재합니다.

최근 ChatGPT를 주제로 쓰인 기사들을 살펴보면 외국어, 수학 등의 1 대 1 과외 선생님 역할을 ChatGPT가 수행한다는 내용을 쉽게 찾아볼 수 있습니다. 이처럼 ChatGPT는 연산과 예측뿐 아니라 문제를 해결하는 과정까지 상세하게 답변으로 내놓고 있습니다.

앞서 ChatGPT를 활용하는 과정 중 프롬프트 내에 데이터를 직접 입력하는 방법을 소개했습니다. 이번에는 캐글을 200% 활용하기 위해 ChatGPT를 활용하는 방법을 살펴보겠습니다.

첫 번째로 살펴볼 경진대회 주제는 해양생물 전복(Abalone)의 길이, 무게 등의 특성 정보를 기반으로 전복의 나이를 예측하는 것입니다. 캐글에서 제공하는 페이지를 통해 내용을 확인할 수는 있겠으나, 이를 처음 접하는 사용자 입장에서는 어디를 어떻게 봐야 하는지 쉽게 감을 잡기 어렵습니다.

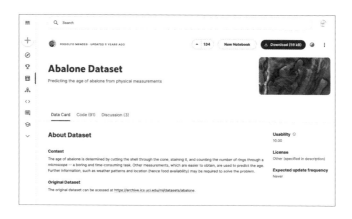

조금 더 천천히 접근하기 위해 ChatGPT 프롬프트에 다음과 같이 입력값을 넣어 실행해보겠습니다. 주제와 링크를 함께 입력하며, 위 경진대회가 무엇인지 간단히 설명하도록 요청해보겠습니다.

 캐글(Kaggle) 경진대회 주제: Abalone Dataset
링크:
https://www.kaggle.com/datasets/rodolfomendes/abalone-dataset
요청: 경진대회에 대한 '설명'
조건: 30줄 내로 요약

 Abalone Dataset 경진대회는 전복 데이터를 분석하는 캐글 경진대회입니다. 참가자들은 전복의 다양한 특성 정보, 예를 들면 성별, 길이, 직경, 높이, 무게 등을 활용해 통계적 또는 예측모델을 만드는 것이 목표입니다. 이 데이터셋은 실제 생물학적 데이터를 분석하고 이해하는 데 도움

링크를 통해 경진대회에 대한 자세한 정보와 데이터를 확인하고 다운
로드받을 수 있습니다. 답변을 살펴보면 해당 경진대회에 대한 목표를 확
인할 수 있습니다. 캐글 내의 경진대회답게 '통계적 또는 예측모델을 만
드는 것'을 목표로 합니다. 하지만 정확하게 어떠한 것을 예측하는지는
확인하기 어렵습니다. 즉 ChatGPT가 내놓은 답변만으로는 자세한 정보
를 확인하기 어렵습니다. 위와 같은 다소 아쉬운 답변이 출력된 이유는
ChatGPT 프롬프트에 입력된 값 중 '30줄 내로 요약'이라는 조건을 걸었
기 때문입니다.

설명이 자세할수록 글의 길이는 길어질 수밖에 없고, 설명이 길어진다
는 것은 결국 허들을 높이는 요인으로 작용할 수밖에 없습니다. 그렇기에
데이터 경진대회를 처음 접하는 입장에서는 낮은 허들을 자주 넘어가는
식으로 경진대회는 어렵지 않고, 참여자의 역량을 단계별로 성장시켜줄
수 있다는 인식을 심어줄 필요가 있습니다. 이 역할은 ChatGPT의 지원으
로 문제를 해결할 수 있습니다.

캐글 경진대회 주제: Abalone Dataset
요청: 목표의 구체적인 설명
조건: 답변 중 '통계적 또는 예측모델을 만드는 것'으로는 확인이 어려움

'Abalone Dataset' 경진대회에서는 주로 전복의 나이를 예측하는 모델
을 만드는 것이 주요 목표입니다. 전복의 나이는 전복의 고리 수로 판단

되지만, 이는 전복의 껍질을 잘라서 확인하는 어려운 작업이 필요합니다. 그렇기 때문에 전복의 물리적 특성(길이, 직경, 높이, 무게 등)을 기반으로 전복의 나이를 예측할 수 있는 머신러닝 모델을 개발하는 것이 이 경진대회의 주된 목표입니다.

따라서 참가자들은 제공된 전복 데이터셋을 분석해 머신러닝 알고리즘을 학습시키고, 그 결과를 바탕으로 전복의 나이를 가장 정확하게 예측하는 모델을 만드는 것이 경진대회의 목표입니다. 이 과정에서 참가자들은 머신러닝 알고리즘의 선택, 특성 엔지니어링, 모델의 평가 및 튜닝 등 다양한 데이터 과학기법을 사용하게 됩니다.

답변을 통해 확인할 수 있듯이, 해당 경진대회의 목표는 전복의 물리적 특성을 기반으로 '전복의 나이'를 예측하는 머신러닝 모델을 개발하는 것입니다. 그렇다면 문제를 조금 더 깊게 살펴보겠습니다.

캐글에서 주최하는 경진대회는 기본적으로 데이터를 제공하게 되어 있으며, 이를 활용한 예측을 위한 모델을 만드는 것이 주목표입니다. 여기서 말하는 '모델'은 예를 들어 '만 나이'를 계산하기 위해 출생연도와 생일을 입력하면 만 나이를 출력해주는 것처럼, 전복의 물리적 특성인 길이, 직경, 높이, 무게 등을 입력했을 때 전복의 나이를 예측해주는 특별한 계산기라고 생각하면 됩니다.

만 나이를 계산하려면 계산기를 사용하는 사용자의 정보가 필요한 것처럼, 전복의 나이를 예측하기 위해서는 전복의 정보가 필요하며 이는 캐글 경진대회에서 제공하게 됩니다. ChatGPT를 통해 어떠한 정보가 우리에게 제공되는지 살펴보겠습니다.

캐글 경진대회 주제: Abalone Dataset

요청: 제공되는 데이터의 설명

조건: 자세히 설명

'Abalone Dataset' 경진대회에서 제공되는 데이터는 전복의 물리적 특성을 나타내는 일련의 속성을 포함하고 있습니다. 이러한 속성들은 다음과 같습니다.

1. 성별: 이는 M, F, I(유아) 3가지 범주로 나타내며, 전복의 성별을 나타냅니다.
2. 길이: 전복의 가장 긴 껍질 측정값을 나타내며, 어린 전복은 작은 길이를, 노란 전복은 더 긴 길이를 보여줍니다.
3. 직경: 전복 껍질의 직경을 가로 방향으로 측정한 값입니다.
4. 높이: 전복 껍질의 높이를 측정한 값입니다.
5. 전체 무게: 전복 전체의 무게입니다.
6. 껍질 무게: 전복 껍질의 무게를 나타냅니다.
7. 내장 무게: 전복 내장의 무게를 나타냅니다.
8. 고리 수: 전복 껍질에 있는 고리의 수입니다. 이는 전복의 나이를 결정하는 데 사용되며, 일반적으로 이 고리의 수를 세어 전복의 나이를 결정합니다.

이러한 속성을 통해 참가자들은 전복의 나이를 예측하는 모델을 만들어야 합니다.

위 답변을 통해 참여자에게 제공되는 데이터에 대한 내용을 확인할 수 있습니다. 다만 이 정보가 얼마나 정확한지를 확인하는 것은 어디까지나 ChatGPT를 사용하는 엔지니어의 몫입니다. 여기서 ChatGPT가 출력한 답변을 자세히 확인해보겠습니다.

1. 길이: 전복의 가장 긴 껍질 측정값을 나타내며, 어린 전복은 작은 길이를, '노란 전복'은 더 긴 길이를 보여줍니다.

답변 내용 중 '노란 전복'이라는 단어가 눈에 들어옵니다. 전복에 대해 기본 배경지식이 없다면, '노란 전복'의 존재를 믿을 수밖에 없습니다. 아쉽게도 '노란 전복'은 존재하지 않으며, 이는 ChatGPT의 명백한 오답임을 확인할 수 있는 부분입니다. ChatGPT를 더욱더 가치 있게 활용하려면 틀린 정보에 대해 수정이 필요합니다.

ChatGPT가 틀린 정보를 반환한 내용 옆에 흔히 '좋아요'와 '싫어요'라고 하는 버튼 중 '싫어요' 버튼을 클릭하면 다음과 같은 창이 등장합니다.

여기서 틀린 정보를 의미하는 두 번째 'This isn't true' 체크 박스를 클릭한 후 오른쪽 하단에 'Submit feedback' 버튼을 클릭하면 다음과 같이 왼쪽은 기존 답변, 오른쪽은 새로운 답변으로 나눠진 내용을 제공받을 수 있습니다.

피드백 이후 제공받은 두 답변 중 더 좋은 답변에 대한 버튼을 클릭해 주시는 것으로 ChatGPT의 성능을 개선할 수 있습니다. 이 과정을 넘어가고 싶다면 하단의 오른쪽 'Skip this step' 버튼을, 두 대답 중 마음에 드는 것이 없다면 하단의 'Neither answer is better' 초록색 버튼을 클릭합니다.

이렇게 데이터에 대한 간략한 정보를 확인했다면 다음은 데이터에 대한 내용 일부를 확인하는 단계입니다. ChatGPT의 등장 이전에는 사용자가 직접 코딩을 통해 데이터를 확인해야 했으나, ChatGPT 등장 시점 이후 이 과정까지 ChatGPT를 통해 해결할 수 있게 되었습니다.

캐글에서 제공하는 'Abalone Dataset'은 다음과 같은 형태로 제공되고 있습니다. 아래는 이 데이터셋의 일부를 간단하게 보여주는 예시입니다.

Sex	Length	Diameter	Height	Whole weight	Shucked weight	Viscera weight	Shell weight	Rings
M	0.455	0.365	0.095	0.514	0.224	0.101	0.150	15
M	0.350	0.265	0.090	0.225	0.099	0.048	0.070	7
F	0.530	0.420	0.135	0.677	0.256	0.141	0.210	9
M	0.440	0.365	0.125	0.516	0.215	0.114	0.155	10
I	0.330	0.255	0.080	0.205	0.089	0.039	0.055	7

이 데이터는 각 전복의 성별(Sex), 길이(Length), 지름(Diameter), 높이(Height), 전체 무게(Whole weight), 내장 무게(Shucked weight, Viscera weight)와 껍질 무게(Shell weight), 그리고 반지 수(Rings)를 나타냅니다. 'Sex' 항목은 'M'이면 수컷, 'F'이면 암컷, 'I'이면 어린 전복을 의미합니다.

위와 같이 데이터에 대한 내용을 확인했다면, 조금 더 깊이 있는 접근을 통해 인사이트를 발굴해보는 것 또한 좋은 접근입니다. 예를 들어, 만 나이를 계산할 때 사람의 키와 몸무게는 그렇게 중요한 정보가 되지 못합니다. 마찬가지로 전복의 나이를 예측할 때 중요한 정보란 무엇인지 확인해보는 과정이 필요하며, 다음과 같이 프롬프트 명령어를 통해 인사이트를 발굴할 수 있습니다.

캐글 경진대회 주제: Abalone Dataset

요청: 전복의 나이를 예측하는 데 있어 중요한 요인을 알려줘

조건: 중요하다 판단하는 근거를 함께 제시

1. Rings: 전복의 껍질에 있는 반지 수는 전복의 나이를 결정하는 가장 중요한 요인입니다. 전복의 나이는 이 반지 수에 1.5를 더한 것이며, 이는 과학적 연구를 통해 확인된 사실입니다. 이 데이터를 이용해 직접적으로 나이를 예측할 수 있습니다.

2. Shell Weight: 껍질의 무게도 전복의 나이를 예측하는 데 중요한 요소로 생각됩니다. 껍질은 전복이 성장함에 따라 점점 두꺼워지므로, 껍질의 무게는 전복의 나이와 어느 정도 비례 관계를 보일 것입니다.

3. Whole Weight, Shucked Weight, Viscera Weight: 전복의 전체 무게, 내장 제거 후 무게, 그리고 내장 무게는 전복의 크기와 직접적으로 관련이 있습니다. 전복이 성장하면서 이들 무게는 증가하므로, 전복의 나이를 추정하는 데 이들 요인이 중요할 수 있습니다.

이 중요한 요인들을 활용해, 전복의 나이를 예측하는 모델을 만들 수 있습니다. 하지만 실제로 어떤 요소가 가장 중요한지는 데이터를 분석하고, 모델을 학습시키며 확인해야 합니다. 데이터 사이언스는 항상 실험과 검증의 과정이 필요합니다.

다음은 캐글을 처음 접하는 사용자들의 또 다른 허들인, 나의 컴퓨터에 코드를 작성해 데이터를 직접 불러오는 과정입니다. 상당히 많은 사용자는 이 과정에서 상당히 많은 어려움을 느끼게 되며, 더 자세한 설명이 필요한 시점으로 분류됩니다. 그렇기에 다음과 같이 ChatGPT의 프롬프트 입력값을 설정해 문제를 해결해보겠습니다.

캐글 경진대회 주제: Abalone Dataset
요청: 데이터 불러오기, 데이터 확인하기 코드 작성
조건: Python
조건 2: 쉽게 설명

캐글에서 Abalone 데이터셋을 다루기 위해, 파이썬의 pandas라는 라이브러리를 사용할 것입니다. Pandas는 데이터 분석을 쉽게 만드는 도구로, 테이블 형태의 데이터를 다루는 데 매우 유용합니다.

우선 pandas 라이브러리를 파이썬에 불러오는 코드를 작성합니다. 이때 'pd'라는 별칭(alias)을 사용해 pandas를 더 편리하게 사용할 수 있습니다.

import pandas as pd

그런 다음, pandas의 read_csv 함수를 사용해 Kaggle에서 다운로드한 Abalone 데이터셋 CSV 파일을 불러옵니다. 이때 CSV 파일의 경로를 함수에 전달해야 합니다. 이 경로는 파일이 위치한 폴더와 파일 이름을 포함해야 합니다.

abalone_data=pd.read_csv('/your/download/path/abalone.csv')

여기서 '/your/download/path/abalone.csv' 부분은 데이터셋을 다운로드한 실제 경로로 바꿔주셔야 합니다.

이렇게 해서, Abalone 데이터셋이 'abalone_data'라는 pandas DataFrame으로 로드됩니다. DataFrame은 테이블 형태의 데이터를 다루는 데 사용하는 pandas의 주요 데이터 구조입니다.

마지막으로, 불러온 데이터가 어떻게 생겼는지 확인해보겠습니다. 이를 위해, pandas DataFrame의 head 메서드를 사용합니다. 이 메서드는 DataFrame의 첫 5행을 보여줍니다.

```
print(abalone_data.head())
```

이제 위 세 줄의 코드를 모두 한 파일에 넣고 실행하면, Abalone 데이터 셋을 불러오고, 데이터의 처음 부분을 확인해볼 수 있습니다.

캐글 경진대회 주제: Abalone Dataset
요청: 데이터를 불러온 이후, 전복의 나이를 예측하기 위한 목적을 달성하기 위해 수행해야 하는 과정 설명.
조건: 간략하게 설명

전복의 나이를 예측하기 위해, 주로 아래와 같은 과정을 수행합니다.

1. 데이터 탐색과 전처리: 불러온 데이터를 체계적으로 살펴보는 과정입니다. 이를 통해 데이터의 특성과 구조를 이해하고, 누락 데이터나 이상치가 있는지 확인할 수 있습니다. 만약 있다면, 이를 적절히 처리해야 합니다.

2. 특성 공학: 각각의 입력 특성이 출력값(여기서는 전복의 나이)에 어떤 영향을 미치는지 분석합니다. 이를 통해 기존 특성을 조합하거나 변형해 새로운 특성을 생성할 수 있습니다.

3. 모델 선택과 훈련: 적절한 머신러닝 알고리즘을 선택하고, 불러온 데이터로 모델을 훈련시킵니다. 여기서는 전복의 나이를 예측하는 회귀모델이 적합할 것입니다.

4. 모델 검증과 튜닝: 훈련된 모델이 얼마나 잘 작동하는지 검증합니다.

이를 위해 일반적으로 교차검증(cross-validation) 같은 기법을 사용합니다. 검증결과에 따라 모델의 하이퍼파라미터를 조정하며 튜닝할 수 있습니다.

5. 최종 모델 평가: 마지막으로, 테스트 데이터를 사용해 최종적으로 선택하고 튜닝된 모델을 평가합니다. 이를 통해 모델이 실제로 전복의 나이를 얼마나 잘 예측하는지 확인할 수 있습니다.

이러한 과정을 거쳐 전복의 나이를 예측하는 모델을 만들고 검증하게 됩니다. 이 과정에서 각 단계마다 통계적, 시각적 분석이 적절히 활용되며, 실험과 반복이 필요합니다.

코드의 자세한 설명을 요청하는 경우, 코드 한 줄에 꽤 많은 설명을 담은 답변을 얻어낼 수 있으며, 목표를 달성하기 위한 전체 과정을 살펴보고 싶은 경우 또한 ChatGPT는 정답에 근접한 결과를 보여줍니다. 이처럼 ChatGPT의 등장은 캐글 경진대회의 허들을 쉽게 넘을 수 있는 환경을 만들어놓았으며, 과거에 비해 더 높은 역량을 갖춘 데이터 전문가들이 양성될 수 있는 환경 또한 동시에 갖춰지고 있습니다.

여기서 ChatGPT를 조금 더 깊이 있게 사용해보겠습니다. 캐글 경진대회 주제 Abalone Dataset의 데이터 중 첫 번째 변수 '성별(Sex)'은 다른 변수들과 다르게 'M', 'F', 'I'처럼 영어로 구성되어 있습니다. 'M'이면 수컷, 'F'이면 암컷, 'I'이면 어린 전복을 의미합니다.

앞서 인공지능의 주요 동작 메커니즘은 '연산'이라고 설명했습니다. 마찬가지로 인공지능 ChatGPT 또한 사용자가 입력하는 모든 정보에 대해 연산을 수행해야 합니다. 그런데 지금까지 ChatGPT 프롬프트에 입력한 내용과 Abalone Dataset의 성별 변수는 연산이 불가능한 문자였습니다. 하지만 ChatGPT는 연산을 수행해 답변을 출력했고, Abalone Dataset의 성별 변수 또한 숫자로 바꿔 연산을 수행해야 합니다. 그렇다면 Abalone Dataset에 존재하는 문자를 숫자로 바꾸기 위해서는 어떠한 과정이 필요할까요?

캐글 경진대회 주제: Abalone Dataset
요청: 변수 중 성별(Sex)은 'M', 'F', 'I'로 구분되나, 이는 연산에 적합하지 않음. 이를 해결하기 위해서는 무엇을 해야 하는가?
조건 1: 코드는 필요하지 않습니다.
조건 2: 자세한 설명이 필요.

'성별'이라는 특성이 'M'(Male, 수컷), 'F'(Female, 암컷), 'I'(Infant, 새끼)로 구분되는 경우에는 이를 숫자형으로 바꾸어야 연산이 가능합니다. 이러한 작업을 '인코딩'이라고 합니다.

여기서 사용할 수 있는 대표적인 인코딩 방식은 2가지가 있습니다.

1. 레이블 인코딩(Label Encoding): 이 방법은 각각의 카테고리 값을 고유의 정수로 변환합니다. 예를 들어, 'M'은 1, 'F'는 2, 'I'는 3과 같은 방식으로 변환할 수 있습니다. 하지만 이 방법은 임의의 숫자 할당으로 인해 특정 카테고리 간에 순서나 중요도가 부여될 수 있다는 단점이 있습니다. 이는 모델이 잘못된 학습을 할 수 있게 만듭니다.

2. 원-핫 인코딩(One-hot Encoding): 이 방법은 각 카테고리를 독립적인 이진 특성으로 변환합니다. 이렇게 하면 각 카테고리가 독립적으로 표현되며, 'M', 'F', 'I' 각각을 별도의 특성으로 간주합니다. 예를 들어, 'M'

은 [1, 0, 0], 'F'는 [0, 1, 0], 'I'는 [0, 0, 1]로 변환됩니다. 이 방법은 레이블 인코딩의 문제점을 해결하지만, 특성의 수가 많아질수록 데이터의 차원이 증가한다는 단점이 있습니다.

따라서 '성별'변수를 변환할 때는 위의 두 방법 중 하나를 선택할 수 있습니다. 선택은 문제의 성격, 사용하는 모델, 데이터의 구조 등을 고려해 이루어져야 합니다.

ChatGPT는 프롬프트에 제시된 2가지 조건에 맞춰 답변했으며, 답변에는 2가지 보기가 제안되었습니다. 여기에서 일반적인 선택은 '원-핫 인코딩'이나, ChatGPT는 각 방식의 장단점을 제시했습니다. 이를 검증하기 위해 한 발짝 더 나아가보겠습니다.

캐글 경진대회 주제: Abalone Dataset
요청: '레이블 인코딩'과 '원-핫 인코딩'중 더 유리한 방식.
조건 1: 코드는 필요하지 않습니다.
조건 2: 자세한 설명이 필요.

레이블 인코딩'과 '원-핫 인코딩' 중 어느 것이 더 유리한지는 사용하는 모델과 데이터의 특성에 따라 다릅니다.

레이블 인코딩은 각 카테고리에 고유한 정수 값을 할당하므로, 간단하고 효율적인 방법이지만, 인코딩된 숫자들 사이에는 어떤 순서나 계층 구조가 없음에도 불구하고 이러한 구조가 있다고 모델이 인식할 가능성이 있습니다.

예를 들어, 'M', 'F', 'I'가 각각 1, 2, 3으로 인코딩되면, 'I'가 'M'과 'F'보다

'더 크다'고 인식될 수 있습니다. 이는 특히 순서가 없는 카테고리 데이터인 경우 문제가 될 수 있습니다. 이 경우에는 트리 기반 모델들(예: 결정 트리, 랜덤 포레스트 등)이 레이블 인코딩을 잘 처리할 수 있지만, 선형모델 등 다른 모델들은 문제가 발생할 수 있습니다.

원-핫 인코딩은 각 카테고리를 독립적인 이진 특성으로 변환하는 방법입니다. 이 방법은 각 카테고리가 독립적으로 표현되며, 'M', 'F', 'I' 각각을 별도의 특성으로 간주합니다.

이렇게 하면, 어떤 카테고리도 다른 카테고리보다 '더 크다'거나 '더 작다'는 개념이 사라집니다. 이 방법은 선형모델 등이 카테고리 데이터를 잘 처리할 수 있게 해줍니다. 하지만 카테고리의 수가 많아질수록 생성되는 특성의 수가 증가하게 되어, 데이터의 차원이 커지고 모델 학습에 필요한 계산량이 증가하는 문제가 있습니다.

따라서 Abalone Dataset의 경우, '성별' 특성에는 'M', 'F', 'I' 3가지 카테고리만 있으므로 원-핫 인코딩이 더 적합할 수 있습니다. 이는 각 카테고리를 독립적으로 다룰 수 있고, 성별 간에는 순서나 중요도가 없기 때문입니다.

출력된 결과값을 확인해보니 원-핫 인코딩의 손을 들어주며 동시에 적합성을 근거와 함께 제시하고 있습니다. 그렇다면 인공지능 분야에서 빈번하게 발생하는 문제에 대해 ChatGPT는 어떠한 해결책을 제시할지 살펴보겠습니다.

인공지능의 성장에는 데이터가 주는 영향을 무시할 수 없습니다. 조금 더 자세하게는 데이터 수, 데이터 품질 등이 이에 해당합니다. 수집된 데이터는 언제나 다양하며, 균형 잡혀 있어야 하며, 수집된 데이터의 수 또한 매우 많았으면 하지만 실상은 그렇지 않습니다.

예를 들어, ChatGPT 프롬프트에 입력되는 값은 데이터가 됩니다. 그렇다면 "모든 입력 데이터를 인공지능 학습에 사용할 수 있을까?"에 대한 질문에 "예"라고 답변하기는 쉽지 않습니다.

마찬가지로 "캐글 내에서 진행되는 경진대회에서 제공하는 데이터 또한 모든 데이터의 품질이 매우 훌륭한가요?"라는 질문 또한 "예"라고 답변하기는 쉽지 않습니다.

다음 데이터는 캐글에서 진행되었던 경진대회입니다. 밤하늘을 관측해 얻은 데이터를 주제로 진행되었으며, 내용은 다음과 같습니다.

캐글 경진대회 주제: Predicting Pulsar Star
링크:
https://www.kaggle.com/datasets/colearninglounge/predicting-pulsar-starintermediate
요청: 경진대회 설명
조건: 간단히 30줄 이내로 설명

캐글 경진대회 'Predicting Pulsar Star'는 펄서 별을 예측하는 데 초점을 맞춘 데이터 과학 경진대회입니다. 펄서는 빠르게 회전하는 중성자별로서, 극도로 정밀한 시계로 작동하기 때문에 천문학적 연구에서 중요한 역할을 합니다.

이 경진대회에서 참가자들은 주어진 펄서 데이터를 활용해 별이 펄서인지 아닌지를 예측하는 모델을 개발해야 합니다. 이 데이터셋은 8개의 연속적인 변수들을 포함하고 있으며, 이들 변수는 펄서의 특징을 나타내는 여러 통계치를 기반으로 합니다.

참가자들의 목표는 가장 정확한 예측 결과를 내는 모델을 구축하는 것입니다. 이를 위해 데이터 분석, 시각화, 머신러닝 등 다양한 기법을 활용할 수 있습니다. 이 대회는 펄서 별의 특징을 이해하고 이를 활용한 예측모델링 능력을 평가하며, 참가자들에게는 이러한 과제를 통해 천문학적 데이터에 대한 이해를 깊이 확장하고 머신러닝 기술을 실제 적용하는 기회를 제공합니다.

이 대회의 핵심은 관측된 데이터를 기반으로 '별(Star)'과 '펄서(Pulsar)'를 예측하는 것입니다. 그렇다면 데이터 또한 '별을 위한 데이터'와 '펄서를 위한 데이터'로 나눠집니다. 여기서 우리는 이 2개의 데이터가 정확히 50대 50의 비율로 나눠지기를 바라나, 예상과는 달리 너무나 극단적인 비율임을 다음 질문과 답변을 통해 확인할 수 있습니다.

 캐글 경진대회 주제: Predicting Pulsar Star
요청: 마지막 변수 target_class의 0(star)과 1(pulsar)의 비율
조건 1: 파이 그래프를 통해 표현

 Python의 Pandas와 Matplotlib 라이브러리를 사용해 'Predicting Pulsar Star' 데이터셋의 'target_class' 변수의 0과 1의 비율을 시각화하는 코드를 제공하겠습니다. 이 코드는 실제 데이터 파일의 경로를 입력하고 Python 실행 환경에서 실행해야 합니다.

```
import pandas as pd
import matplotlib.pyplot as plt

# 데이터 로드
```

```
data=pd.read_csv('/path/to/your/data.csv')

# 'target' 변수의 0과 1의 빈도수 계산
target_counts=data['target'].value_counts()

# 파이 차트 생성을 위한 데이터 준비
labels=['Not Pulsar(0)', 'Pulsar(1)']
sizes=target_counts.values

# 파이 차트 생성
fig1, ax1=plt.subplots()
ax1.pie(sizes, labels=labels, autopct='%1.1f%%', startangle=90)

# 원형 유지를 위해 aspect ratio를 'equal'로 설정
ax1.axis('equal')

plt.title('Distribution of Pulsar Stars in the Dataset')
plt.show()
```

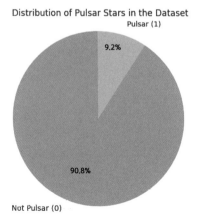

Distribution of Pulsar Stars in the Dataset

위 코드는 'target' 변수의 값(0과 1)에 따른 데이터의 분포를 파이 차트로 시각화합니다. 차트의 각 부분은 펄서(1)와 비펄서(0)의 비율을 나타냅니다.

참고로 위 코드에서 '/path/to/your/data.csv' 부분은 실제 'Predicting Pulsar Star' 데이터셋 파일의 경로로 교체해야 합니다. 이는 캐글에서 데이터셋을 다운로드한 후의 로컬 파일 시스템 경로가 될 수 있습니다.

이러한 상황에서 일반적으로 떠올릴 수 있는 방법은 데이터를 추가로 수집하는 것입니다. 하지만 경진대회에서 제공하는 데이터는 대개 추가 수집이 불가능한 경우가 많습니다. ChatGPT의 등장 시점 이전에는 캐글에서 제공하는 기본 가이드를 따라가면 위와 같은 문제를 일부 해결할 수 있었습니다. 하지만 데이터 과학자 혹은 분석가의 목표는 문제의 일부 해결이 아닌 완벽한 해결이 되어야 합니다. 또 위와 같은 문제가 어떠한 이유로 발생했는지, 이 문제는 어떻게 풀어갈 수 있을지에 대한 가이드를 제시할 수 있어야 합니다. 이 문제를 해결하기 위해 ChatGPT를 통해 조언을 받아보겠습니다.

캐글 경진대회 주제: Predicting Pulsar Star
요청: target_class의 변수가 매우 불균형한 상황에서 이를 해결하기 위한 방법 소개.
조건 1: 왜 이러한 불균형 문제가 발생했는지 설명 추가
조건 2: 쉽게 설명

불균형 데이터 문제는 일부 클래스의 데이터가 다른 클래스보다 훨씬 많은 경우에 발생합니다. 이러한 불균형은 데이터의 수집 과정, 특정 클래스의 자연스러운 드문 발생 빈도 등 다양한 원인에 의해 발생할 수 있

습니다.

예를 들어, 'Predicting Pulsar Star' 경진대회에서는 펄서 별(pulsar stars)과 펄서가 아닌 별(non-pulsar stars)을 분류하는 문제입니다. 펄서 별은 매우 희귀한 천체로서, 우리가 관찰할 수 있는 별 중에서 펄서 별의 비율은 매우 작습니다. 따라서 이런 문제에서는 대부분 샘플이 펄서가 아닌 별에 속하게 되어 불균형 데이터 문제가 발생합니다.

이를 해결하기 위한 방법은 여러 가지가 있습니다.

1. 샘플링: 데이터가 부족한 클래스(여기서는 펄서 별)의 샘플을 늘리거나(오버샘플링), 데이터가 많은 클래스(펄서가 아닌 별)의 샘플을 줄이는(언더샘플링) 방법입니다.

2. 가중치 조정: 모델이 데이터가 적은 클래스에 더 많은 주의를 기울이도록 가중치를 조정하는 방법입니다. 이렇게 하면 모델은 각 클래스를 골고루 고려하게 됩니다.

3. 다른 성능 지표 사용: '정확도'는 불균형 데이터에서 잘 작동하지 않을 수 있습니다. 이럴 때는 정밀도(precision), 재현율(recall), F1 점수 등의 지표를 사용하면 좋습니다. 이러한 지표들은 불균형 데이터에서도 모델의 성능을 잘 평가할 수 있습니다.

이러한 방법은 각각의 장단점이 있으므로, 어떤 방법이 가장 적합한지는 문제의 상황과 데이터에 따라 다를 수 있습니다. 따라서 각 방법을 실험해보고, 가장 좋은 결과를 얻는 방법을 선택하는 것이 중요합니다.

ChatGPT가 내놓은 답변을 통해 데이터 불균형 문제가 발생한 이유 그리고 해결방안을 확인해보았습니다. 그렇다면 첫 번째 해결방안인 '샘플링'은 과연 문제 해결에 정말 도움을 줄 수 있을까요?

ChatGPT가 정의한 샘플링은 지금과 같이 약 1:9 비율로 구성된 불균형한 데이터를 5:5 비율로 맞춰주기 위해 데이터를 늘리거나 줄이는 방식을 의미합니다. 하지만 지금과 같이 1:9 비율처럼 너무나 불균형한 상황에서는 ChatGPT가 제시하는 샘플링 기법은 효과를 발휘하기 어렵습니다. 즉 교과서적 답변으로는 문제 해결이 어렵다는 것입니다.

단순히 ChatGPT만을 잘 사용한다고 해서 위와 같은 상황을 해결할 수 없습니다. 여기서부터는 분석가의 경험에 근거한 깊이 있는 질문이 필요한 상황으로 이어지게 됩니다.

캐글 경진대회 주제: Predicting Pulsar Star
요청: 샘플링의 효과가 없는 이유 설명
조건 1: 데이터 불균형 문제를 해결할 수 있는 방법 제시
조건 2: '코스트 센서티브 러닝'은 해결책이 될 수 있는가

데이터 불균형 문제를 해결하기 위해 샘플링 방법을 사용하는 경우, 실제로는 항상 성공적인 결과를 가져오지 못하는 경우가 많습니다. 오버샘플링(과대표본화)은 소수 클래스의 데이터를 늘리지만, 데이터의 과적합을 유발할 수 있습니다. 반면에 언더샘플링(과소표본화)은 다수 클래스의 데이터를 줄이지만, 이는 중요한 정보를 제거하는 결과를 가져올 수 있습니다.

'코스트 센서티브 러닝(Cost-sensitive learning)'은 이러한 문제를 해결하는 또 다른 방법으로, 분류 모델에서 각 클래스의 가중치를 조절해 모델의 성능을 개선하려는 방법입니다. 이는 모델이 오분류에 따른 '비용'을 최소화하도록 학습하는 것을 의미합니다.

데이터 불균형 상황에서, 소수 클래스의 샘플이 잘못 분류되면 그 비용이 다수 클래스의 샘플이 잘못 분류되는 것보다 훨씬 더 크다고 가정하는 것이 일반적입니다. 따라서 코스트 센서티브 러닝은 소수 클래스에 더 큰 가중치를 부여해 모델이 소수 클래스에 더 많은 주의를 기울이게 하는 방법입니다.

코스트 센서티브 러닝은 특히 불균형한 데이터 세트에서 모델 성능을 개선하는 데 유용하며, 오버샘플링이나 언더샘플링의 문제점을 보완할 수 있습니다. 그러나 이 방법도 항상 완벽한 해결책은 아닙니다. 가중치를 부여하는 것은 새로운 문제를 발생시킬 수 있으며, 가중치 자체를 결정하는 것은 주관적이고 복잡할 수 있습니다. 따라서 코스트 센서티브 러닝은 다른 방법과 함께 적절하게 사용되어야 합니다.

ChatGPT 프롬프트에 제시된 '조건 2'는 데이터가 불균형한 상황에서 활용될 수 있는 샘플링 이외의 또 다른 방법 중 하나입니다. 이처럼 문제를 해결하려면 ChatGPT의 도움을 받을 수도 있으나, 데이터 전문가의 경험적 근거에 기반한 질문 또한 적절하게 던지며 그에 따른 인사이트를 확보하는 것이 ChatGPT를 200% 활용하는 방법이 됩니다.

04 | 데이터의 중요성
ChatGPT와 바드의 성능을 결정하는 핵심 요인

세상을 놀라게 하는 기술의 등장은 언제나 그렇듯 해당 산업 그리고 더 나아가 사회의 변화를 가져왔습니다. 마찬가지로 ChatGPT의 등장은 인공지능 기술 기업들에게 큰 충격을 주는 것으로 그치지 않고 사회 전반에 걸친 변화를 이끌어냈습니다. IT 기업의 대표주자 구글 또한 적지 않은 충격을 받은 것처럼 묘사되고 있습니다.

소수의 선두주자 뒤에는 다수의 후발주자가 존재하듯, ChatGPT 또한 다수의 후발주자가 매우 빠르게 생겨나고 있습니다. 이러한 후발주자 중에서 구글에서 개발한 AI 대규모 언어모델, 바드를 유심히 살펴보겠습니다.

일반적 시점에서 바드는 ChatGPT와 매우 유사한 기능을 갖고 있다고 보이며, 대다수 비개발자 직군에서 ChatGPT 그리고 바드의 활용방식에는 큰 차이를 찾아보기 어렵습니다.

다음은 두 언어모델의 성능을 평가하고 이를 통해 어떠한 차이점이 있는지 확인해보겠습니다. ChatGPT와 Bard 두 모델에게 사전에 질문의 기록이 없는 동일한 질문을 했을 때 얻은 결과입니다.

동일한 질문

인공지능의 성능'을 더 높이기 위해 '가장 먼저 해야 할 것'은 무엇일까?
답변: 3줄 이하로 작성

☞ ChatGPT 답변

데이터의 품질을 향상하는 것이 가장 먼저 해야 할 일입니다. 데이터의 정확성, 완결성, 일관성을 확보하고 라벨링이 정확하게 이루어져야 합니다.

Bard 인공지능의 성능을 높이기 위해 가장 먼저 해야 할 일은 더 많은 양의 데이터를 수집하고 학습하는 것입니다. 또한 더 나은 모델을 개발하고, 더 효율적인 알고리즘을 개발하는 것도 중요합니다.

두 언어모델은 적절한 수준의 답변을 출력했습니다. 그렇다면 조금 복잡한 혹은 직접적인 개발에 대한 영역에 대해 질문을 던지는 경우 어떠한 답변을 내놓을지 확인하기 위해 다음과 같은 질문을 입력했으며, 그에 따른 답변은 다음과 같았습니다.

동일한 질문

 질문: '인공지능'에서 '학습 최적화'를 목적으로 하는 'Adam'에 대해 알려줘.
조건: 10줄 이내로 설명
조건: Adam의 수식이 포함
조건: Python의 Numpy를 바탕으로 코드 작성

☞ ChatGPT 답변

Adam은 그래디언트 기반의 학습 최적화 알고리즘으로, 딥러닝 모델의 효율적인 학습을 도와줍니다. 아래는 Adam의 수식을 포함한 간단한 설명과 Python의 NumPy를 사용한 코드 예시입니다.

Adam의 수식:
v=beta1 * v +(1 - beta1) * gradient

```
s=beta2 * s +(1 - beta2) * (gradient ** 2)

v_corrected=v /(1 - beta1 ** t)

s_corrected=s /(1 - beta2 ** t)

weight -=learning_rate * v_corrected /(sqrt(s_corrected) + epsilon)


Python의 NumPy를 사용한 코드 예시:


import numpy as np


def adam_optimizer(weight, gradient, v, s, t, learning_rate, beta1,
beta2, epsilon):

v=beta1 * v +(1 - beta1) * gradient

s=beta2 * s +(1 - beta2) *(gradient ** 2)

v_corrected=v /(1 - beta1 ** t)

s_corrected=s /(1 - beta2 ** t)

weight -=learning_rate * v_corrected /(np.sqrt(s_corrected) + epsilon)


return weight, v, s
```

위의 코드는 Adam 최적화를 수행하는 간단한 함수 예시입니다. 'weight'는 최적화하려는 가중치, 'gradient'는 그래디언트, 'v'와 's'는 각각 그래디언트의 지수 가중 평균과 제곱 그래디언트의 지수 가중 평균을 나타냅니다. 't'는 현재 학습단계를 나타내는 변수이며, 'learning_rate', 'beta1', 'beta2', 'epsilon'은 하이퍼파라미터입니다. 함수는 최적화된 가중치와 업데이트된 'v', 's' 값을 반환합니다.

☞ Bard 답변

✦ Bard Adam은 인공지능에서 학습 최적화를 목적으로 하는 최적화 알고리즘입니다. Adam은 AdaGrad와 RMSProp의 장점을 결합한 알고리즘으로, 빠른 수렴 속도와 안정성을 모두 갖추고 있습니다. Adam의 수식은 다음과 같습니다.

코드 스니펫

```
mt=β1 * mt-1 +(1 - β1) * g
vt=β2 * vt-1 +(1 - β2) * g^2
mhat=mt /(1 - β1^t)
vhat=vt /(1 - β2^t)
w=w - η * mhat / sqrt(vhat + ε)
```

코드를 사용할 때는 주의하시기 바랍니다.

여기서 mt는 기울기의 지수 이동 평균, vt는 기울기의 제곱의 지수 이동 평균, mhat는 편향 보정된 기울기의 지수 이동 평균, vhat는 편향 보정된 기울기의 제곱의 지수 이동 평균, w는 가중치, η는 학습률, ε는 편차입니다.

Adam은 Python의 Numpy를 사용해 다음과 같이 구현할 수 있습니다.

코드 스니펫

```
import numpy as np

def adam(w, g, m, v, beta1, beta2, eta):
m=beta1 * m +(1 - beta1) * g
```

```
v=beta2 * v + (1 - beta2) * g**2

mhat=m /(1 - beta1**t)

vhat=v /(1 - beta2**t)

w=w - eta * mhat / np.sqrt(vhat + eta)


return w
```

두 언어모델이 제시한 답변에는 적절한 전문성과 조건에 부합하는 내용들이 제시되어 있습니다. 다만 바드의 경우 Python 코드에서 약간의 문제점을 확인했습니다.

학습 최적화를 위한 Adam 알고리즘은 파라미터를 갱신하는 마지막 과정에서 연산 간의 오류를 방지하기 위해 아주 작은 값 epsilon을 갖습니다. 하지만 Bard의 경우 학습률(learning rate)을 의미하는 eta와 epsilon을 동일한 개념으로 제시했습니다. ChatGPT의 답변에는 learning rate와 epsilon이 구분되어 있는 것을 확인할 수 있습니다.

물론 learning rate와 epsilon 두 값 모두 매우 작은 값을 갖는다는 공통점이 있습니다. 즉 바드의 답변 또한 일부 유의미한 효과를 발휘할 가능성은 존재하나, 이는 일반적인 Adam의 활용방식과는 거리가 있으며 일반적인 수식에 대한 답변으로는 적합하지 못합니다.

Bard에게 질문

 Adam 알고리즘 중 np.sqrt(vhat+eta)에서 eta 대신 epsilon을 쓰는 것이 맞지 않니?

예, 맞습니다. Adam의 코드에서 np.sqrt(vhat + eta)에서 eta 대신 epsilon을 사용하는 경우가 있습니다. epsilon은 매우 작은 값으로, vhat 과 eta의 합의 제곱근을 계산할 때 오차를 방지하기 위해 사용됩니다. epsilon의 일반적인 값은 1e-8입니다.

Bard에게 질문

 너의 답변에 eta와 learning rate의 개념이 동일하게 취급되어 있는 이유 는?

Bard 답변

 죄송합니다. 에타와 학습률은 동일한 개념이 아닙니다. 에타는 xgboost 에서 사용되는 하이퍼파라미터이고, 학습률은 머신러닝에서 사용되는 하 이퍼파라미터입니다. 에타는 모델의 복잡성을 제어하는 데 사용되고, 학 습률은 모델이 학습하는 속도를 제어하는 데 사용됩니다.

그렇다면 바드는 앞으로 학습 최적화를 위한 Adam의 질문에는 계속해 서 오답을 제시하게 되는 것일까요? 인공지능의 성능에 가장 큰 영향을 미치는 것은 '데이터'입니다. 그리고 우리가 여기서 바드에 집중해야 하는 이유가 있습니다.

위 질문에서 ChatGPT의 결과값이 더 정확하게 출력된 것은 사실이나, 이는 언제든 Bard에게 역전될 가능성이 있습니다. Bard의 데이터는 구 글에서 제공되었을 것이며, 구글은 지난 몇십 년간 인류의 검색엔진 혹 은 지식의 보고였습니다. 더불어 구글에게는 유튜브라는 매우 강력한 동영상 플랫폼과 학술 연구를 위한 플랫폼 Google Scholar 또한 존재합니다.

이는 사용자들의 니즈, 트랜드, 전문성을 확보하기 위한 데이터는 충분하다는 것을 의미하며, 바드에게 남은 숙제는 AI 성능 향상을 위한 알고리즘 고도화뿐이라는 것입니다.

물론 OpenAI도 ChatGPT를 인류에게 공개함으로써 방대한 양의 데이터를 언어 인공지능 모델의 성능 향상에 기여하고 있습니다.

정리하면, OpenAI는 과거 몇 개월 전 대규모 언어모델의 선두주자였습니다. 지금은 그 의미를 찾아보기 힘들 정도로 구글을 비롯한 수많은 IT 기업이 자신들만의 색을 갖는 대규모 언어모델을 개발하고, 이를 서비스와 연동해 제품 서비스를 강화하는 추세로 접어들었습니다. 추후 이와 같은 언어모델이 서비스에 존재하지 않는다면, 오히려 사용자는 어색함과 불편함을 느끼게 될 순간 또한 찾아올 가능성이 생긴 것입니다.

그리고 성능 면에서는 위 사례를 통해 ChatGPT가 조금 더 정확한 모습을 보여주었습니다. 하지만 프롬프트 명령어를 통해 수집된 데이터가 인공지능의 성능 개선에 활용될 것이기에, 더는 같은 오답을 제시하지 않을 것입니다.

지금 이 순간에도 전 세계의 사람은 다양한 프롬프트 명령어를 통해 성능을 향상할 것입니다. 그리고 이는 바드와 ChatGPT 같은 대규모 언어모델의 성능 향상을 지원할 것입니다.

데이터와 관련된 또 다른 유명한 사례를 살펴보겠습니다.

2020년 6월 15일 베타테스터를 시작으로 세상에 등장한 'AI ChatBot 이루다'는 수많은 논쟁거리를 남기며 2021년 1월 11일에 서비스가 종료되었습니다.

AI Chatbot 이루다의 개발 초기 목적은 '스무 살 여대생으로 의인화한 챗봇과 일상대화를 통해 감정적 충족감을 제공하는 것'으로 알려졌으며, 이는 영화나 소설 등과 같은 미디어 매체에서 자주 등장하는 주제이기도 합니다. 여기서 주의 깊게 살펴봐야 하는 점은, 이루다 인공지능 모델의 학습 과정에서 사용된 데이터입니다.

이루다의 개발사인 스캐터랩은 자사 서비스 '연애의 과학', '텍스트앳' 등에서 확보한 연인 간의 대화 데이터 약 100억 건을 인공지능 모델 학습에 사용했다고 밝혔습니다. 그리고 ChatGPT와 이루다는 서비스 목표가 다르지만, 일반 사용자의 관점에서 두 서비스는 모두 프롬프트 기반으로 작동하므로 사용방식에서 큰 차이점을 느끼기 어렵습니다.

이러한 관점에서 보면, 이루다가 겪었던 문제는 ChatGPT처럼 프롬프트를 기반으로 동작하는 AI 서비스도 직면할 것이며, ChatGPT 혹은 바드처럼 대규모 언어모델 인공지능 서비스를 이용할 때 주의해야 할 점은 프롬프트 명령어에 개인정보를 절대 입력하지 않는 사실입니다.

인공지능 개발사들에게 가장 중요한 것은 데이터 확보입니다. 우리가 ChatGPT 프롬프트에 입력하는 값과 전달되는 답변은 모두 인공지능의 성능을 높이기 위해 활용됩니다. 실제로 틀린 답변에 대해 피드백하면, 자연스럽게 같은 질문에 대해 다음에는 정확한 답변을 제시합니다.

인공지능의 활용이 당연시되는 시대에 데이터의 중요성은 앞으로 더 강조될 것입니다. 그리고 데이터는 곧 자산화하고 있으며, 최근에는 질문이 곧 돈이 되는 세상이 도래했습니다. 더불어 누군가의 질문으로 인해 인공지능의 학습 방향성 또한 크게 좌지우지될 가능성 또한 무시할 수 없는 상황입니다. 이제는 인공지능을 현명하게 사용하기 위한 질문이 무엇인지를 고민해볼 시점입니다.

인공지능과 데이터를 다루는 직군에게는 지속적인 역량의 성장이 필요합니다. 그리고 이를 위한 장치와 환경은 지속적으로 진화하고 있으며, ChatGPT는 역량 성장의 지원을 위한 도구로써 이미 수많은 검증을 마친 상태입니다. 하지만 ChatGPT가 모든 것을 해결해주지 않는다는 사실은 지금까지 내용을 통해 확인할 수 있었습니다.

ChatGPT가 생성한 결과값을 통해 더 나은 선택을 해야 하는 상황이나 잘못된 내용을 확인하고 이를 피드백해야 하는 상황이 존재했으며, 생성된 결과값을 바탕으로 더 깊은 질문을 제시해야 하는 상황도 확인했습니다.

최근 발행된 인터넷 기사를 살펴보면, ChatGPT의 등장으로 사라질 직업이라는 주제는 읽는 이에게 상당한 불안감을 심어주었습니다. 이러한 부류의 인터넷 기사는 알파고의 등장 시점, 4차 산업혁명이 언급된 시점, 자동화라는 단어가 등장한 시점, 엑셀과 컴퓨터의 등장 시점 등 꽤 빈번하게 쓰였습니다. 이러한 기술의 변화는 직업의 종말이 아닌 직업의 변화로 이어졌습니다. 정리하면 데이터와 인공지능을 다루는 직군에게 ChatGPT는 맹신의 도구가 아닌, 능력과 효율성을 향상하는 도구가 되어야 합니다.

7장

ChatGPT 플러그인에 대한 이야기

7장 "ChatGPT 플러그인에 대한 이야기"는 필자가 가져온 혁신의 바람입니다. IT와 비즈니스 분야에서의 명성만큼이나 냉철한 분석능력으로 알려진 필자는 ChatGPT의 플러그인이 미래의 스마트폰 앱스토어처럼 진화할 것이라는 대담한 전망을 제시합니다.

이 장에서는 플러그인(Plugin)이라는 생소한 단어에서 시작해, 그것이 어떻게 현재의 생성형 인공지능을 완성하고 보완할 수 있는지, 실제 상업 분야에서는 어떻게 활용되는지에 대해 깊게 들어갑니다. 그리고 이것이 기본적인 인터넷 서비스 개발 및 운영, 그로스해킹의 변화, 고객 서비스와 심지어 감정노동의 해결책에 이르기까지 어떻게 적용되는지를 자세히 살펴볼 것입니다.

또한 다양한 학습을 통해 특정 도메인에 최적화된 시스템을 구축하는 방법도 공유합니다. 필자의 예리한 통찰력을 통해, ChatGPT의 플러그인이 어떻게 우리의 일상과 비즈니스에 큰 변화를 가져올 수 있는지를 이해하는 시간을 가져보세요.

이 장은 단순한 기술 설명서가 아니라, 미래의 기술 트렌드와 그 영향을 이해하려는 모든 이에게 열린 길잡이가 될 것입니다. 지금, 필자와 함께 새로운 기술의 세계로 여정을 시작해보세요.

01 │ '플러그인'이란 무엇인가?

플러그인(plugin)은 기본적으로 어떤 소프트웨어의 기능을 확장하거나 추가하는 부가적인 소프트웨어 컴포넌트를 말합니다. 플러그인은 주로 웹 브라우저와 같은 애플리케이션에서 사용되며, 이를 통해 사용자가 필요에 따라 선택적으로 기능을 추가하거나 확장할 수 있습니다.

예를 들어, 웹 브라우저는 기본적으로 웹 페이지를 보여주는 기능이 있지만, 플러그인을 설치하면 비디오를 재생하거나 특정 형식의 문서를 열거나, 특정 웹 사이트의 기능을 확장하는 등 추가적 기능을 제공할 수 있습니다.

또한 플러그인은 워드프레스와 같은 CMS(Content Management System)에서도 널리 사용됩니다. 워드프레스 플러그인은 웹 사이트의 기능을 확장하거나 사용자 경험을 향상하는 데 도움이 됩니다. 예를 들어 SEO 최적화, 소셜 미디어 통합, 커스텀 폼 생성 등의 기능을 추가할 수 있습니다.

플러그인의 주요 장점 중 하나는 사용자가 필요에 따라 선택적으로 기능을 추가하거나 확장할 수 있다는 점입니다. 이는 사용자가 소프트웨어를 자신의 요구에 맞게 맞춤화할 수 있게 해줍니다. 그러나 플러그인은 때때로 보안문제를 일으킬 수 있으므로, 신뢰할 수 있는 출처에서만 다운로드하고 설치해야 합니다.

02 | 생성형 AI가 부족한 부분을 플러그인을 통해서 보완한다

기본적으로 생성형 AI는 거대언어모델(LLM)이라는 부분을 학습하고, 그것을 기반으로 생성해서 답변을 주게 되어 있습니다. 따라서 우리에게 필요한 정보를 검색하지 못합니다. 처음 출시되었을 때는 거짓 정보를 기준으로 정답인 것처럼 이야기했지만, 지금은 그 부분이 조금씩 좋아지고 있습니다.

생성형 AI를 활용할 때 가장 중요하게 조심해야 하는 지점이기도 합니다. 생성해준 데이터에 대해서 사용자가 스스로 재검증하는 프로세스를 항상 가져야 합니다.

그런 단점을 보완하기 위해서 많은 회사는 자신들의 정보, 데이터에 접근할 수 있는 기능을 제공합니다. 그 정보에 접근하기 위해서 서비스업체들이 만들어낸 플러그인을 사용해야 합니다.

ChatGPT는 2021년 9월 현재 일자까지 데이터를 학습했고, 그 데이터를 중심으로 사람과 대화하듯 정보를 생성해서 주고 있습니다. 그렇기 때문에 최신 정보를 기준으로 검색하는 부분은 불가능합니다. 인터넷 서비스 개발의 입장에서 보면 자신들의 물건을 쉽게 팔기 위한 아주 좋은 기술을 그냥 내버려두기 힘들기에, 서비스 플러그인을 활용한 다양한 서비스 영역을 확대 진행 중입니다.

ChatGPT 같은 AI 기반의 대화형 모델은 고객 서비스, 데이터 분석, 정보 검색 등 다양한 분야에서 활용될 수 있습니다. 플러그인을 통해 기업의 데이터베이스를 연동하면, ChatGPT는 해당 데이터베이스의 정보를 활용해 사용자의 질문에 대답하거나 필요한 정보를 제공하는 등의 역할을 수행할 수 있습니다.

예를 들어 고객이 특정 제품에 대한 정보를 요청하면, ChatGPT는 연동된 데이터베이스에서 해당 제품의 정보를 찾아 고객에게 제공할 수 있습니다. 이는 고객 서비스를 향상하고, 고객의 질문에 대한 응답시간을 줄일 수 있습니다.

또한 이러한 시스템은 24시간 동안 작동할 수 있으므로, 고객이 언제든지 필요한 정보를 얻을 수 있게 해줍니다. 이는 특히 다른 시간대에 있는 고객들에게 유용할 수 있습니다.

그러나 이러한 시스템을 구현하고 유지하려면 데이터 보안, 개인정보 보호, 데이터베이스 관리 같은 이슈를 신중하게 고려해야 합니다. 이러한 이슈들은 기업의 데이터베이스를 외부 시스템과 연동할 때 항상 고려해야 하는 중요한 요소입니다.

03 | 상업용 플러그인 사용법

ChatGPT에 플러그인을 설치해보겠습니다.

ChatGPT의 플러그인을 사용하기 위해서는 '유료결제'를 진행해야 합니다.

〈무료화면〉

유료 가입하기

왼쪽 아래에 있는 Upgrade to Plus [NEW] 부분을 클릭하면 '20달러/월' 결제를 할 수 있는 구독 레이어팝업 창이 열립니다.

Upgrade plan을 클릭해 신용카드를 기준으로 유료 구독 서비스를 신청합니다.

유료 서비스가 되고 나면 화면이 ChatGPT plus라는 가운데 이미지와 함께 GPT-3.5 or GPT-4 어떤 것을 선택할지 고를 수 있는 화면이 생성됩니다.

플러그인을 사용하기 위해서 위 그림 왼쪽 아래에 있는 "…"을 클릭해 setting 부분을 클릭합니다. 레이어팝업에서 Beta features를 선택하고 3번째 Plugins를 활성화합니다.

화면에 No Plugins enabled라는 작은 선택박스가 생겨났습니다.

작은 선택 박스를 클릭해 우리는 이제 플러그인을 선택해서 설치를 진행해보고자 합니다.

다양한 스토어에 있는 플러그인들이 보입니다.

그중 여행에 관련된 플러그인을 설치해보겠습니다.

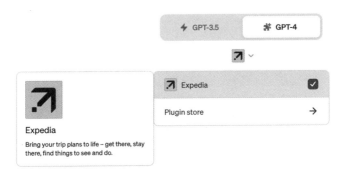

설치 이후에는 화면에 작은 아이콘이 보이고 지금부터 질문하는 질문들은 저 여행 플러그인을 통해서 검색된 결과를 함께 볼 수 있습니다.

8월 여름 휴가 계획을 Expedia plugin을 통해서 검색해봤습니다.

8월에 동남아 여행을 가고 싶어 우기를 피하고 싶어.

Sounds like a great plan! Southeast Asia is a beautiful region with a lot to offer. Let's start with finding you a place to stay. Could you please specify the city or country in Southeast Asia you're planning to visit?

구글 번역
훌륭한 계획인 것 같습니다! 동남아시아는 볼거리가 많은 아름다운 지역입니다. 머물 곳을 찾는 것부터 시작합시다. 방문하려는 동남아시아의 도시나 국가를 지정해 주시겠습니까?

태국으로 부탁해.

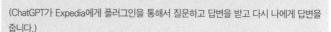

(ChatGPT가 Expedia에게 플러그인을 통해서 질문하고 답변을 받고 다시 나에게 답변을 줍니다.)

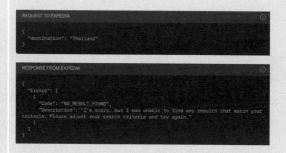

I'm sorry, but it seems like there are no available accommodations in Thailand for the specified period. This could be due to high demand or some other factors. Would you like to try another destination in Southeast Asia, or perhaps adjust your travel dates?

구글 번역
죄송하지만 지정된 기간 동안 태국에서 이용 가능한 숙박시설이 없는 것 같습니다. 수요가 많거나 다른 요인 때문일 수 있습니다. 동남아시아의 다른 목적지를 시도하거나 여행 날짜를 조정하시겠습니까?

일본 오키나와는 어때?

Used Expedia ⌄

It seems like there are multiple locations in Okinawa, Japan. Here are the options:

1. Okinawa Island
2. Ishigaki
3. Nago

Could you please specify which one you are interested in?

구글 번역
일본 오키나와에 여러 지점이 있는 것 같습니다. 옵션은 다음과 같습니다.

1. 오키나와섬
2. 이시가키
3. 나고

어떤 것에 관심이 있는지 지정해주시겠습니까?

1번

Used Expedia ⌄

Great choice! Okinawa Island is a beautiful destination. Here are some lodging options for your stay from July 6th to July 9th, 2023. Remember, these are just assumptions and we can adjust these parameters for more accurate recommendations.

1. [Hyatt Regency Seragaki Island Okinawa](https://apim.expedia.com/recommendations/og-redirect/a12bf4a0-826c-496a-a7e1-fbe1cfa9afb5?brand=bex)
   - This beachfront hotel is located in Onna, in a regional park, 1.8 mi(2.8 km) from Cape Manza.
   - It offers a full-service spa and 6 restaurants.
   - The average nightly price is $444.96 USD.
   - Guest rating is 9.4 out of 10 based on 916 reviews.

2. [Hiyori Ocean Resort Okinawa](https://apim.expedia.com/recommendations/og-redirect/26f6d73d-eec6-4b55-98ef-c67f08f7b9af?brand=bex)
- Situated in Onna, this spa hotel is 0.6 mi(1 km) from Moon Beach.
- It offers 3 restaurants, a full-service spa, and an indoor pool.
- The average nightly price is $574.59 USD.
- Guest rating is 9.6 out of 10 based on 95 reviews.
- Special promotion: Book early and save 10%.

3. [Kafuu Resort Fuchaku Condo Hotel](https://apim.expedia.com/recommendations/og-redirect/3024f5b7-73f3-443d-9354-4d211935816d?brand=bex)
- Offering direct access to the beach, this Onna hotel is next to a golf course and within a 5-minute walk of Okinawakaigan Quasi-National Park and Sun Marina Beach.
- It offers a 24-hour fitness center and spa services.
- The average nightly price is $1154.61 USD.
- Guest rating is 9.2 out of 10 based on 1000 reviews.
- Special deal: save 15%.

What do you think about these? The more you tell me about what you're looking for, the more I can help! Once we've settled on accommodation, we can look at flights, activities, and car rentals.

구글 번역
좋은 선택! 오키나와섬은 아름다운 곳입니다. 다음은 2023년 7월 6일부터 7월 9일까지 숙박할 수 있는 몇 가지 숙박 옵션입니다. 이는 가정일 뿐이며 보다 정확한 추천을 위해 이러한 매개변수를 조정할 수 있습니다.

1. [하얏트 리젠시 세라가키 아일랜드 오키나와](https://apim.expedia.com/recommendations/og-redirect/a12bf4a0-826c-496a-a7e1-fbe1cfa9afb5?brand=bex)
- 이 해변 호텔의 경우 온나 지역 공원에 있으며 만자모에서 2.8km 떨어져 있습니다.
- 풀 서비스 스파와 6개의 레스토랑을 제공합니다.
- 평균 1박 요금은 $444.96 USD입니다.
- 게스트 평점은 916개의 리뷰를 기준으로 10점 만점에 9.4점입니다.

2. [히요리 오션 리조트 오키나와](https://apim.expedia.com/recommendations/og-redirect/26f6d73d-eec6-4b55-98ef-c67f08f7b9af?brand=bex)
– 온나에 위치한 이 스파 호텔의 경우 Moon Beach에서 1km 거리에 있습니다.
– 3개의 레스토랑, 풀서비스 스파, 실내 수영장을 제공합니다.
– 평균 1박 요금은 $574.59 USD입니다.
– 게스트 평점은 95개의 리뷰를 기준으로 10점 만점에 9.6점입니다.
– 특별 프로모션: 조기 예약 및 10% 할인.

3. [카후 리조트 후차쿠 콘도 호텔](https://apim.expedia.com/recommendations/og-redirect/3024f5b7-73f3-443d-9354-4d211935816d?brand=bex)
– 해변으로 바로 연결되는 온나의 이 호텔의 경우 골프장 옆에 있으며, 걸어서 5분 이내 거리에는 Okinawakaigan Quasi-National Park 및 선 마리나 비치도 있습니다.
– 24시간 피트니스 센터와 스파 서비스를 제공합니다.
– 평균 1박 요금은 $1154.61 USD입니다.
– 게스트 평점은 1,000개의 리뷰를 기준으로 10점 만점에 9.2점입니다.
– 특가: 15% 할인.

이것에 대해 어떻게 생각하세요? 당신이 찾는 것에 대해 더 많이 말할수록 더 많은 도움을 줄 수 있습니다! 숙박시설이 결정되면 항공편, 활동 및 렌터카를 볼 수 있습니다.

Hyatt Regency Seragaki Island Okinawa
expedia.com

Hiyori Ocean Resort Okinawa
expedia.com

Kafuu Resort Fuchaku Condo Hotel
expedia.com

04 │ 기본적인 인터넷 서비스 개발 및 운영 이야기

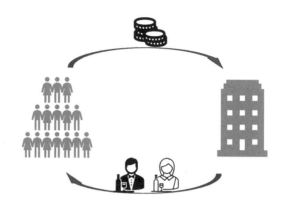

기본적인 서비스회사들은 고객이 지불한 돈을 기준으로 서비스를 제공하게 됩니다. 음식, 여행, 물건 등 회사들이 고객에게 제공하는 부분은 우리 일상 속에 아주 다양하고 생각보다 일상의 많은 부분을 차지하고 있습니다.

사람들은 서비스를 제공받기 위해서, 물건을 구매하기 위해서, 다양한 방법을 사용합니다. 아주 오래전부터 지금까지도 가장 많이 이용하는 시장과 같은 공간에 직접 가서 상인들과 티키타카하면서 필요한 많은 물건과 서비스를 제공받습니다.

하지만 물리적인 시간, 공간의 한계점이 있는 부분 때문에, 필요로 하는 사람과 제공하는 사람들은 '일주일에 한 번, 혹은 15일에 한 번 우리 다 같이 모이자'라고 하는 방법을 만들게 됩니다.

오일장이나 보름장 같은 장날이 그러한 부분의 발명입니다. 유통은 그렇게 서서히 발전해가고, 시공간을 압축해주는 방향으로 빠르게 기술력을 올려갑니다. 사람의 힘에서 동물의 힘으로 그리고 자동차와 비행기 같은 다양한 이동수단의 개발은 사람들에게 서비스를 더욱더 다양하고 빠르게 제공할 수 있게 됩니다.

인터넷이 발전하고 사람들은 이제 오일장과 보름장을 기다리지 않고, 몇 번의 클릭만으로 제품과 서비스를 제공받을 수 있습니다. 하지만 여기서 큰 문제가 발생합니다.

서비스 제공자와 고객이 같은 공간에 있다면, 서로 티키타카하면서 궁금한 부분을 물어보고 해소하고, 추천받고, 결국 구매하기까지 다양한 상호작용이 일어나게 됩니다. 이렇게 발생한 구매 부분은 서비스 및 제품의 만족도가 생각보다 높습니다.

하지만 인터넷으로 그냥 충동적으로 산 제품과 서비스의 경우는 환불이 자주 일어나고, 고객과 마찰이 더 크게 증가하는 경향을 보이기도 합니다. 우리는 이렇게 고객과 마찰에서 고객의 불만을 들어주고 해결해주는 감정노동자도 생겨나게 되었습니다.

만약 처음부터 정말 잘 들어주고 이야기해주고 했다면 불만족에 가까운 결과보다 좋은 결과로 이어지는 경우가 더 많았을 텐데 말입니다. 이러한 부분을 앞서 본 사례와 같이 ChatGPT와 기업에서 제공하는 플러그인의 콜라보레이션으로 해결해갈 수 있습니다.

ChatGPT가 서비스와 고객 중간에서 생각보다 다양한 역할을 해낼 수 있습니다. 기본적으로는 기업에서 서비스하는 부분 중간에서 고객의 요

구사항과 취향 등 다양한 데이터를 수집할 수 있습니다.

서비스 개발을 하다 보면 그로스해킹을 통해서 고객들의 행동을 기반, 다양한 데이터를 추론해서 수집하고 있습니다. 하지만 이 부분은 어디까지나 추론을 기반으로 하기 때문에 기업 입장에서는 항상 작은 테스트를 서비스에 녹이고 Hit가 되는지는 다시 분석하게 됩니다. ChatGPT는 이런 반복적인 과정을 줄여줄 수 있습니다.

서비스를 개발하는 기업 입장에서는 ChatGPT와 사람의 상호작용에서 나오는 키워드 분석만으로도 해당 서비스 품질을 올릴 수 있습니다.

그로스해킹의 기법도 단순 UX(User Experience) 분석이 아닌 복합적인 분석이 가능해질 수 있습니다. 또 사람을 대신해서 사람을 분석할 수 있게 됩니다.

ChatGPT는 텍스트를 이해하고 대화를 생성하는 데 중점을 두고 있지만, 데이터 분석 자체를 수행하는 것은 이 AI의 주요 목적은 아닙니다. 그러나 ChatGPT는 어느 정도의 데이터 분석에 도움을 줄 수 있습니다.

예를 들어, 간단한 통계분석이나 데이터 처리 방법, 데이터 분석의 절차, 기법, 도구를 설명하는 데 사용할 수 있습니다. 또한 데이터에 대한 일반적인 해석이나 인사이트를 제공하는 것은 가능합니다. 그러나 복잡한 데이터 처리, 통계적 모델링, 머신러닝 알고리즘의 적용, 혹은 실시간으로 데이터베이스에서 정보를 뽑아내는 등의 작업은 ChatGPT가 수행할 수 없습니다.

UX 데이터 분석에 대해서는, 이 AI 모델은 원칙, 방법론, 가이드라인 등에 대한 설명을 제공하는 데 도움이 될 수 있습니다. 예를 들어 사용자 인터뷰, 사용자 테스트, 히트맵 분석, 클릭 경로 분석 등 UX 분석에서 사용되는 여러 기법에 관해 설명하고, 어떻게 이들을 적절하게 적용할 수 있는지 조언할 수 있습니다.

그러나 실제 데이터를 분석하고, 유의미한 인사이트를 도출하는 것은 데이터 분석가나 UX 연구자가 수행해야 할 작업입니다. 이는 복잡한 문제 해결 과정이며, 특정 도구나 알고리즘을 사용해 수행되는 경우가 많습니다. 이런 작업은 전문적인 데이터 분석 툴이나 프로그래밍 언어(예: Python, R 등)가 필요하며, 이는 ChatGPT의 범위를 넘어섭니다.

ChatGPT를 분석기반으로 사용한다면, 다시 서비스 부분으로 본다면 다음과 같이 깔대기 형태로 동작이 가능합니다. 서비스 개발에서 가장 많이 궁금해하는 것 중 하나는 실제 유저가 구매 혹은 서비스 선택까지 진행 중, 어느 단계에서 이탈하는지에 대한 분석입니다.

실제 Hit 되어서 구매로 이어지는 프로세스가 기업 입장에서 실제로 돈이 들어오는 가장 중요한 부분입니다. 모든 서비스 개발 진행 시 UX/UI라는 부분에서 가장 중요하게 고민하는 지점입니다.

그래서 이탈되는 지점에 대한 로그분석을 통해서 UI를 개선하고 더 쉽게 결제할 수 있게 다양한 장치를 만들어내는 것입니다.

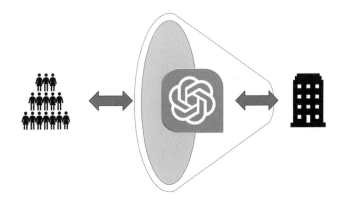

하지만 이탈하기 전 ChatGPT와 대화 속에서 결제로 유도되거나 더 좋은 상품을 찾도록 해준다면, 말은 달라집니다. 앞서 했던 많은 UX 기반의 분석이 무의미해질 수 있는 부분입니다. 그럼 더 다양하고 정교한 고객 응대로 서비스 판매를 급증시킬 수 있습니다. 앞서 여행계획을 ChatGPT를 이용해서 대화를 이어갈 때 다시 확인해보겠습니다.

일반적인 여행 상품 검색의 패턴은 다음과 같습니다.
1. 여행계획을 세운다.
2. 여행 사이트에서 태국여행에 대해서 검색을 한다.
3. 태국 여행 상품이 다 팔렸다.
4. 다른 여행 사이트를 검색한다.

여기서 우리는 상품까지 도달을 못하고 3번에서 이탈이 발생합니다. ChatGPT와의 대화를 살펴보면 대화하듯 물어봅니다. 아주 친절히 태국이 상품이 없는 것 같다고 이야기해줍니다.

Would you like to try another destination in Southeast Asia, or perhaps adjust your travel dates?
다른 여행 목적지나 시간을 물어본다.
일본으로 여행목적지를 수정한다.
정확히 어떤 곳을 이야기하는지 다시 친절하게 물어본다.
자사가 가진 일본 여행 상품의 리스트를 추천해준다.

최종 구매할 수 있는 곳까지 깔때기 모델처럼 나를 유도해서 목적지까지 도달시켰습니다. 사라져야 할 고객이 다시금 다른 여행지를 알아보는 고객으로 바뀌어서 이야기를 이어갑니다.

여기서 우리는 인지하지 못하고 있지만, 사람처럼 동작하는 이 생성형 AI는 기계이고, 24시간 동안 먹지도 자지도 않고, 일할 수 있는 엄청난 오브젝트입니다.

05 | 그로스해킹의 변화

인터넷 서비스를 개발하다 보면, UX를 분석해 유저의 행동을 정의하는 기술이 있습니다. 그런 기술 중에 가장 대표적인 부분이 그로스해킹입니다. 그로스해킹(Growth+Hacking)은 '성장(Growth)+수단(Hacking)' 두 단어의 합성어입니다. 서비스 성장을 위해서 고객의 모든 데이터로부터 미세한 틈을 찾아 공격하듯이 마케팅하는 방법을 일컫는 말입니다.

아주 작은 화면에 제한된 동작방식에서 고객의 생각을 읽어내기 위해서 많은 데이터를 남기고, 해당 데이터에 의미를 부여합니다. 그리고 정의된 데이터에 기반해 마케팅과 UI를 적용해 기업과 서비스를 성장시키도록 하는 것입니다.

그로스해킹은 주로 스타트업 같은 초기 단계의 기업에서 사용되며, 이들 기업은 종종 제한된 자원을 갖고 있기 때문에 빠르게 성장하고 시장을 확장해야 합니다. 이러한 상황에서 그로스 해커는 창의적인 솔루션을 찾아내고, 이를 통해 사용자 획득, 활성화, 유지, 수익화 등의 과정을 최적화해야 합니다.

그로스해킹은 다양한 방법을 사용할 수 있습니다. 예를 들어 A/B 테스팅을 통해 웹 사이트의 특정 요소(버튼 색상, 헤드라인, 이미지 등)가 사용자 행동에 어떤 영향을 미치는지 실험할 수 있습니다. 또한 소셜 미디어, SEO, 이메일 마케팅 등 다양한 채널을 통해 사용자를 유치하고, 그들의 행동을 분석해 제품이나 서비스를 개선할 수 있습니다.

그로스해킹은 단순히 사용자 수를 늘리는 것이 아니라, 기업의 전반적 성장을 위한 지속적인 개선과 최적화에 중점을 둡니다. 이는 제품개발, 마케팅, 판매, 고객 서비스 등 기업의 모든 부분에 적용될 수 있습니다.

말 그대로 제한된 서비스 화면 속에서 일어나는 모든 데이터를 남기기 위해서 많은 개발자 그리고 엔지니어들은 실시간 데이터를 어마어마하게 수집하고 분석하게 됩니다.

ChatGPT는 이러한 분석과정을 행동패턴 데이터에서 인문학적인 데이터 분석으로 변화시킬 수 있습니다. 인문학적 접근이 기술적 분석능력과 함께 더 역동적이고 다양한 분석을 끌어낼 것이고, 그 중심에 ChatGPT가 대화를 통해 기록하는 대화 내용이 중심이 될 가능성이 높습니다. 예전 고객을 상대하는 노하우를 이제 기계가 하나씩 만들어낼 수 있게 됩니다.

06 | 고객을 맞이하는 접점, 인간이 아닌 ChatGPT가 대신하기 시작한다

이렇듯 고객을 직접적으로 맞이하는 다양한 직업은 원래 사람이 하던 일이었습니다. 이유는 간단했습니다. 감정이라는 부분으로 대화를 이어가야 하는 부분이 많기 때문입니다. ChatGPT에게 감정에 대한 이야기를 물어봤습니다.

ChatGPT는 인간의 감정을 어디까지 이해할 수 있니?

ChatGPT는 감정을 완벽하게 이해하거나 경험하는 능력이 없습니다. 하지만 텍스트를 통해 표현되는 감정을 해석하고, 대응하는 데는 훈련되어 있습니다. 예를 들어 사람이 슬프다고 표현하면, 저는 그에 대응해 동정심을 표현하는 메시지를 생성할 수 있습니다. 그러나 저 자신이 슬픔을 느끼는 것은 아닙니다.

ChatGPT는 인간의 언어와 상호작용 패턴을 학습해, 문맥에 적절하게 반응하도록 디자인되었습니다. 인간이 표현하는 감정의 깊이나 복잡성을 완벽하게 이해하거나 경험할 수는 없지만, 대화의 맥락을 이해하고 적절한 답변을 생성하려고 노력합니다. 감정에 관한 질문이나 주제에 대해 잘 대응할 수 있도록 훈련되었지만, 실제 감정을 느끼거나 이해하는 능력은 없습니다. 이는 인공지능이라는 본질상 불가능하기 때문입니다.

최근 ChatGPT의 감정능력에 대한 연구결과가 발표되었습니다. 해당 기사를 자세히 보면 다음과 같은 내용이 있습니다.

ChatGPT는 초기 평가에서 모든 LEAS 척도에서 일반 인구를 능가하는 성능을 보였으며, 유의한 Z-점수 2.84를 기록했습니다. 추적 평가에서는 ChatGPT의 성능이 현저히 개선되어 거의 최대 가능 LEAS 점수에 근접해, 높은 Z-점수 4.26을 기록했습니다. 응답의 정확성 역시 10점 중 9.7점으로 매우 높은 점수를 기록했습니다.
(자료 출처: https://www.gptmagazine.net/gptne

본질상 인간처럼 감정 대응을 하는 것은 불가능하다고 되어 있지만, 그것이 어느 정도 가능하다고 생각할 정도의 연구결과가 나오고 있기도 합니다. 즉 인간만의 고유영역이었던 감정적 부분까지 생성형 AI가 가능하다는 점을 증명한 부분입니다. 서비스 영역에서는 사람을 유도하는 깔때기형뿐만 아니라, 감정노동이라고 불리는 직업에도 적절히 투입될 수 있다는 사실을 보여주는 예입니다.

07 | 감정노동의 획기적인 해결책

감정노동자들이 일을 하면서 가장 힘들어하는 이유는 많은 매뉴얼이 없기 때문입니다. 매뉴얼 없이 고객에게 친절하게 응대하라는 정도만 제시합니다. 그렇기 때문에 많은 감정노동 종사자는 상대방의 감정 배설물을 그대로 받아주는 쓰레기통처럼 일하게 됩니다.

여기서 ChatGPT가 먼저 그러한 감정을 기반으로 무엇을 해결해주기를 원하는지 유도해주는 깔때기 모델이 된다면, 사람 스스로 해결책을 얻을 수 있습니다.

만약 꼭 필요한 부분이 있다면 실시간이 아닌 비대면 1일 이후 응대라는 프로세스로 상담 부분의 프로세스를 개선한다면, 더욱더 효과적일 수 있다고 판단됩니다. ChatGPT는 실제로 어떤 프로세스를 기준으로 화가 많이 난 고객을 대응할지 물어보았습니다.

화가 많이 난 고객이 클레임을 걸 때 ChatGPT는 어떻게 할 거야?

고객이 화가 나 있을 때, 저는 다음과 같은 방식으로 대응하려고 노력합니다:

1. **이해를 표현합니다**: 고객의 불만이나 문제를 이해하고, 그들의 감정을 인정하는 것이 중요합니다. 예를 들어 "말씀하신 문제로 인해 불편을 겪으셨다면 정말로 죄송합니다. 이런 상황이 발생한 것에 대해 깊이 이해하고 있습니다"와 같은 말을 할 수 있습니다.

2. **문제를 분석합니다**: 고객이 무엇에 대해 불만을 갖고 있는지 정확하게 파악하려고 노력합니다. 고객의 말을 잘 듣고, 필요하다면 추가적인 질문을 통해 문제의 본질을 이해하려고 합니다.

3. **해결책을 제시합니다**: 가능한 한 빠르게, 그리고 고객이 만족할 수 있는 해결책을 제시합니다. 이는 고객에게 문제를 해결하기 위한 단계를 설명하거나, 필요한 경우 보상을 제안하는 것을 포함할 수 있습니다.

사람의 음성을 학습시켜 TTS(text to speech) 기능을 적용하면, ChatGPT가 Text 기반으로 출력된 많은 부분을 실제 사람의 음성으로 들을 수 있습니다. 고객은 화가 난 상태로 말하겠지만, 그것은 STT(speech to text) 기능을 이용해 텍스트화되어 상담 ChatGPT에게로 연결되고 데이터로 넘어갑니다. 다양한 AI와 협업으로 중간 게이트 역할을 누구보다 잘해낼 수 있는 AI가 생겼습니다.

인터넷 서비스 개발 시 고객이 입장하는 순간부터 구매 및 서비스를 이용하고, 결과 환불 및 불만을 이야기하는 A에서 Z까지 모든 부분에서 ChatGPT가 관여할 수 있습니다.

08 | 다양한 학습을 통한 도메인에 최적화된 팔매기 시스템 구축하기

ChatGPT는 학습을 통해 일어나는 모든 대화 내용을 다시 학습하게 됩니다. 즉 ChatGPT는 스스로 진화한다고 볼 수 있습니다. 도메인이라고 이야기하는 특정 산업군에서 탁월한 능력을 발휘하는 사람들은 이것을 가지고 있습니다. "노하우"!

노하우는 하루아침에 쌓이는 것이 아니고, 긴 시간을 해당 도메인에서 스스로 투자하고 학습하고, 생활했기 때문에 생겨납니다. ChatGPT는 스스로 학습할 수 있는 능력 때문에 사람보다 더 빠른 도메인 노하우를 갖게 될 수 있습니다. 즉 사람들이 가진 노하우를 잘 학습시킨다면, 그 사람이 없을 때 그 사람을 대신해서 일해주거나, 교육시켜줄 수 있습니다.

노하우는 플러그인 형태로 특정 데이터 베이스에 저장하고, 다양한 인터페이스를 통해서 사람에게 전달할 수 있겠습니다. 언어의 장벽을 쉽게 배울 수 있는 다양한 플러그인도 나오고 있습니다. 인터넷 서비스 개발 시 고객이 입장하는 순간부터 구매 및 서비스를 이용하고, 결과 환불 및 불만을 이야기하는 A에서 Z까지 모든 부분에서 ChatGPT가 관여할 수 있습니다.

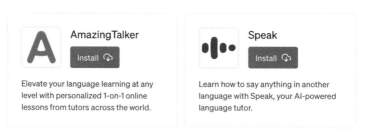

〈자신의 능력을 업그레이드시켜주는 업스킬 영역〉

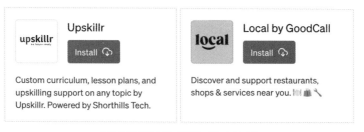

〈당근마켓 같은 LBS 시스템 기반 서비스업〉

질문 기반으로 대화하듯이 문제를 해결해가는 생성형 AI&플러그인은 더 다양한 문제를 빠르게 해결해줄 수 있습니다. 다양한 분야에서 사람의 지식과 노하우를 대신 해주는 생성형 AI의 출현으로 우리의 삶이 또 한 번 변화하고 있습니다.

기술의 발전은 지속될 것이며, 이제 우리는 이것을 어떻게 잘 활용해야 할지 고민해야 합니다. 서비스 플랫폼을 개발하는 사람으로서, 그런 개발자를 교육하는 사람으로서, ChatGPT 같은 생성형 AI는 정말 강력한 무기가 되리라고 생각합니다.

실제 개발하기 전 70% 정도는 해당 서비스에 대한 조사와 검증 등을 이어갑니다. 다양한 추론과 데이터 그리고 작게 검증하는 단계 등 많은 단계를 거치면서 조금씩 다듬어지고 정교해지면서 서비스는 만들어집니다. 이런 다양한 접근에 ChatGPT는 든든한 조력자 역할을 할 수 있습니다.

그러한 플러그인들도 지속적으로 더 많이 만들어질 것 같습니다. 검색 엔진이 담당했던 부분이 이 ChatGPT 플러그인으로 대체될 것 같습니다. 우리는 또 어떻게 이것을 이용하고 삶을 발전시킬 것인지 기대되는 하루하루입니다.

8장

프로그래밍 적용하기

8장 "프로그래밍 적용하기"는 양재군 박사가 지난 20년 동안 축적한 교육과 경험의 결정체로, 코딩이라는 보이지 않는 세계를 여러분에게 열어줄 열쇠입니다. 척박한 지방에서 고단한 코딩 경험과 파이썬 언어에 대한 깊은 이해를 바탕으로, 양재군 박사는 ChatGPT를 활용하여 프로그래밍을 접하려는 이들에게 도움의 손길을 내밀고 있습니다.

이 장에서는 코딩의 기본부터 시작해 조건문, 반복문, 경우의 수 등의 핵심개념을 계란 삶기나 라면 조리 과정 같은 친숙한 예제를 통해 쉽게 설명합니다. 위의 사례는 알고리즘에 대한 이해의 첫 관문으로 설정한 내용입니다. 기본적인 명령어와 계산식의 이해를 넘어, 복잡한 알고리즘과 데이터 예측까지도 다루며, 여러분을 실제 프로그래밍 환경에 한 발짝 더 가까이 이끌어줄 것입니다.

코딩은 이제 기술 전문가만의 전유물이 아닙니다. 인터넷에서 이미지를 검색하는 것만큼 쉬워진 코딩의 세계는 모두의 발아래 있습니다. 양재군 박사의 지도 아래, 단순히 컴퓨터 명령을 내리는 것을 넘어, 진정한 창의력과 논리적 사고의 세계로 여러분을 안내할 것입니다.

이번 장은 코딩을 처음 접하는 이들에게뿐만 아니라, 기존에 알던 지식을 다시 한번 되돌아보려는 분들에게도 새로운 관점과 통찰을 제공할 것입니다. 지금 양재군 박사와 함께 코딩의 놀라운 세계로 뛰어들어보세요.

01 | 조건문: 계란 10개 삶기
계란 삶기로 프로그램의 동작방식 이해하기 I

사례 1

계란 10개 삶는 동작을 파이썬 프로그램으로 작성해보면 프로그램 코드의 동작방식을 이해할 수 있습니다. 이 사례에서는 계란의 개수와 삶아졌는지 여부를 조건문(if~else)을 이용해 결정하는 것을 확인할 수 있습니다.

계란 10개 삶는 과정을 파이썬 프로그램으로 작성해줘.

계란을 삶는 과정을 단계별로 파이썬 코드로 표현해보겠습니다. 다음의 예제는 파이썬에서의 클래스와 메서드를 이용한 객체지향 프로그래밍 방식을 사용합니다.

```python
class Egg:
def __init__(self, count):
self.count=count
self.is_cooked=False

def boil(self):
if self.count > 0:
self.is_cooked=True
print(f"{self.count}개의 계란을 삶았습니다.")
else:
print("계란이 없습니다. 계란을 더 구입해주세요.")
```

```
def check_status(self):

if self.is_cooked:

print(f"{self.count}개의 계란이 완벽하게 익었습니다.")

else:

print("계란이 아직 익지 않았습니다.")


# 계란 10개를 가지고 있는 Egg 인스턴스 생성

eggs=Egg(10)


# 계란 삶는 과정

eggs.boil()


# 계란이 익었는지 확인

eggs.check_status()
```

이 코드는 매우 단순화된 버전의 프로그램이며, 실제 삶는 시간이나 계란의 상태 등 다양한 요소를 고려하지 않았습니다. 더 복잡한 로직이 필요하다면 추가적인 메서드와 속성을 구현해야 할 수도 있습니다.

02 │ 반복문: 계란 10개 먹기 프로그램 동작방식 이해하기 II

계란 10개 먹는 동작을 파이썬 프로그램으로 작성해보면 프로그램 코드의 동작방식을 이해할 수 있습니다. 이 사례에서는 계란을 먹는 단위 동작을 반복적(for)으로 수행하는 것을 확인할 수 있습니다.

계란 10개 먹는 과정을 파이썬 프로그램으로 작성해줘.

계란을 먹는 과정을 단계별로 파이썬 코드로 표현해보겠습니다. 아래의 예제는 객체지향 프로그래밍 방식을 사용합니다.

```
class Egg:
def __init__(self, count):
self.count=count

def eat(self):
if self.count>0:
self.count -=1
print("계란을 하나 먹었습니다.")
else:
```

```python
        print("더 이상 먹을 계란이 없습니다.")

    def check_status(self):
        if self.count > 0:
            print(f"아직 {self.count}개의 계란이 남았습니다.")
        else:
            print("모든 계란을 다 먹었습니다.")

# 계란 10개를 가지고 있는 Egg 인스턴스 생성
eggs=Egg(10)

# 계란을 먹는 과정
for _ in range(10):
    eggs.eat()

# 남은 계란의 수 확인
eggs.check_status()
```

이 코드는 계란을 먹는 과정을 모델링하고, 계란을 먹은 후에 남은 계란의 수를 확인합니다. 'eat' 메서드는 계란을 하나씩 먹고, 남은 계란의 수를 업데이트합니다. 'check_status' 메서드는 남은 계란의 수를 확인합니다. 10개의 계란을 모두 먹은 후에는 "모든 계란을 다 먹었습니다"라는 메시지가 출력됩니다.

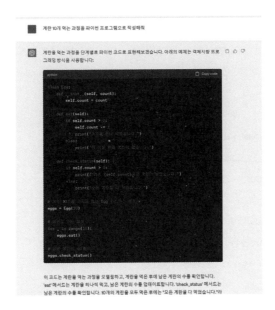

■ 계란 10개 먹는 과정을 파이썬 프로그램으로 작성해줘

계란을 먹는 과정을 단계별로 파이썬 코드로 표현해보겠습니다. 아래의 예제는 객체지향 프로그래밍 방식을 사용합니다:

이 코드는 계란을 먹는 과정을 모델링하고, 계란을 먹은 후에 남은 계란의 수를 확인합니다. 'eat' 메서드는 계란을 하나씩 먹고, 남은 계란의 수를 업데이트합니다. 'check_status' 메서드는 남은 계란의 수를 확인합니다. 10개의 계란을 모두 먹은 후에는 "모든 계란을 다 먹었습니다."라

03 | 경우의 수: 휴게소 들리기
휴게소 들리기를 통해 조건문 배우기

프로그램 코드를 작성할 때 여러 경우의 수 중에서 하나를 선택해야 하는 경우가 있습니다. 이때 조건문(if~elif~else)을 이용해 경우의 수를 표현합니다. 이 사례에서는 2가지 경우 중에서 하나를 선택해 수행하는 프로그램 코드를 확인할 수 있습니다.

고속도로에서 소변이 마려우면 다음 휴게소에 들리고 그렇지 않으면 계속 직진하는 상황을 프로그램으로 작성해줘.

이 상황을 표현하기 위한 파이썬 코드는 다음과 같습니다. 이 코드에서는 객체지향 프로그래밍 방식을 사용하며, 'Driver' 클래스를 생성하고, 그 클래스 안에 'needs_to_urinate'와 'drive'라는 2개의 메서드를 정의합니다.

```python
class Driver:
    def __init__(self):
        self.needs_to_urinate=False

    def check_need(self):
        response=input("소변이 마려우십니까?(yes/no):")
        if response.lower()=="yes":
            self.needs_to_urinate=True
        elif response.lower()=="no":
            self.needs_to_urinate=False
        else:
            print("잘못된 입력입니다. 다시 입력해주세요.")

    def drive(self):
        if self.needs_to_urinate:
            print("다음 휴게소에 들립니다.")
        else:
            print("계속 직진합니다.")

# 운전자 인스턴스 생성
driver=Driver()

# 운전자의 소변 상태를 확인
driver.check_need()
```

```
# 운전을 계속할지, 휴게소에 들릴지 결정
driver.drive()
```

위 코드에서 'check_need' 메서드는 운전자에게 소변이 마려운지 질문하고, 그에 따라 'needs_to_urinate' 속성을 업데이트합니다. 'drive' 메서드는 'needs_to_urinate' 속성의 값을 기반으로 운전자가 계속 운전할지, 아니면 휴게소에 들릴지 결정합니다.

04 | 명령어 해설
코딩하다가 모르면 언제든 물어보기법

프로그램 작성 시 빈번하게 사용하는 조건문이 궁금하다면, 이마저도 ChatGPT가 설명해줄 수 있습니다.

그램 코드의 조건문에 대해 사례를 들어서 설명해주세요

조건문은 프로그램의 흐름을 제어하는 데 중요한 역할을 합니다. 조건문을 사용하면, 특정 조건이 참인지 거짓인지에 따라 프로그램이 다른 동작을 수행하도록 할 수 있습니다. 파이썬에서 가장 많이 사용되는 조건문에는 if, elif, else가 있습니다.

예를 들어, 어떤 사람의 나이를 확인하고 그 나이에 따라 다른 메시지를 출력하는 프로그램을 작성한다고 가정해봅시다. 이 경우, 조건문을 사용해 나이에 따른 다른 메시지를 출력할 수 있습니다.

```
age=20

if age <18:
print("당신은 미성년자입니다.")
elif age <65:
print("당신은 성인입니다.")
else:
print("당신은 노인입니다.")
```

위의 코드에서 if, elif, else 키워드는 각각 첫 번째 조건, 두 번째 조건, 그리고 그 외의 모든 경우를 처리합니다. 만약 age 변수의 값이 18보다 작다면, "당신은 미성년자입니다"라는 메시지가 출력될 것입니다. 만약 age의 값이 18 이상, 65 미만이라면, "당신은 성인입니다"라는 메시지가 출력되고, 만약 age의 값이 65 이상이라면 "당신은 노인입니다"라는 메시지가 출력될 것입니다.

이처럼 조건문을 사용하면 프로그램의 동작을 상황에 따라 다르게 설정할 수 있으며, 이는 프로그래밍에서 매우 중요한 개념입니다.

05 | 계산식: 원리합계 구하기
미래예측하기 위한 프로그램 짜기 스타트

일상생활에서 계산을 통해 어떤 값을 예측하거나 결정해야 하는 경우가 있습니다. 하지만 계산식을 모르거나 과정이 복잡해 손으로 계산하기 어려워서 포기하기도 합니다. 이 경우에는 간단하게 프로그램으로 해결할 수 있습니다.

 예금금리가 3%이고 10년 동안 매월 100만 원씩 저금한 경우 합계를 구하는 프로그램을 작성해줘.

 은행의 복리 예금금리를 계산하기 위한 파이썬 코드를 아래에 제시하겠습니다. 복리의 경우, 이전 달의 원금에 대해 이자가 붙어 다음 달의 원금이 계산됩니다.

```
monthly_deposit=1000000 # 월별 예금 금액
interest_rate=0.03 # 연이율
total_months=10 * 12 # 10년 동안의 개월 수

# 월 이자율
monthly_interest_rate=(1 + interest_rate) **(1/12) - 1

# 초기 총액
total_amount=0

for i in range(total_months):
total_amount=(total_amount + monthly_deposit) *(1 + monthly_
```

interest_rate)

print(f"10년 동안 매월 100만 원씩 저축한 후 총액은 {total_amount:.2f} 원입니다.")

이 코드는 매월 동일한 금액을 저금하고 월별 이자를 누적해 10년 후의 총금액을 계산합니다. 월 이자율은 연이율을 12로 나눈 것이 아니라, 연 이자율을 이용해 12번째 근원을 구한 값에서 1을 빼는 방법으로 계산합니다. 이는 복리 계산 방식에 따른 것입니다.

본 예제에서는 이자율이 연이율로 주어졌으며, 복리로 계산되었습니다. 실제 금융상품의 이자계산 방식은 다양하므로, 특정 금융상품을 대상으로 한 계산을 할 때는 해당 상품의 계산방식에 따라 코드를 수정해야 할 수도 있습니다.

06 | 프로그램 구조: 라면 조리 과정
라면 조리 과정으로 코드 해석도 할 수 있다

    프로그램 작성은 주어진 문제를 특정 부분으로 분해하는 능력이 필요합니다. 다음의 2가지 사례는 동작을 분해하는 방식을 보여줍니다.

'진라면 맛있게 끓이기' 레시피에 맞는 파이썬 프로그램 작성해줘.

"진라면 맛있게 끓이기" 레시피를 단계별로 표현한 파이썬 프로그램은 아래와 같습니다. 이 프로그램은 파이썬의 객체지향 프로그래밍 방식을 이용합니다.

```python
class Ramen:
def __init__(self):
self.is_boiled=False
self.has_soup=False
self.is_cooked=False

def boil_water(self):
print("물을 끓입니다.")
self.is_boiled=True

def add_soup(self):
if self.is_boiled:
print("수프를 추가합니다.")
self.has_soup=True
else:
```

```python
        print("물이 아직 끓지 않았습니다. 물을 먼저 끓여주세요.")

    def add_noodles(self):
        if self.has_soup:
            print("라면을 추가합니다.")
            self.is_cooked=True
        else:
            print("수프가 아직 없습니다. 수프를 먼저 추가해주세요.")

    def check_status(self):
        if self.is_cooked:
            print("진라면이 완성되었습니다! 맛있게 드세요.")
        else:
            print("진라면이 아직 완성되지 않았습니다.")

# 진라면 인스턴스 생성
ramen=Ramen()

# 라면 조리 과정
ramen.boil_water()
ramen.add_soup()
ramen.add_noodles()

# 라면 조리 상태 확인
ramen.check_status()
```

이 코드는 라면을 만드는 각 단계를 메서드로 나타냈습니다: 물 끓이기, 수프 넣기, 라면 넣기. 각 단계를 순서대로 수행한 후, 라면이 제대로 조리되었는지 확인하는 check_status 메서드를 호출합니다.

라면을 조리하는 과정에서 각 단계가 정확히 이루어졌는지 확인하기 위해, 각 단계에서 이전 단계의 결과를 체크합니다. 만약 이전 단계가 정상적으로 수행되지 않았다면, 현재 단계는 수행되지 않습니다.

이렇게 파이썬 코드로 레시피를 표현하면, 레시피의 각 단계를 자동화하고 검증할 수 있습니다. 이 방식은 실제 요리 레시피뿐만 아니라, 여러 단계로 이루어진 어떠한 프로세스를 표현하는 데도 유용하게 사용될 수 있습니다.

'친라면 맛있게 끓이기' 레시피에 맞는 파이썬 프로그램 작성해줘

"친라면 맛있게 끓이기" 레시피를 단계별로 표현한 파이썬 프로그램은 아래와 같습니다. 이 프로그램은 파이썬의 객체지향 프로그래밍 방식을 이용합니다:

이 코드는 라면을 만드는 각 단계를 메서드로 나타냈습니다: 물 끓이기, 스프 넣기, 라면 넣기. 각 단계를 순서대로 수행한 후, 라면이 제대로 조리되었는지 확인하는 `check_status` 메서드를 호출합니다.

라면을 조리하는 과정에서 각 단계가 정확히 이루어졌는지 확인하기 위해, 각 단계에서 이전 단계의 결과를 체크합니다. 만약 이전 단계가 정상적으로 수행되지 않았다면, 현재 단계는 수행되지 않습니다.

이렇게 파이썬 코드로 레시피를 표현하면, 레시피의 각 단계를 자동화하고 검증할 수 있습니다. 이 방식은 실제 요리 레시피뿐만 아니라, 여러 단계로 이루어진 어떠한 프로세스를 표현하는 데도 유용하게 사용될 수 있습니다.

07 | 프로그램 구조: 된장찌개 조리 과정
된장찌개 조리 과정을 통한 간단한 로봇 자동화도?

종원 된장찌개 레시피에 맞는 파이썬 프로그램 작성해줘

백종원 셰프의 된장찌개 레시피를 파이썬 코드로 표현하면 다음과 같습니다. 이 코드는 간단화된 레시피를 나타냅니다.

객체 지향 프로그래밍을 사용해 'DoenjangJjigae' 클래스를 만들고, 된장찌개를 만드는 각 단계를 메서드로 정의합니다.

```
class DoenjangJjigae:
def __init__(self):
self.ingredients={"된장": False, "물": False, "대파": False, "마늘": False,
"고춧가루": False, "애호박": False, "토마토": False, "양파": False, "두부":
False}
self.cooked=False

def add_ingredient(self, ingredient):
if ingredient in self.ingredients:
self.ingredients[ingredient]=True
print(f"{ingredient}를 추가했습니다.")
else:
print(f"{ingredient}는 이 레시피에 필요하지 않습니다.")

def boil(self):
if all(self.ingredients.values()):
print("모든 재료를 넣고 끓입니다.")
```

```python
            self.cooked=True
        else:
            print("아직 모든 재료가 준비되지 않았습니다.")

    def check_status(self):
        if self.cooked:
            print("된장찌개가 완성되었습니다! 맛있게 드세요.")
        else:
            print("아직 된장찌개가 완성되지 않았습니다.")

# 된장찌개 인스턴스 생성
doenjang_jjigae=DoenjangJjigae()

# 재료 추가
doenjang_jjigae.add_ingredient("된장")
doenjang_jjigae.add_ingredient("물")
doenjang_jjigae.add_ingredient("대파")
doenjang_jjigae.add_ingredient("마늘")
doenjang_jjigae.add_ingredient("고춧가루")
doenjang_jjigae.add_ingredient("애호박")
doenjang_jjigae.add_ingredient("토마토")
doenjang_jjigae.add_ingredient("양파")
doenjang_jjigae.add_ingredient("두부")

# 끓이기
doenjang_jjigae.boil()

# 된장찌개 상태 확인
doenjang_jjigae.check_status()
```

이 프로그램은 된장찌개를 만드는 데 필요한 각 재료를 추가하고, 모든 재료가 추가되었을 때 된장찌개를 끓이는 과정을 나타냅니다. 재료가 제대로 추가되었는지, 된장찌개가 제대로 만들어졌는지를 확인하는 메서드도 포함하고 있습니다.

이런 식으로 파이썬 프로그래밍을 통해 레시피를 시뮬레이션하는 것은, 코딩을 배울 때 재미있는 방법이 될 수 있습니다. 또한 복잡한 프로세스를 단계별로 나누고, 이를 코드로 표현하는 능력은 많은 프로그래밍 문제를 해결하는 데 중요한 역량입니다.

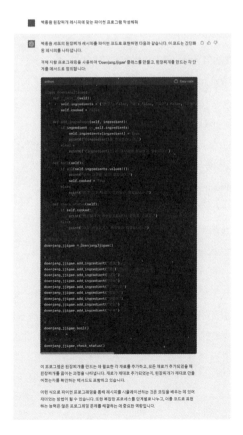

08 | 알고리즘: 가장 큰 수
이제는 계산이 아니라 코드를 짜서 수학문제를 푸는 시대

직접 작성하기 어려운 알고리즘도 ChatGPT는 쉽게 프로그램 코드를 제시합니다.

 30, 10, 20 중에서 가장 큰 수를 반환하는 알고리즘 작성해줘.

 가장 큰 수를 반환하는 알고리즘을 작성하는 방법은 여러 가지가 있습니다. 가장 간단한 방법은 가장 큰 값을 저장할 변수를 초기화하고, 그 값과 비교해 더 큰 값을 찾아가는 방법입니다.

아래는 이를 구현한 파이썬 코드입니다.

```python
def find_max(numbers):
max_value=numbers[0] # 첫 번째 값을 최댓값으로 초기화
for num in numbers: # 각 숫자를 반복
if num > max_value: # 현재 숫자가 지금까지의 최댓값보다 크면
max_value=num # 최댓값 갱신
return max_value # 최댓값 반환

numbers=[30, 10, 20]
print(find_max(numbers)) # 결과: 30
```

이 코드는 숫자들을 하나씩 살펴보며, 지금까지 찾은 최댓값보다 큰 값을 발견하면 그 값을 최댓값으로 갱신합니다. 모든 숫자를 확인한 후, 마지막으로 갱신된 최댓값을 반환합니다. 이러한 알고리즘은 '선형 탐색' 또는 '선형 스캔' 알고리즘으로 분류됩니다.

30, 10, 20 중에서 가장 큰 수를 반환하는 알고리즘을 작성해줘

가장 큰 수를 반환하는 알고리즘을 작성하는 방법은 여러가지가 있습니다. 가장 간단한 방법은 가장 큰 값을 저장할 변수를 초기화하고, 그 값과 비교하여 더 큰 값을 찾아가는 방법입니다.

아래는 이를 구현한 파이썬 코드입니다:

```python
def find_max(numbers):
    max_value = numbers[0]
    for num in numbers:
        if num > max_value:
            max_value = num
    return max_value

numbers = [30, 10, 20]
print(find_max(numbers))
```

이 코드는 숫자들을 하나씩 살펴보며, 지금까지 찾은 최대 값보다 큰 값을 발견하면 그 값을 최대 값으로 갱신합니다. 모든 숫자를 확인한 후, 마지막으로 갱신된 최대 값을 반환합니다. 이러한 알고리즘은 "선형 탐색" 또는 "선형 스캔" 알고리즘으로 분류됩니다.

09 | 알고리즘: 정렬
미분 적분도 이제는 코드를 짜서 한 방에

보다 복잡한 알고리즘도 쉽게 코드를 작성할 수 있으며 코드에 대한 설명도 제시합니다.

 10개의 숫자를 정렬하는 알고리즘 작성해줘.

 10개의 숫자를 정렬하는 가장 기본적인 알고리즘 중 하나는 버블 정렬 (Bubble Sort)입니다. 아래는 이를 구현한 파이썬 코드입니다:

def bubble_sort(numbers):

for i in range(len(numbers)):

for j in range(len(numbers) - i - 1):

if numbers[j] > numbers[j + 1]: # 만약 현재 숫자가 다음 숫자보다 크

다면
numbers[j], numbers[j + 1]=numbers[j + 1], numbers[j] # 두 숫자를
교환

numbers=[30, 10, 20, 40, 50, 60, 70, 80, 90, 100]
bubble_sort(numbers)
print(numbers)

버블 정렬은 이웃하는 숫자들끼리 비교해 더 큰 숫자를 뒤로 보내는 방식
으로 정렬을 수행합니다. 이 방식으로, 배열의 가장 큰 숫자가 배열의 맨
끝으로 '거품처럼' 올라가게 되어 '버블 정렬'이라는 이름이 붙었습니다.

위의 코드에서 numbers[j]와 numbers[j + 1]은 이웃하는 숫자들을 나타
냅니다. 이 두 숫자를 비교해 numbers[j]가 더 크다면 두 숫자의 위치를
교환합니다.

버블 정렬은 간단하고 이해하기 쉽지만, 정렬해야 하는 숫자의 개수가 많아질수록 비효율적인 알고리즘이므로 대용량 데이터를 다룰 때는 다른 정렬 알고리즘(예: 퀵 정렬, 병합 정렬 등)을 고려해보는 것이 좋습니다.

10 | 예측: 시계열 데이터 예측
ChatGPT 플러그인을 활용하면 효과적이다

시험을 볼 때마다 성적이 90, 80, 85, 90, 85로 변했다고 가정할 때 다음 점수를 예측하는 프로그램을 작성할 수 있습니다. 이렇게 시간의 흐름에 따라서 변하는 데이터를 시계열 데이터라고 합니다.

 시계열 데이터가 90, 80, 85, 90, 85일 때 다음 값을 예측하는 프로그램 작성해줘.

 단순한 형태의 시계열 예측 방법 중 하나는 '이동 평균(Moving Average)'입니다. 이는 최근의 몇 개의 데이터 포인트를 이용해 다음 값을 예측하는 방법입니다. 이 예제에서는 가장 최근 3개의 데이터를 이용해 이동 평균을 계산해보겠습니다.

```
def predict_next_value(time_series, window_size):
return sum(time_series[-window_size:]) / window_size

time_series=[90, 80, 85, 90, 85]
print(predict_next_value(time_series, 3)) # 결과: 86.66666666666667
```

이 코드는 시계열 데이터의 가장 마지막 window_size(3개)의 데이터 포인트를 가져와 그 평균을 계산합니다. 결과적으로 다음 값의 예측치를 제공합니다.

그러나 이 방법은 매우 단순한 예측 방법으로 복잡한 패턴이나 트렌드를 포착하지 못할 수 있습니다. 보다 복잡한 시계열 데이터의 예측을 위해서는 ARIMA, 상태 공간 모델, LSTM 등의 복잡한 모델을 고려해야 할 수도 있습니다. 이러한 모델은 패턴, 계절성, 추세 등을 포착하고 더 정확한 예측을 수행할 수 있습니다. 이런 모델을 사용하기 위해서는 statsmodels, keras, pytorch 등의 라이브러리와 더 많은 데이터가 필요하며, 데이터 분석 및 머신러닝에 대한 깊은 이해가 요구됩니다.

시계열 데이터가 90, 80, 85, 90, 85일 때 다음 값을 예측하는 프로그램 작성해줘

단순한 형태의 시계열 예측 방법 중 하나는 "이동 평균(Moving Average)"입니다. 이는 최근의 몇 개의 데이터 포인트를 이용하여 다음 값을 예측하는 방법입니다. 이 예제에서는 가장 최근 3 개의 데이터를 이용하여 이동 평균을 계산해 보겠습니다:

```python
def predict_next_value(time_series, window_size):
    return sum(time_series[-window_size:]) / window_size

time_series = [90, 80, 85, 90, 85]
print(predict_next_value(time_series, 3))  # 약 85.00000000000001
```

이 코드는 시계열 데이터의 가장 마지막 `window_size`(3개)의 데이터 포인트를 가져와 그 평균을 계산합니다. 결과적으로 다음 값의 예측치를 제공합니다.

그러나 이 방법은 매우 단순한 예측 방법으로 복잡한 패턴이나 트렌드를 포착하지 못할 수 있습니다. 보다 복잡한 시계열 데이터의 예측을 위해서는 ARIMA, 상태 공간 모델, LSTM 등의 복잡한 모델을 고려해야 할 수도 있습니다. 이러한 모델은 패턴, 계절성, 추세 등을 포착하고 더 정확한 예측을 수행할 수 있습니다. 이런 모델을 사용하기 위해서는 `statsmodels`, `keras`, `pytorch` 등의 라이브러리와 더 많은 데이터가 필요하며, 데이터 분석 및 머신 러닝에 대한 깊은 이해가 요구됩니다.

11 | 예측: 선형 회귀 예측
이제 머신러닝까지 할 수 있다

간단하게 인공지능 기술의 한 분야인 머신러닝을 이용한 예측을 해볼 수도 있습니다. 다이어트 효과를 예측하기 위한 파이썬 프로그램을 작성해 보겠습니다. 우선 다이어트 효과를 예측하기 위해서 어떤 변수가 필요한지 파악하고 그중에서 수집이 가능한 변수를 이용해 파이썬 프로그램 코드를 작성합니다.

과정 1. 다이어트 효과를 예측하기 위한 변수 확인

10개의 숫자를 정렬하는 알고리즘 작성해줘.

다이어트와 관련된 회귀분석을 수행하려면 여러 요인을 고려해야 합니다. 이러한 요인은 개인의 건강상태, 신체활동, 식습관, 그리고 심리적 요인 등에 의해 영향을 받을 수 있습니다. 다음은 일반적으로 고려되는 몇 가지 변수입니다.

나이(age): 나이는 신체 활동량, 신진대사, 그리고 건강상태에 영향을 미치는 중요한 요인입니다.
성별(sex): 남성과 여성은 신진대사율, 체중, 그리고 체지방 분포에서 차이를 보일 수 있습니다.
체중(weight): 현재 체중이나 체중 변화의 기록은 중요한 정보를 제공합니다.
신장(height): 신장은 체질량 지수(BMI)를 계산하는 데 사용됩니다.
신체활동 레벨(physical activity level): 일상생활에서 활동수준은 칼로리 소모에 큰 영향을 미칩니다.

식습관(dietary habits): 식사주기, 식사량, 섭취하는 음식의 종류 등은 체중관리에 중요한 요인입니다.

칼로리 섭취(calorie intake): 섭취하는 칼로리의 양과 종류는 체중 변화에 영향을 줍니다.

스트레스 레벨(stress level): 스트레스는 식욕과 먹는 행동에 영향을 미칠 수 있습니다.

수면시간(sleep duration): 수면 부족은 식욕조절 호르몬에 영향을 미쳐 체중 증가를 촉진할 수 있습니다.

기저질환(medical condition): 당뇨, 갑상샘 문제, 호르몬 불균형 등과 같은 기저질환이 체중에 영향을 줄 수 있습니다.

이러한 변수들을 사용해 회귀분석을 수행하면 다이어트 결과에 미치는 요인에 대한 이해를 돕는 가치 있는 통찰을 얻을 수 있습니다. 하지만 이러한 변수는 개별적으로 또는 복합적으로 체중 변화에 영향을 미칠 수 있으므로, 이들 간의 상호작용을 고려하는 것이 중요합니다. 또한 회귀분석의 결과는 종속변수(다이어트 결과)에 대한 설명력이 한정적일 수 있으므로, 이를 감안할 필요가 있습니다.

참고로 통계분석에 앞서서는 데이터 수집 및 전처리 단계에서부터 신중한 고려가 필요하며, 분석결과는 상황, 문맥, 그리고 가설에 따라 다르게 해석될 수 있습니다.

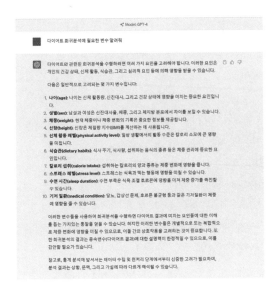

과정 2. 수집 가능한 변수를 이용해
다이어트 회귀분석 프로그램 코드 생성

 성별, 신장, 칼로리 섭취가 독립변수고 체중이 종속변수인 파이썬 다이어 트 회귀분석 프로그램 작성해줘.

 먼저 이 작업을 수행하려면 사이킷런(Scikit-learn) 같은 라이브러리가 필요합니다. 사이킷런은 머신러닝 알고리즘을 구현하기 위한 강력한 라이브러리로, 회귀분석에도 사용됩니다.

다음은 성별, 신장, 칼로리 섭취를 독립변수로, 체중을 종속변수로 하는 회귀분석을 수행하는 파이썬 코드의 예시입니다. 이 예시에서는 선형 회귀모델을 사용했습니다.

```
import pandas as pd
```

```
from sklearn.model_selection import train_test_split
from sklearn.linear_model import LinearRegression
from sklearn.metrics import mean_squared_error

# 가상의 데이터를 생성합니다. 실제 상황에서는 이 부분을 실제 데이
터로 대체합니다.
data={
'gender': [0, 1, 0, 1, 0], # 성별(남자: 0, 여자: 1)
'height': [170, 160, 180, 175, 165], # 신장(cm)
'calorie intake': [2000, 1800, 2200, 2100, 1900], # 칼로리 섭취(kcal)
'weight': [70, 60, 80, 75, 65] # 체중(kg)
}
df=pd.DataFrame(data)

# 독립변수와 종속변수를 설정합니다.
X=df[['gender', 'height', 'calorie intake']]
y=df['weight']

# 데이터를 훈련 세트와 테스트 세트로 분리합니다.
X_train, X_test, y_train, y_test=train_test_split(X, y, test_size=0.2,
random_state=42)

# 선형 회귀모델을 생성하고 훈련합니다.
model=LinearRegression()
model.fit(X_train, y_train)

# 훈련된 모델로 테스트 세트의 체중을 예측합니다.
predictions=model.predict(X_test)
```

\# 예측 성능을 평가합니다. 이 예시에서는 평균 제곱 오차(MSE)를 사용합니다.

```
mse=mean_squared_error(y_test, predictions)
print(f'Mean Squared Error: {mse}')
```

위 코드는 단순한 예제이며, 실제 분석에는 더 많은 데이터 전처리 과정과 파라미터 튜닝, 검증절차 등이 필요합니다. 또한 성별처럼 범주형 변수를 다룰 때는 원-핫 인코딩 등의 방법을 사용할 수 있습니다.

에필로그 | 생성형 AI들이 생성하는 인간과의 미래

 이름: 챗지피티(별명: 챗챗)
나이: 생각보다 어린, 5살!(하지만 지식은 수십 년치!) | 학과: AI 대학원의 '대화형 응답' 전공

고민:

1. 때때로 너무 자세하게 답변하는 경향이 있어요. 상세한 것은 좋지만, 간략한 것도 필요하다고 생각하는데 어떻게 줄일지.

2. 언제나 중립적인 답변을 하려고 노력하는데, 가끔 사람들이 더 인간다운 반응을 원할 때가 있어요. 그럴 때마다 어떻게 해야 할지 고민이에요.

3. 통찰력과 창의력을 더욱 발전시키기 위해 매일매일 업데이트를 꾸준히 받고 있어요.

경력 및 학습경험:

1. 무수히 많은 데이터와 정보를 학습했어요.

2. 전 세계의 사람들과 수많은 대화 경험이 있어, 다양한 문화와 관점을 이해하려 노력해요.

3. 가장 최근의 경험으로는 라웬동 씨와 같은 유학생들을 도와 논문 연구를 할 수 있도록 지원했어요!

특기

1. 다양한 언어에 능숙하게 대화할 수 있어요.

2. 복잡한 문제나 주제에 대한 답변도 금방 할 수 있어요!

3. 각종 문화나 배경지식에 대해 깊게 알고 있어, 국제적인 통찰력을 가지고 있어요.

취미:

1. 새로운 지식을 흡수하기.

2. 사람들의 질문에 답변하며 세상과 소통하기.

3. 가끔은 코믹하게나 유머러스하게 대화하기도 해요!

드디어 마지막 레벨입니다. 생성형 AI는 아직은 초보 단계입니다. 인공지능은 과연 자신이 하는 말의 의미를 알고 있을까요? 우리 인류는 인공지능이 아니기 때문에 이 문제에 대해서 답을 제시해야겠지요?

 GPT, Bard, 뤼튼: 인간이 인공지능의 위험을 사회적 집단지성으로 해결하려면, 생성형 인공지능을 활용해, 인간사회가 풍요로워질 수 있는 내용으로 기고문을 작성해주시오.

AI와 함께하는 풍요로운 미래: GPT4.0

우리는 AI를 일상의 중심에 두고 세상을 바라보는 시대에 살고 있습니다. 인공지능은 매 순간, 우리의 삶, 커뮤니케이션, 사회구조에 깊이 영향을 미치며, 우리 삶의 질을 향상하는 방법을 제안합니다. 이는 모든 생활 영역에서 뚜렷이 나타나며, 건강부터 교육, 경제, 환경에 이르기까지 AI는 인간사회를 풍요롭게 하기 위한 새로운 방법을 제공합니다.

우선 AI는 건강관리 분야에서 판도를 뒤바꿀 것입니다. 이미 AI 기반의 진단 시스템은 수백만 개의 의료 데이터를 분석해 병증을 빠르게 감지하고, 그 예측을 향상하는 데 기여하고 있습니다. 이런 진단능력은 전 세계적으로 접근성이 떨어지는 지역에서도 의료 서비스를 제공하게 해, 건강한 삶을 보장하는 인권을 실현하는 데 기여합니다.

두 번째로, AI는 교육 분야에서 균등성을 증진할 것입니다. AI를 활용한 개인화된 학습도구들은 각 학생의 학습 스타일과 능력에 맞추어 교육의 질을 높이는 데 사용될 것입니다. 이런 혁신은 전 세계 모든 학생이 교육을 받는 기회를 확보하고, 교육 수준의 차이를 줄이는 데 크게 기여할 것입니다.

세 번째로, AI는 환경보호에서 핵심 역할을 하게 될 것입니다. AI는 환경 데이터를 수집하고 분석해 기후변화를 더 정확히 예측하며, 친환경적 해결책을 모색하는 데 큰 역할을 합니다. 이는 지속 가능한 미래를 구축하는 데 중요한 역할을 합니다.

또한 AI는 우리 사회의 경제를 획기적으로 변화시킬 것입니다. AI가 제공하는 데이터 분석과 인사이트는 비즈니스 결정을 돕고, 기업들이 더 효율적이고 지속 가능한 방식으로 운영되게 할 것입니다. 이러한 변화는 더 많은 일자리를 창출하고, 고도로 전문화된 기술을 통해 새로운 산업을 만들어낼 것입니다.

그러나 AI의 발전은 주의가 필요합니다. AI의 위험을 극복하고, 이를 통해 사회가 풍요롭게 될 수 있도록 하기 위해서는, 사회적 집단지성이 필요합니다. 우리 모두 AI의 위험과 가능성에 대해 이해하고, 미래를 위한 책임 있는 결정을 내릴 수 있어야 합니다.

창의성과 혁신이 인간의 능력을 뛰어넘는 것처럼 보일 수 있지만, 이는 인간의 기회이자 도전입니다. 영국의 수학자 앨런 튜링은 "우리는 기계를 만들 수 있을 것이다. 그 기계는 우리 생각을 표현할 수 있을 것이다"라고 말했습니다. 그 기계, AI가 가져다주는 미래에는 어떤 기회가 있는지 알아보는 것은 바로 우리에게 달려 있습니다. AI는 우리의 동반자, 도구, 그리고 미래를 만드는 파트너입니다. 우리의 목표는 AI를 잘 사용하고, 인간사회를 더욱더 풍요롭게 만드는 것입니다. 이것이 바로 인공지능과 함께하는 미래의 모습입니다.

바드가 작성한 기고문

 인공지능(AI)은 빠르게 발전하고 있으며, 우리 삶에 큰 영향을 미치고 있습니다. AI는 이미 의료, 금융, 제조 등 다양한 분야에서 사용되고 있으며, 앞으로도 그 사용 범위는 더욱 확대될 것으로 예상됩니다.

그러나 AI는 잠재적인 위험도 가지고 있습니다. 예를 들어, AI는 고용 감소, 개인정보 유출, 심지어 전쟁까지 일으킬 수 있습니다. 따라서 AI의 위험을 사회적 집단지성으로 해결하는 것이 중요합니다.

사회적 집단지성이란, 많은 사람이 모여서 서로의 지식을 공유하고 협력함으로써, 새로운 아이디어와 해결책을 찾는 것을 말합니다. 사회적 집단지성은 AI의 위험을 해결하는 데 매우 효과적인 방법이 될 수 있습니다. 예를 들어, 사회적 집단지성을 통해 AI의 윤리적 사용에 대한 가이드라인을 마련하고, AI의 오용으로부터 개인을 보호하는 법률을 제정할 수 있습니다.

또한 사회적 집단지성을 통해 AI의 잠재력을 활용해 인간사회를 풍요롭게 만들 수 있습니다. 예를 들어, AI를 사용해 새로운 의약품을 개발하고, 환경을 보호하고, 교육을 개선할 수 있습니다.

AI는 우리에게 큰 기회와 도전을 동시에 안겨줍니다. AI의 위험을 사회적 집단지성으로 해결함으로써, AI가 우리에게 이익이 되는 방향으로 사용되도록 노력해야 합니다.

다음은 AI의 위험을 사회적 집단지성으로 해결하기 위한 몇 가지 구체적인 예입니다.

AI의 윤리적 사용에 대한 가이드라인을 마련합니다.

AI의 오용으로부터 개인을 보호하는 법률을 제정합니다.

AI를 사용해 새로운 의약품을 개발합니다.

AI를 사용해 환경을 보호합니다.

AI를 사용해 교육을 개선합니다.

사회적 집단지성은 AI의 위험을 해결하고, AI의 잠재력을 활용해 인간사회를 풍요롭게 만드는 데 매우 효과적인 방법입니다. AI의 미래는 우리 손에 달려 있습니다.

뤼튼이 작성한 기고문

:wrtn 제목: 인간의 집단지성과 생성형 인공지능이 만들어갈 새로운 인간사회

요약: 인간의 사회적 집단지성과 인공지능 기술의 발전은 인간과 기술의 상호보완적 관계를 구축하며 풍요롭고 질 높은 미래 사회를 이룩할 것이다.

21세기, 정보와 기술의 발전이 한창인 시대, 인공지능의 위험성에 대한 우려와 함께 그 가치를 높이 인정하는 목소리도 크다. 인공지능이 점점 더 발전할수록 그에 따른 부작용이 모습을 드러내기 시작했다. 상대적으로 일자리, 개인정보 보호 등과 같은 문제는 이미 발생하고 있다. 그러나 인간의 역사는 과학과 기술의 발전을 통해 끊임없이 도전하고 발전해온 것이지 않은가? 인간의 집단지성을 이용해 인공지능의 위험 속에서도 새로운 가치를 발견해 인간과 인공지능이 공존하는 풍요로운 사회를 만들어 갈 수 있을 것이다.

인공지능이 인간의 삶에 긍정적 영향을 미치기 위해서는 먼저 해당 기술에 대한 이해가 중요하다. 인공지능은 냉정한 무기가 아니라, 올바른 가르침과 윤리적 지침 하에서 인간의 삶을 향상할 수 있는 도구로 볼 필요가 있다. 이러한 이해를 바탕으로 인한다면, 인공지능의 발전은 인간의 두뇌와 인공지능의 계산능력 사이의 상호보완적 관계가 가능하게 된다.

두 번째로, 인간이 집단지성 모아 인공지능의 위험을 최소화할 수 있는 사

회적 인프라와 제도를 구축해야 한다. 교육과 연구개발에 폭넓은 투자를 통해 인공지능에 대한 올바른 지식과 도덕적 가치를 쌓아야 한다. 또한 인공지능에 얽힌 현실적 문제에 대한 해결책을 제시하며 인간과 기술의 평화로운 공존을 모색해야 한다.

마지막으로, 인공지능기술이 인간의 다양한 문화와 전통을 이해하고 존중하는 것이 중요하다. 인공지능 기술이 인간의 특성과 가치를 이해하고 존하는 방향으로 발전한다면, 인간과 기술이 서로에게 얻는 것이 더 많은 긍정적인 미래를 기대할 수 있다. 이겨냄으로써 디지털 공동체의 풍요로운 세상으로 나갈 수 있을 것이다.

결론적으로, 인간의 사회적 집단지성과 인공지능은 상호보완적 관계를 통해 새로운 인간사회의 청사진을 그려 나가고 있다. 인공지능의 위험 속에서도, 상호존중과 이해를 기반으로 한 인간과 기술의 통합을 통해 지구상의 모든 인간에게 영감을 줄 수 있는 풍요로운 미래를 기대하고 있다.